木结构设计理论与实践丛书

多层胶合木结构连接设计

CONNECTION DESIGN FOR MULTI-STOREY GLULAM STRUCTURES

何敏娟　李　征　著

中国建筑工业出版社

图书在版编目（CIP）数据

多层胶合木结构连接设计 ＝ CONNECTION DESIGN FOR MULTI-STOREY GLULAM STRUCTURES / 何敏娟，李征著. — 北京：中国建筑工业出版社，2021.6
（木结构设计理论与实践丛书）
ISBN 978-7-112-26191-8

Ⅰ. ①多… Ⅱ. ①何… ②李… Ⅲ. ①多层结构—胶合木结构—结构设计—研究 Ⅳ. ①TU366.3

中国版本图书馆 CIP 数据核字（2021）第 105457 号

本书介绍了多层胶合木结构的主要结构形式、胶合木梁柱框架节点的连接方式和相应的计算分析与设计方法。具体包括胶合木梁柱螺栓连接节点的力学性能和设计方法、考虑裂缝的节点承载力分析方法、连接节点的加强措施以及连接节点的质量控制。内容基于作者团队近年研究成果，既有试验和数值模拟，又有设计方法，同时还包括一些施工质量控制要求，是一本科学研究和工程建设相结合的著作，可供从事多层木结构设计、施工和工程管理等工程技术人员参考，也可作为高等院校学生的学习参考书。

责任编辑：辛海丽
责任校对：芦欣甜

木结构设计理论与实践丛书
多层胶合木结构连接设计
CONNECTION DESIGN FOR MULTI-STOREY GLULAM STRUCTURES
何敏娟　李　征　著
*
中国建筑工业出版社出版、发行（北京海淀三里河路 9 号）
各地新华书店、建筑书店经销
北京科地亚盟排版公司制版
北京市密东印刷有限公司印刷
*
开本：787 毫米×1092 毫米　1/16　印张：10　字数：246 千字
2021 年 6 月第一版　　2021 年 6 月第一次印刷
定价：**40.00** 元
ISBN 978-7-112-26191-8
（37628）

前　言

随着对木结构资源再生、绿色环保、装配化程度高等优越特点的不断认识和重视，多层木结构甚至高层木结构在国际上发展很快。2008 年在伦敦建成了第一幢名为“The Stadthaus”的 9 层木结构公寓；2014 年挪威落成了 14 层、高度达 52.8m 名为“Treet”的全木结构公寓，成为当时世界最高木结构建筑；2017 年加拿大英属哥伦比亚大学建成的 18 层名为“Brock Commons”的木-混凝土混合结构学生公寓，刷新了当时木结构高度的世界纪录；2019 年奥地利 24 层“HoHo”大厦、挪威 85.4m“Mjstarnet”大楼的落成，不断将木结构的层数与高度推向一个个新的标志点。回首这些多（高）层木建筑的建设目标，无不与“推进建筑业可持续发展、减少土木工程碳排、推广绿色建筑示范应用”等建筑业绿色发展理念紧密关联。

多（高）层木结构形式多样，有纯木结构或与其他材料的混合结构。纯木结构形式包括木框架-支撑结构、木框架-剪力墙结构、木剪力墙结构等多种类型。但不管结构形式如何多样，由胶合木组成的梁柱框架则是最不可避免的一种，即使整体结构非木框架-支撑结构或木框架-剪力墙结构，多层木结构中还是会或多或少地用到胶合木梁柱框架。在胶合木梁柱框架结构的设计中，梁柱节点的承载能力、刚度最受关注，如果处理不好，影响木结构整体受力性能、建筑外观等诸多方面。因此采用什么样的梁柱节点连接形式、如何提高这类连接的受力性能、如何准确计算这类节点的承载能力，成为结构工程师孜孜追求的目标。

本书主要内容包括胶合木梁柱连接的主要形式、螺栓连接梁柱节点的力学性能和设计方法、考虑裂缝的节点承载力分析方法、连接节点的加强措施以及连接节点的质量控制。书稿内容基于团队近年研究成果，包括多位研究生的试验和理论分析工作；书稿成文过程中得到研究生郑修知、罗晶、黄心玥、黄大典等的大力帮助，他（她）们对前期成果进行了认真细致的梳理和整理，在此一并表示感谢。书中科研工作得到了国家重点研发计划“绿色建筑及建筑工业化”专项“绿色生态木竹结构体系研究与示范应用”（2017YFC0703500）的资助。限于作者时间和水平有限，书中谬误之处在所难免，敬请读者指正。

何敏娟　李　征

2021 年 2 月于同济园

目　　录

第一章 多层胶合木结构

随着层板胶合木（简称胶合木）、正交胶合木等工程木材料的发展，多（高）层木结构的高度和层数不断得到突破。多（高）层木结构的形式多样，其中纯木结构包括轻型木结构、木框架-支撑结构、木框架-剪力墙结构、正交胶合木剪力墙结构等；木钢或木混凝土的组合（混合）结构包括下部为钢或混凝土结构、上部为上述各种形式纯木结构的上下组合结构，混凝土核心筒与纯木结构的混合结构等。由于多（高）层木结构和木混合结构的形式多样，在此不一一穷尽。本书主要聚焦于多层胶合木结构，下面将针对胶合木结构的结构形式与工程应用做些简单介绍。

第一节 多层胶合木结构形式

一、结构体系分类

胶合木框架结构采用胶合木梁、柱作为主要竖向受力体系，将楼面、屋面荷载通过梁传递到柱，再通过柱传递到基础，也称为梁柱结构体系。这种结构一般采用横截面较大的胶合木材料制作梁、柱等构件，构件间距较大，因此空间布置比较灵活，可以提供较大的开间和进深。

胶合木框架结构体系中，由于梁柱、柱脚节点并不能做到完全刚接，导致纯框架结构体系的抗侧刚度和水平承载力有限，不适宜单独作为抗侧力结构体系，应设计抗侧体系。按抗侧体系分类，多层胶合木结构可以分为木框架-支撑结构体系、木框架-剪力墙结构体系、混凝土核心筒木结构体系等。上下混合结构体系也是常用的一种多层木结构相关的结构体系。

（1）木框架-支撑结构体系

木框架-支撑结构体系是采用梁柱作为主要竖向承重构件，以支撑作为主要抗侧力构件的木结构。支撑材料可为木材或其他材料，支撑形式包括单斜撑、人字撑（图 1-1）、交叉支撑、隅撑（图 1-2）等。

交叉支撑结构体系抗侧刚度大，但是支撑构件长，且支撑相交处不易处理，有时还妨碍建筑空间布置；人字撑结构体系抗侧刚度大，并且一定程度上减小了支撑的长度，支撑连接也较易处理，且空间布置较容易。单斜撑、人字撑、交叉支撑均可用于多层木结构建筑体系中，视建筑布置和结构安全性确定。

隅撑结构体系相比纯框架结构体系，抗侧刚度有所提高，有效地控制了结构的侧向位移，且对建筑布置影响小，是一种不错的可选方案。但隅撑结构体系在弹性阶段的变形可能仍较大，建议结构设计时采用位移控制[1]，这种结构体系适于层数不高、侧向力不太大的多层建筑。

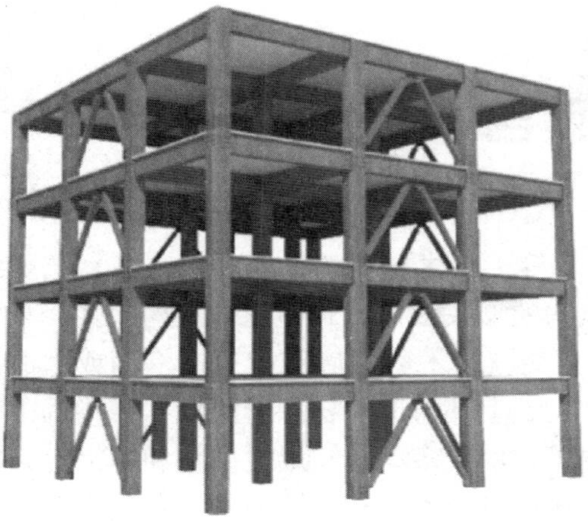

图 1-1　木框架-人字撑结构

图 1-2　木框架-隅撑结构

（2）木框架-剪力墙结构体系

木框架-剪力墙结构体系（图 1-3）是采用梁柱作为主要竖向承重构件、以剪力墙作为主要抗侧力构件的木结构。剪力墙可采用轻型木结构墙体或正交胶合木墙体。该结构类型可充分发挥剪力墙体系抗侧性能较好和框架结构空间布置灵活的优势，且当剪力墙布置较密而形成筒体时，也可形成木框架-木核心筒结构形式[2]。

（3）混凝土核心筒木结构体系

混凝土核心筒木结构体系（图 1-4）是指在木混合结构中，主要抗侧力构件采用钢筋混凝土核心筒，其余承重构件均采用木质构件的结构体系。

图 1-3　木框架-剪力墙结构

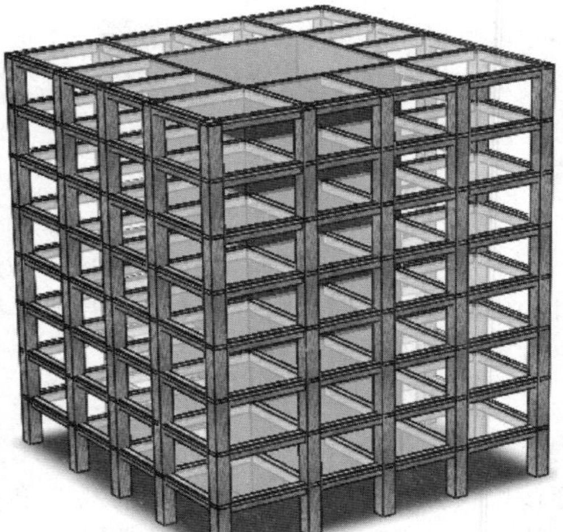

图 1-4　混凝土核心筒木结构

（4）上下混合结构体系

上下混合结构体系是指在木混合结构中，下部采用混凝土结构或钢结构、上部采用木结构的结构体系。

二、结构体系特点

胶合木结构随着建筑设计、生产工艺及施工手段等的不断发展和提高，其适用范围也越来越大，采用胶合木结构的建筑工程也越来越受人们的喜爱。与其他结构体系相比，胶合木框架结构体系具有如下特点。

（1）构件预制程度高

胶合木框架结构体系构件数量较少，尺寸较大，通常在构件运往施工现场之前，先进行构件和节点的加工制作，比在现场制作更经济有效。在工厂进行构件制作时，可进行构件的钻孔、切割与碾磨等，而到现场后只需要进行安装与固定。构件和节点的提前制作、楼屋盖木基面板的快速安装使得房屋上部能很快覆盖，可对室内正在进行的工作提供保护，大大加快了现场施工的速度。

（2）外观美观

胶合木框架结构建筑的主要结构构件通常是外露的，外露木材的色泽与纹理使得建筑内外具有生动且令人愉悦的外观。

由于胶合木框架结构的构件外观很重要，因此在材料的贮存、运输、安装、修整与连接时应注意保护，避免冲击或风雨对它们造成损伤。结构安装开始后，建筑围护应尽可能快地跟上，以避免受潮使得构件尺寸变形、阳光与潮气引起材料变色、金属连接件氧化造成材料染色等。

外露的胶合木梁、柱、面板等也可以刷油漆，一则可以保护木材，减少木材中含水量的波动；二则可以与家具以及周边环境协调，达到别具一格的外观。

（3）内部分隔灵活

胶合木框架结构体系中的隔墙通常不承受竖向荷载，因此内隔墙的布置是根据功能要求而不是受力要求来确定的。大的跨度可以通过采用大截面胶合木梁或桁架来实现，这就使得室内平面布置非常自由。但是在某些情况下，当用柱子不合适时可设置墙体，胶合木框架结构体系也可以与木构架承重墙组合使用。

（4）有一定的耐火性能

胶合木结构构件截面尺寸较大，突破了自然木材对截面尺寸的局限性，具有一定的耐火性能。未经强化防火处理的金属构件遇高温时容易降低强度，可能使建筑物突然坍塌。但大截面的胶合木构件在遇火时，木材表面燃烧后形成炭化层，能阻断内部木材受高温侵袭，将初始燃烧速率降至一稳定值，使得强度保持时间相对较长。同时，表面形成的炭化层起到了很好的隔热作用，保护了构件内部受到火的进一步作用。为人员逃生和火灾扑救赢得了宝贵的时间。所以从另一个角度来看，胶合木结构在火灾时可比钢构件更安全。

第二节 工程实例

一、木框架-支撑结构

以挪威特瑞特大楼（Treet，Norway）（图 1-5）为例。

特瑞特大楼是挪威卑尔根市的一栋 14 层住宅建筑[3]，高 52.8m，包含 64 个公寓单元，于 2015 年建成。如图 1-6 所示，该建筑为胶合木框架加支撑结构体系，电梯井以及部分内墙采用了正交胶合木（CLT）板，CLT 板墙体和胶合木支撑不设于同一柱间。结构主要竖向和水平荷载由设有胶合木斜向支撑的木框架承担。结构整体具有较高的抗侧刚度，地震作用下顶层最大水平位移仅为总高的 1/744。由于层数较多，第 5 层和第 10 层设立了胶合木桁架加强层；为控制振型、增强防火性能，整体结构中有 3 个楼层的楼板采用了混凝土来增加结构自重。

图 1-5　挪威特瑞特大楼

图 1-6　特瑞特大楼结构示意图

二、木框架-剪力墙结构

（1）加拿大木材创意与设计中心（Wood Innovation and Design Centre，Canada）（图 1-7）

2014 年建于加拿大英属哥伦比亚大学（UBC）校园内名为“木材创意与设计中心”的纯木结构[4]，建筑总高度 29.5m，共 6 层且带有顶层设备间。如图 1-8 所示，该建筑主体为胶合木框架-CLT 核心筒结构。胶合木框架梁和柱保证了整体结构的延性，框架柱在楼层间竖向连续，框架梁在柱子边断开并插接于柱子两侧。CLT 楼板底面支承于梁上并用自攻螺钉连接，楼板周边近似于铰接边界条件。结构整体抗侧刚度主要由竖向连续的 CLT 核心筒提供，墙板上预留有凹口，以方便在墙体平面内框架梁端支承于核心筒剪力墙上。

图 1-7　加拿大木材创意与设计中心

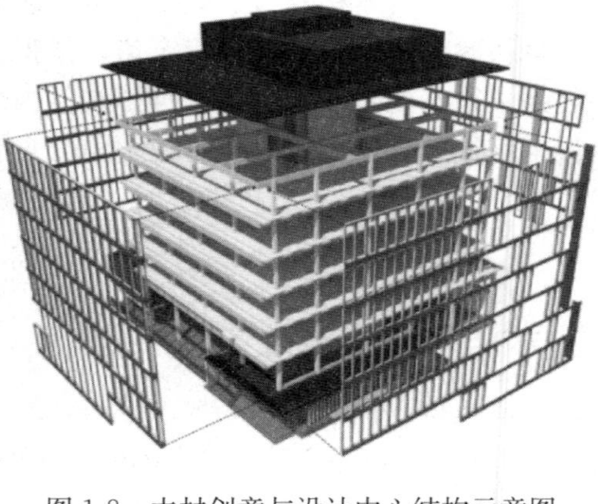

图 1-8　木材创意与设计中心结构示意图

该结构的建造推动了加拿大英属哥伦比亚省规范的发展，使木结构住宅的允许建造层数提高到了 6 层；同时，也展示了除基础之外不用任何混凝土材料来建造多层纯木结构建筑的可能性与安全性。

（2）山东鼎驰木业有限公司研发中心（图 1-9）

山东鼎驰木业有限公司研发中心大楼建成于 2020 年，建筑面积为 $4780m^2$，纵向长约 60m，横向 18m。建筑主体 6 层、局部 4 层，建筑高度达 23.55m，是目前国内最高的木结构办公建筑。研发中心采用胶合木框架-剪力墙结构，办公楼部分空间单跨达到 18m，屋盖采用胶合木桁架形式。

图 1-9　山东鼎驰木业有限公司研发中心

梁柱为胶合木材料，剪力墙部分根据整体受力状态分别采用正交胶合木墙板和木基结构板木龙骨的轻木剪力墙，正交胶合木墙板作为主要抗侧构件，轻木剪力墙仅作为提高结构的抗震多道防线设置。CLT 墙板主要厚度为 160mm，在防火墙位置厚度增至 200mm，以提高墙体的耐火极限。楼板主要采用正交胶合木楼板，屋盖夹层局部采用轻木搁栅楼板，楼面现浇 50mm 轻质混凝土层，以提高楼盖刚度、减缓楼面振动，并提升抗火性能[5]。

三、混凝土核心筒-胶合木框架结构

以加拿大英属哥伦比亚大学学生公寓（Brock Commons）（图 1-10）为例。

Brock Commons 公寓是位于温哥华的英属哥伦比亚大学校园内的一座 18 层学生公寓[6]，于 2017 年完工。如图 1-11 所示，该建筑底层采用混凝土结构，上部 17 层采用了胶合木柱结合 CLT 楼板的结构体系，CLT 楼板支承于柱网尺寸为 2.85m×4.0m 的胶合木柱上，柱的上下端与 CLT 楼板间近似于铰接连接，结构体系整体抗侧刚度由竖向连续的两个混凝土核心筒提供，屋顶采用预制钢梁结构的金属板。为了保证结构整体的抗火性能，采用石膏板覆盖住 CLT 楼板和胶合木柱表面。

图 1-10　温哥华 UBC 学生公寓

图 1-11　UBC 学生公寓结构示意图

参考文献

[1] 熊海贝，刘应扬，杨春梅，等．梁柱式胶合木结构体系抗侧力性能试验［J］．同济大学学报（自然科学版），2014，42（08）：1167-1175.

[2] 何敏娟，孙晓峰，李征．多高层木结构抗震性能研究与设计方法综述［J］．建筑结构，2020，50（05）：1-6.

[3] Malo K A，Abrahamsen R B，Bjertnaes M A. Some structural design issues of the 14-storey timber framed building "Treet" in Norway［J］. Holz als Rohund Werkstoff，2016，74（3）：407-424.

[4] Hu L，Pirvu C，Ramzi R. Testing at wood innovation and design centre［R］. British Columbia Canada：The Canadian Wood Council，2015：7-20.

[5] 程小武，孙小鸾，过夻，等．多高层木结构建筑的工程实践——以山东鼎驰木业有限公司研发中心为例［J］．建设科技，2019（17）：88-91＋3.

[6] Connolly T，Loss C，Iqbal A，et al. Feasibility study of mass-timber cores for the UBC tall wood building［J］. Buildings，2018，8（8）.

第二章　胶合木连接节点材料

第一节　胶合木材料

一、概述

由于天然木材存在木节、斜纹等缺陷，且其断面尺寸有限，因此天然木材在结构使用中受到限制；同时，木材是一种典型的各向异性材料，尤其抗剪强度、横纹抗拉强度很低。随着技术的发展，各种工程木产品不断涌现，使得木结构进入现代发展的新阶段，其中胶合木便是一种最为常用的工程木。

胶合木是将某种树种或树种组合的木材，加工成厚度不大于 45mm 的层板，沿一定方向层叠胶合而成的木制品。胶合木由于在加工过程中所用的单块层板较薄，经分等可控制层板本身的缺陷状况，使得胶合木质地较为均匀，强度和可靠度均高于同样尺寸的锯材，同时材料利用率也较高。

胶合木材料一般分为层板胶合木（Glued Laminated Timber，缩写为 Glulam）、正交胶合木（Cross Laminated Timber，缩写为 CLT）。本书主要介绍层板胶合木材料及其连接。层板胶合木一般就直接简称为胶合木。

胶合木（图 2-1）是用厚度不大于 45mm 的层板，沿顺纹方向层叠胶合而成的木制品。胶合木从根本上摆脱了木材天然生长尺寸的限值，能将木节等缺陷通过切分而去除或控制其尺寸、位置，也可按照构件上受力不同采用不同强度等级的层板；胶合木还能制成受力合理的工字形截面或弧形截面等，具有更好的受力稳定性和更高的结构强度。胶合木可以应用于大跨度或多高层木结构建筑中[1]。

图 2-1　胶合木材料示意

胶合木材料的生产流程（图 2-2）一般是：层板干燥（层板含水率控制在 8%～15%）、层板强度分级（目测分级或机械分级）、剔除木节等缺陷、纵向指接接长、刨平木板、施胶、施压拼合、刨平、打包或构件加工（需要时进行防腐处理等）[2]。

胶合木结构的优点主要体现在以下几个方面：

（1）材料层面

通过剔除木材中木节、裂缝等缺陷，以提高材料强度，降低材料的变异性；能利用较短较薄的木材，制作成各种不同的构件截面，解决了受天然原木尺寸限制的问题；制作胶合木构件所用的层板易于干燥，当干燥后的层板含水率小于15%时，胶合木构件一般无干裂、扭曲等缺陷。

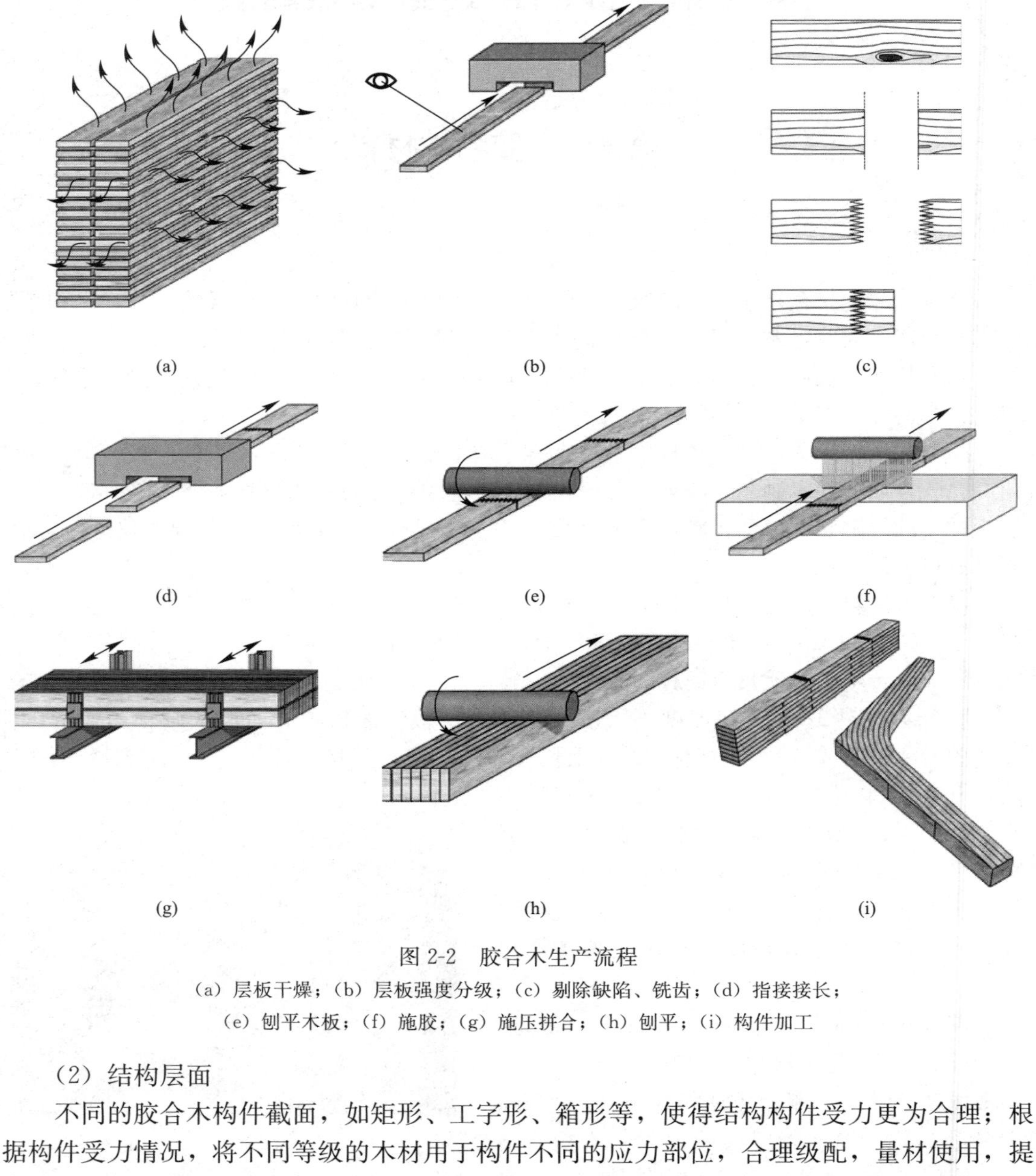

图 2-2 胶合木生产流程

(a) 层板干燥；(b) 层板强度分级；(c) 剔除缺陷、铣齿；(d) 指接接长；(e) 刨平木板；(f) 施胶；(g) 施压拼合；(h) 刨平；(i) 构件加工

(2) 结构层面

不同的胶合木构件截面，如矩形、工字形、箱形等，使得结构构件受力更为合理；根据构件受力情况，将不同等级的木材用于构件不同的应力部位，合理级配，量材使用，提高木材的使用率；胶合木连接节点少，减少木结构构件在连接处的削弱，整体刚度较好。

(3) 建筑功能层面

外表美观，经过防火处理的胶合木构件具有可靠的耐火性。此外，其具有保温、隔热等功能性特点。

(4) 生产及施工层面

工业化生产，保证尺寸精度，减少现场工作量，提高装配化程度和生产效率；构件自重轻，便于运输和安装。

二、产品分级及强度指标

《木结构设计标准》GB 50005[3]中给出了胶合木适用树种的分级表，如表 2-1 所示。

胶合木适用树种分级表　　**表 2-1**

树种级别	适用树种及树种组合名称
SZ1	南方松、花旗松-落叶松、欧洲落叶松以及其他符合本强度等级的树种
SZ2	欧洲云杉、东北落叶松以及其他符合本强度等级的树种
SZ3	阿拉斯加黄扁柏、铁-冷杉、西部铁杉、欧洲赤松、樟子松以及其他符合本强度等级的树种
SZ4	鱼鳞云杉、云杉-松-冷杉以及其他符合本强度等级的树种

注：表中花旗松-落叶松、铁-冷杉产地为北美地区。南方松产地为美国。

胶合木层板分级应采用目测分级或机械分级，并宜采用针叶木树种制作。普通胶合木层板的材质等级如表 2-2 规定，其他胶合木层板分等的选材标准应符合现行国家标准《胶合木结构技术规范》GB/T 50708[4]及《结构用集成材》GB/T 26899[5]的相关规定。

普通胶合木层板材质等级标准　　**表 2-2**

<table>
<tr><th rowspan="2">项次</th><th rowspan="2" colspan="2">缺陷名称</th><th colspan="3">材质等级</th></tr>
<tr><th>Ⅰb</th><th>Ⅱb</th><th>Ⅲb</th></tr>
<tr><td>1</td><td colspan="2">腐朽</td><td>不允许</td><td>不允许</td><td>不允许</td></tr>
<tr><td rowspan="2">2</td><td rowspan="2">木节</td><td>在构件任一面任何 200mm 长度上所有木节尺寸的总和，不应大于所在面宽的</td><td>1/3</td><td>2/5</td><td>1/2</td></tr>
<tr><td>在木板指接及其两端各 100mm 范围内</td><td>不允许</td><td>不允许</td><td>不允许</td></tr>
<tr><td>3</td><td colspan="2">斜纹
任何 1m 材长上平均倾斜高度，不应大于</td><td>50mm</td><td>80mm</td><td>150mm</td></tr>
<tr><td>4</td><td colspan="2">髓心</td><td>不允许</td><td>不允许</td><td>不允许</td></tr>
<tr><td rowspan="2">5</td><td rowspan="2">裂缝</td><td>在木板窄面上的裂缝，其深度（有对面裂缝用两者之和）不应大于板宽的</td><td>1/4</td><td>1/3</td><td>1/2</td></tr>
<tr><td>在木板宽面上的裂缝，其深度（有对面裂缝用两者之和）不应大于板厚的</td><td>不限</td><td>不限</td><td>对侧立腹板工字梁的腹板：1/3，对其他板材不限</td></tr>
<tr><td>6</td><td colspan="2">虫蛀</td><td colspan="3">允许有表面虫沟，不应有虫眼</td></tr>
<tr><td>7</td><td colspan="2">涡纹
在木板指接及其两端各 100mm 范围内</td><td>不允许</td><td>不允许</td><td>不允许</td></tr>
</table>

注：1. 按本标准选材配料时，尚应注意避免在制成的胶合构件的连接受剪面上有裂缝；
　　2. 对于有过大缺陷的木材，可截去缺陷部分，经重新接长后按所定级别使用。

采用目测分级和机械弹性模量分级层板制作的胶合木的强度设计指标值应按下列规定采用：

（1）胶合木应分为异等组合与同等组合两类，异等组合应分为对称异等组合与非对称异等组合。

（2）胶合木强度设计值及弹性模量应按表 2-3、表 2-4 和表 2-5 的规定取值。

对称异等组合胶合木的强度设计值和弹性模量（N/mm²） 表 2-3

强度等级	抗弯 f_m	顺纹抗压 f_c	顺纹抗拉 f_t	弹性模量 E
$TC_{YD}40$	27.9	21.8	16.7	14000
$TC_{YD}36$	25.1	19.7	14.8	12500
$TC_{YD}32$	22.3	17.6	13.0	11000
$TC_{YD}28$	19.5	15.5	11.1	9500
$TC_{YD}24$	16.7	13.4	9.9	8000

注：当荷载的作用方向与层板窄边垂直时，抗弯强度设计值 f_m应乘以 0.7 的系数，弹性模量 E 应乘以 0.9 的系数。

非对称异等组合胶合木的强度设计值和弹性模量（N/mm²） 表 2-4

强度等级	抗弯 f_m		顺纹抗压 f_c	顺纹抗拉 f_t	弹性模量 E
	正弯曲	负弯曲			
$TC_{YF}38$	26.5	19.5	21.1	15.5	13000
$TC_{YF}34$	23.7	17.4	18.3	13.6	11500
$TC_{YF}31$	21.6	16.0	16.9	12.4	10500
$TC_{YF}27$	18.8	13.9	14.8	11.1	9000
$TC_{YF}23$	16.0	11.8	12.0	9.3	6500

注：当荷载的作用方向与层板窄边垂直时，抗弯强度设计值 f_m应采用正向弯曲强度设计值，并乘以 0.7 的系数，弹性模量 E 应乘以 0.9 的系数。

同等组合胶合木的强度设计值和弹性模量（N/mm²） 表 2-5

强度等级	抗弯 f_m	顺纹抗压 f_c	顺纹抗拉 f_t	弹性模量 E
TC_T40	27.9	23.2	17.9	12500
TC_T36	25.1	21.1	16.1	11000
TC_T32	22.3	19.0	14.2	9500
TC_T28	19.5	16.9	12.4	8000
TC_T24	16.7	14.8	10.5	6500

胶合木构件的顺纹抗剪和横纹承压强度设计值，根据树种级别有不同的取值，见表 2-6 和表 2-7。

胶合木构件顺纹抗剪强度设计值（N/mm²） 表 2-6

树种级别	顺纹抗剪强度设计值 f_v
SZ1	2.2
SZ2、SZ3	2.0
SZ4	1.8

胶合木构件横纹承压强度设计值（N/mm²） 表 2-7

树种级别	局部横纹承压强度设计值 $f_{c,90}$		全表面横纹承压强度设计值 $f_{c,90}$
	构件中间承压	构件端部承压	
SZ1	7.5	6.0	3.0
SZ2、SZ3	6.2	5.0	2.5
SZ4	5.0	4.0	2.0

续表

树种级别	局部横纹承压强度设计值 $f_{c,90}$		全表面横纹承压强度设计值 $f_{c,90}$
	构件中间承压	构件端部承压	
承压位置示意图	构件中间承压 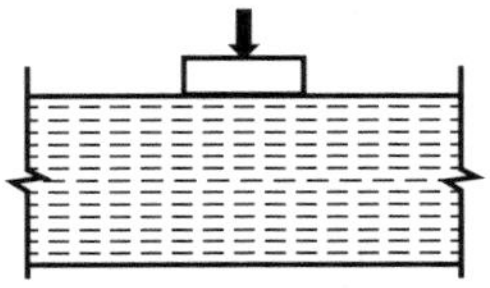	构件端部承压 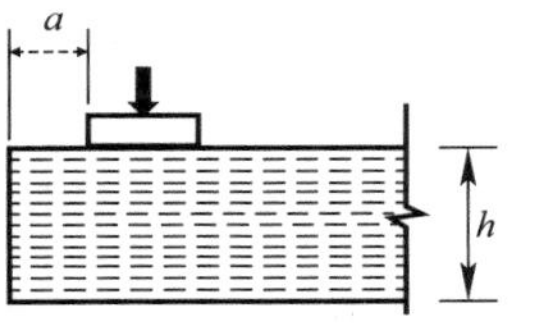 1. 当 $h \geqslant 100$mm 时，$a \leqslant 100$mm 2. 当 $h<100$mm 时，$a \leqslant h$	构件全表面承压 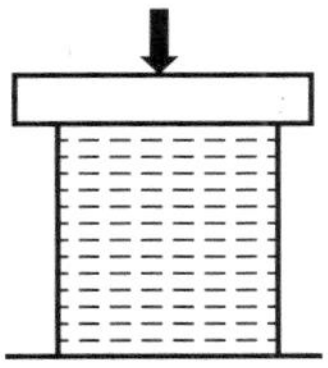

对称异等组合胶合木强度标准值和弹性模量标准值应按表 2-8 的规定取值；非对称异等组合胶合木强度标准值和弹性模量标准值应按表 2-9 的规定取值；同等组合胶合木的强度标准值和弹性模量标准值应按表 2-10 的规定取值。

对称异等组合胶合木强度标准值和弹性模量标准值（N/mm^2）　　表 2-8

强度等级	抗弯 f_{mk}	顺纹抗压 f_{ck}	顺纹抗拉 f_{tk}	弹性模量标准值 E_k
$TC_{YD}40$	40	31	27	11700
$TC_{YD}36$	36	28	24	10400
$TC_{YD}32$	32	25	21	9200
$TC_{YD}28$	28	22	18	7900
$TC_{YD}24$	24	19	16	6700

非对称异等组合胶合木强度标准值和弹性模量标准值（N/mm^2）　　表 2-9

强度等级	抗弯 f_{mk}		顺纹抗压 f_{ck}	顺纹抗拉 f_{tk}	弹性模量标准值 E_k
	正弯曲	负弯曲			
$TC_{YF}38$	38	28	30	25	10900
$TC_{YF}34$	34	25	26	22	9600
$TC_{YF}31$	31	23	24	20	8800
$TC_{YF}27$	27	20	21	18	7500
$TC_{YF}23$	23	17	17	15	5400

同等组合胶合木强度标准值和弹性模量标准值（N/mm^2）　　表 2-10

强度等级	抗弯 f_{mk}	顺纹抗压 f_{ck}	顺纹抗拉 f_{tk}	弹性模量标准值 E_k
TC_T40	40	33	29	10400
TC_T36	36	30	26	9200
TC_T32	32	27	23	7900
TC_T28	28	24	20	6700
TC_T24	24	21	17	5400

同等组合胶合木：为用质量等级相同的层板组合加工而成的胶合木。

异等组合胶合木：为用质量等级不同的层板组合加工而成的胶合木。

对称异等组合胶合木：为用质量等级不同的层板以中心轴对称分布组成的胶合木。

非对称异等组合胶合木：为用质量等级不同的层板以中心轴不对称分布组成的胶合木。

第二节 金属材料

一、钢材和铝材

木结构节点中使用钢材时，钢材的质量应分别符合现行国家标准《碳素结构钢》GB/T 700 和《低合金高强度结构钢》GB/T 1591 的有关规定。钢材宜选用 Q235 钢、Q345 钢、Q390 钢和 Q420 钢，钢材的强度指标应符合现行国家标准《钢结构设计标准》GB 50017 的有关规定。

木结构节点中使用不锈钢材料时，钢材的质量应分别符合现行国家标准《不锈钢和耐热钢牌号及化学成分》GB/T 20878、《不锈钢热轧钢板和钢带》GB/T 4237 和《不锈钢冷轧钢板和钢带》GB/T 3280 的有关规定。不锈钢宜选用 S30408、S30403、S31608、S31603 的奥氏体型不锈钢和牌号为 S22053、S22253 的双相型不锈钢，钢材的强度指标应符合现行协会标准《不锈钢结构技术规范》CECS 410 的有关规定。

木结构节点中使用铝合金材料时，宜选用牌号为 6061、6063、5083、3003 和 3004 的铝合金，铝合金材料的质量应符合现行国家标准《一般工业用铝及铝合金板、带材、第 1 部分：一般要求》GB/T 3880.1、《铝合金建筑型材 第 1 部分：基材》GB/T 5237.1 的有关规定。铝合金的强度指标应符合现行国家标准《铝合金结构设计规范》GB 50429 的有关规定。铝合金部件不宜采用焊接连接；铝合金部件表面长期受辐射热温度达 80℃及以上时，应加隔热层或采用其他防护措施。

金属部件长期处于潮湿、结露或其他易腐蚀环境时，应进行防腐处理或采用不锈钢材料。钢材的防腐蚀处理宜用镀锌或涂料喷涂方式，若需长效防腐蚀处理，宜采用热浸锌处理工艺。铝合金部件表面的防腐蚀处理宜采用阳极氧化、电泳涂装、粉末喷涂、氟碳漆喷涂等方式，并应符合现行国家标准《铝合金建筑型材 第 1 部分：基材》GB/T 5237.1、《铝合金建筑型材 第 2 部分：阳极氧化型材》GB/T 5237.2、《铝合金建筑型材 第 3 部分：电泳涂漆型材》GB/T 5237.3、《铝合金建筑型材 第 4 部分：喷粉型材》GB/T 5237.4、《铝合金建筑型材 第 5 部分：喷漆型材》GB/T 5237.5 及《铝合金建筑型材 第 6 部分：隔热型材》GB/T 5237.6 的有关规定。

对处于外露环境且对耐腐蚀有特殊要求，或在腐蚀性气态和固态介质作用下的钢构件，宜采用耐候钢，并应符合现行国家标准《耐候结构钢》GB/T 4171 的有关规定。

金属部件的耐火极限应根据建筑物的耐火性能来确定，并应采用防火措施。

二、紧固件

(1) 螺栓、螺母

普通螺栓、螺母及垫圈应符合现行国家标准《六角头螺栓 C 级》GB/T 5780、《六角头螺栓》GB/T 5782、《1 型六角螺母 C 级》GB/T 41 和《平垫圈 C 级》GB/T 95 的有关规定；高强度螺栓、螺母及垫圈应符合现行国家标准《钢结构用高强度大六角头螺栓》

GB/T 1228、《钢结构用高强度大六角螺母》GB/T 1229、《钢结构用高强度垫圈》GB/T 1230、《钢结构用高强度大六角头螺栓、大六角螺母、垫圈技术条件》GB/T 1231 和《钢结构用扭剪型高强度螺栓连接副》GB/T 3632 的有关规定；不锈钢螺栓应符合现行国家标准《紧固件机械性能　不锈钢螺栓、螺钉和螺柱》GB/T 3098.6 的有关规定。

螺栓的公称长度和螺纹长度应符合现行国家标准《紧固件　螺栓、螺钉和螺柱　公称长度和螺纹长度》GB/T 3106 的有关规定；螺栓、螺母及垫片的公差应符合现行国家标准《紧固件公差　螺栓、螺钉、螺柱和螺母》GB/T 3103.1 的有关规定；特殊用途的螺栓、螺母还应符合设计文件的规定。

（2）销

销宜采用 Q235、Q345 与 Q390 钢材，也可采用 45 号钢、35CrMo、40Cr 或 2Cr13 等钢材，销的质量应分别符合现行国家标准《碳素结构钢》GB 700、《低合金高强度结构钢》GB/T 1591、《优质碳素结构钢》GB/T 699、《合金结构钢》GB/T 3077 和《不锈钢棒》GB/T 1220 的有关规定。

圆柱销的公称直径和长度应符合现行国家标准《圆柱销　不淬硬钢和奥氏体不锈钢》GB/T 119.1、《圆柱销　淬硬钢和马氏体不锈钢》GB/T 119.2、《内螺纹圆柱销　不淬硬钢和奥氏体不锈钢》GB/T 120.1 和《内螺纹圆柱销　淬硬钢和马氏体不锈钢》GB/T 120.2 的有关规定。

（3）锚栓

锚栓的材质宜为碳素钢、合金钢、不锈钢或高抗腐不锈钢，应根据环境条件和耐久性要求选用，强度等级不宜低于 Q235 钢材；注胶型锚栓的锚固用胶粘剂应采用专门配置的改性环氧类结构胶粘剂或改性乙烯基酯类结构胶粘剂，不得使用不饱和聚酯树脂作为胶粘剂；胶粘剂安全性能应符合现行国家标准《工程结构加固材料安全性鉴定技术规范》GB 50728 的有关规定；锚栓还应符合现行国家标准《钢结构用高强度锚栓连接副》GB/T 33943 及现行协会标准《自攻型锚栓应用技术规程》CECS 400 的有关规定。

（4）普通钉

钉应符合现行国家标准《钢钉》GB 27704 和《紧固件机械性能　螺栓、螺钉和螺柱》GB/T 3098.1 的有关规定；不锈钢钉还应符合现行国家标准《紧固件机械性能　不锈钢螺栓、螺钉和螺柱》GB/T 3098.6 的有关规定。

钉的公称长度和螺纹长度应符合现行国家标准《紧固件　螺栓、螺钉和螺柱　公称长度和螺纹长度》GB/T 3106 的有关规定；钉的公差应符合现行国家标准《紧固件公差　螺栓、螺钉、螺柱和螺母》GB/T 3103.1 的有关规定。

钉的抗拉强度应大于 600MPa，屈服强度应符合下列规定：

1）当钉直径为 2.34～2.84mm 时，屈服强度不应小于 660MPa；

2）当钉直径为 2.64～3.25mm 时，屈服强度不应小于 635MPa；

3）当钉直径为 2.95～3.66mm 时，屈服强度不应小于 615MPa。

（5）自攻螺钉

自攻螺钉应由冷镦、渗碳钢制造，机械性能应符合现行国家标准《紧固件机械性能　自攻螺钉》GB/T 3098.5 的有关规定；不锈钢自攻螺钉的机械性能还应符合现行国家标准《紧固件机械性能　不锈钢自攻螺钉》GB/T 3098.21 的有关规定；自攻螺钉的螺纹应符合现行国家标准《自攻螺钉用螺纹》GB/T 5280 的有关规定。

（6）六角头木螺钉

六角头木螺钉的材质宜为碳素结构钢、铜及铜合金，机械性能应符合现行国家标准《木螺钉技术条件》GB 922 的有关规定；六角头木螺钉的规格和尺寸应符合现行国家标准《六角头木螺钉》GB 102 的有关规定。

参考文献

[1] 《木结构设计手册》编委会. 木结构设计手册 [M]. 北京：中国建筑工业出版社，2005.

[2] Glued Laminated Timber Production，Brettschichtholz https://www.glued-laminated-timber.com/glued-laminated-timber/production/mn_43528.

[3] 中华人民共和国住房与城乡建设部. 木结构设计标准 GB 50005—2017 [S]. 北京：中国建筑工业出版社，2017.

[4] 中华人民共和国住房与城乡建设部. 胶合木结构技术规范 GB/T 50708—2012 [S]. 北京：中国建筑工业出版社，2012.

[5] 中华人民共和国国家标准. 结构用集成材 GB/T 26899—2011 [S]. 北京：中国标准出版社，2011.

第三章　连接件主要类型

胶合木结构的连接设计和节点设计与整个结构体系的结构承载性能和适用性是密切相关的，通过正确的连接设计和节点设计，使得更高的胶合木结构体系成为安全可靠、建造可行的结构体系。胶合木构件之间最常见的是采用螺栓、销、六角头木螺钉、自攻螺钉等销轴类连接[1,2]。

第一节　销　连　接

螺栓、自攻螺钉、钢销、钉、木螺钉、木销等细而长的杆状连接件统称为销类连接件。它们的特点是承受的荷载与连接件本身长度方向垂直，故称抗“剪”连接，而不是抗拉连接。然而它又与易于发生木材剪切脆性破坏的块状键连接的抗剪作用不同，销抗“剪”是基于销发生弯曲和销槽木材受压，都具有良好的韧性，较其他连接更安全可靠，并在工程中广泛应用。其中，螺栓连接、自攻螺钉连接和钉连接具有连接紧密、韧性好、制作简单、安全可靠等优点，是现代胶合木结构应用最广泛的连接形式。

一、销连接的形式和构造

（一）常见的销连接形式

（1）对称连接：包括对称双剪（图 3-1a、b、c)、对称多剪（图 3-1d)；

（2）单剪连接：包括单剪（图 3-2a、b、c)、对称单剪（图 3-2d)；

（3）不对称连接：包括不对称双剪（图 3-3a)、不对称多剪（图 3-3b)。

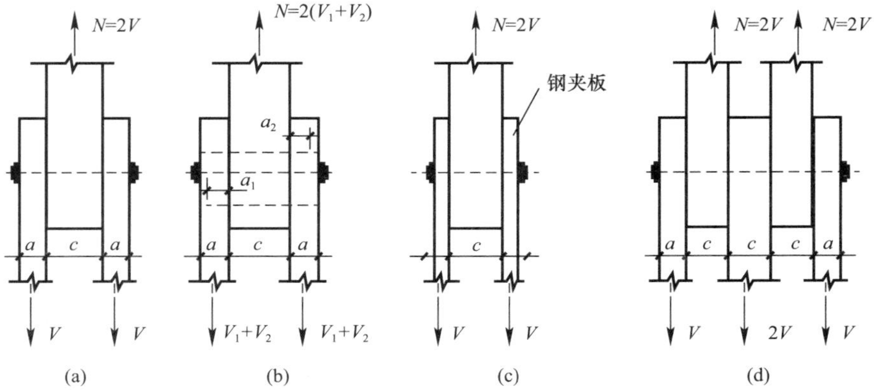

图 3-1　对称连接

（a）木夹板对称双剪连接（螺栓连接）；（b）木夹板对称双剪连接（钉连接）；

（c）钢夹板对称双剪连接；（d）对称多剪连接

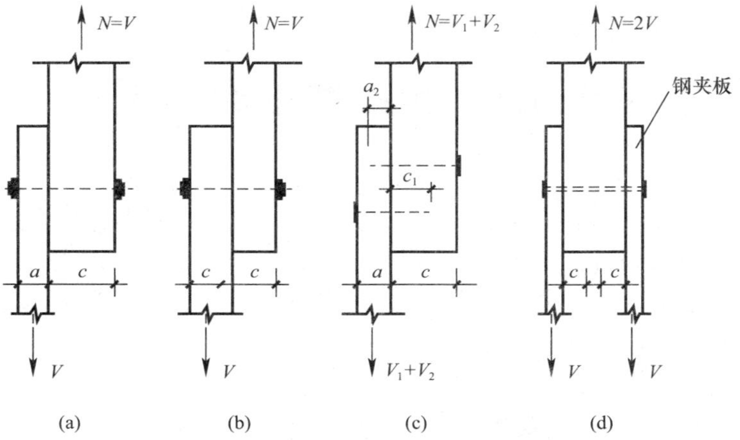

图 3-2 单剪连接

（a）不等厚单剪连接；（b）等厚单剪连接；

（c）不等厚双销单剪连接；（d）钢夹板双销单剪连接

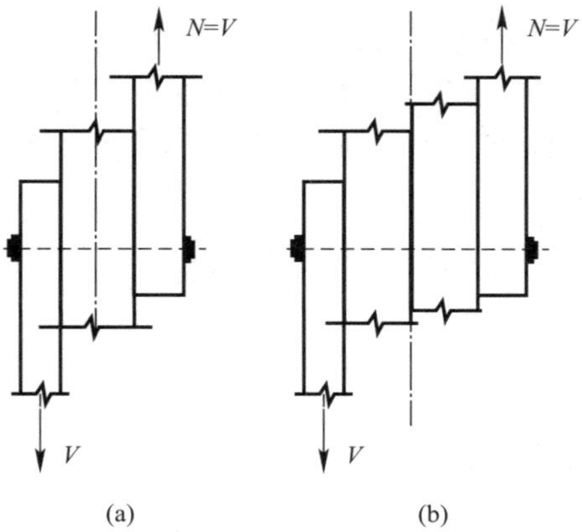

图 3-3 不对称连接

（a）不对称双剪；（b）不对称多剪

（二）销连接的构造要求

对于采用单剪或对称双剪的销轴类紧固件的连接，当计算剪面承载力设计值时，应符合下列构造要求：

（1）构件连接面应紧密接触；

（2）荷载作用方向与销轴类紧固件轴线方向垂直；

（3）为了保证不发生剪切或劈裂等脆性破坏，紧固件在构件上的边距、端距及间距应符合下列规定：

1）销轴类紧固件的端距、边距、间距和行距的最小尺寸应符合表 3-1 的规定。当采用螺栓、自攻螺钉、销或六角头木螺钉作为紧固件时，其直径 d 不应小于 6mm。

2）交错布置的销轴类紧固件（图 3-4），其端距、边距、间距和行距的布置应符合下列规定：

销轴类紧固件的端距、边距、间距和行距的最小值　　表 3-1

距离名称	顺纹荷载作用时		横纹荷载作用时	
最小端距 e_1	受力端	$7d$	受力边	$4d$
	非受力端	$4d$	非受力边	$1.5d$
最小边距 e_2	当 $l/d \leqslant 6$	$1.5d$	$4d$	
	当 $l/d > 6$	取 $1.5d$ 与 $r/2$ 两者较大值		
最小间距 s	$4d$		$4d$	
最小行距 r	$2d$		当 $l/d \leqslant 2$	$2.5d$
			当 $2 < l/d < 6$	$(5l+10d)/8$
			当 $l/d \geqslant 6$	$5d$

续表

距离名称	顺纹荷载作用时	横纹荷载作用时
几何位置示意图	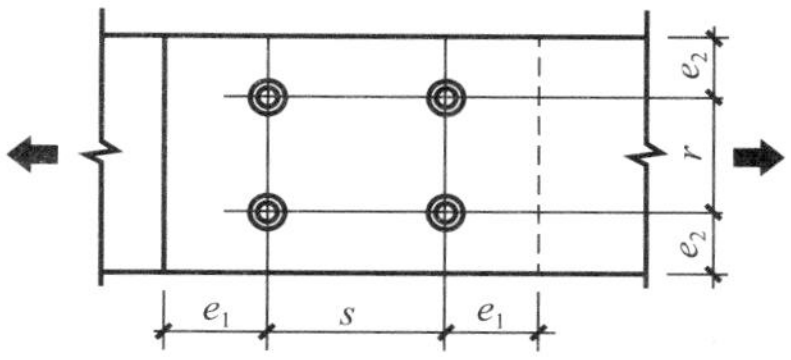	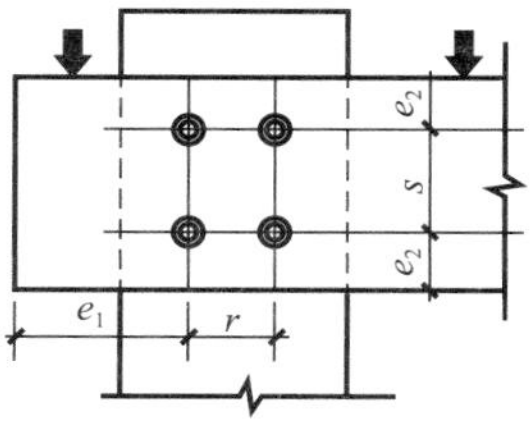

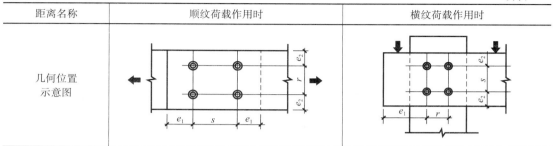

注：1. 受力端为销槽受力指向端部，非受力端为销槽受力背离端部；
受力边为销槽受力指向边部，非受力边为销槽受力背离端部。
2. 表中，l 为紧固件长度，d 为紧固件的直径；l/d 值应取下列两者中的较小值：
a. 紧固件在主构件中的贯入深度 l_m与直径 d 的比值 l_m/d；
b. 紧固件在侧面构件中的总贯入深度 l_s与直径 d 的比值 l_s/d。
3. 当钉连接不预钻孔时，其端距、边距、间距和行距应为表中数值的 2 倍。

对于顺纹荷载作用下交错布置的紧固件，当相邻行上的紧固件在顺纹方向的间距不大于 $4d$ 时，则可将相邻行的紧固件确认是位于同一截面上。

对于横纹荷载作用下交错布置的紧固件，当相邻行上的紧固件在横纹方向的间距不小于 $4d$ 时，则紧固件在顺纹方向的间距不受限制；当相邻行上的紧固件在横纹方向的间距小于 $4d$ 时，则紧固件在顺纹方向的间距应符合表 3-1 的规定。

3）当六角头木螺钉承受轴向上拔荷载时，端距 e_1、边距 e_2、间距 s 以及行距 r 应满足表 3-2 的规定。

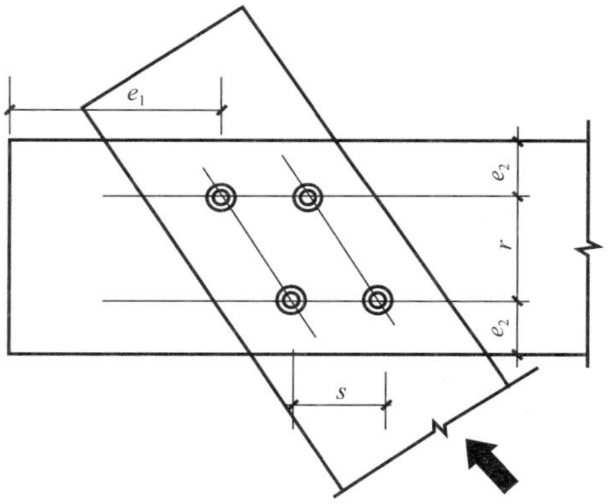

图 3-4　紧固件交错布置几何位置示意图

六角头木螺钉承受轴向上拔荷载时的端距、边距、间距和行距的最小值　　表 3-2

距离名称	最小值
端距 e_1	$4d$
边距 e_2	$1.5d$
行距 r 和间距 s	$4d$

注：d 为六角头木螺钉的直径。

4）六角头木螺钉在单剪连接中的主构件上或双剪连接中侧构件上的最小贯入深度不应包括端尖部分的长度，最小贯入深度不应小于六角头木螺钉直径的 4 倍。

另外，在设计时亦应尽量避免采用销直径过大和木材厚度过小的销连接，这种销连接可能发生剪裂和劈裂等脆性破坏。

二、销连接的屈服模式

销连接的普遍屈服模式是建立承载能力计算理论的基础，最早出现在欧洲，被国际公认。目前，国际上广泛采用的是 Johansen 销连接承载力计算方法，即欧洲屈服模式

(图 3-5)。图 3-5 所示为不同厚度和强度的木构件典型的单剪连接和双剪连接的屈服模式，包括销槽承压屈服和销屈服，各含三种不同形式。

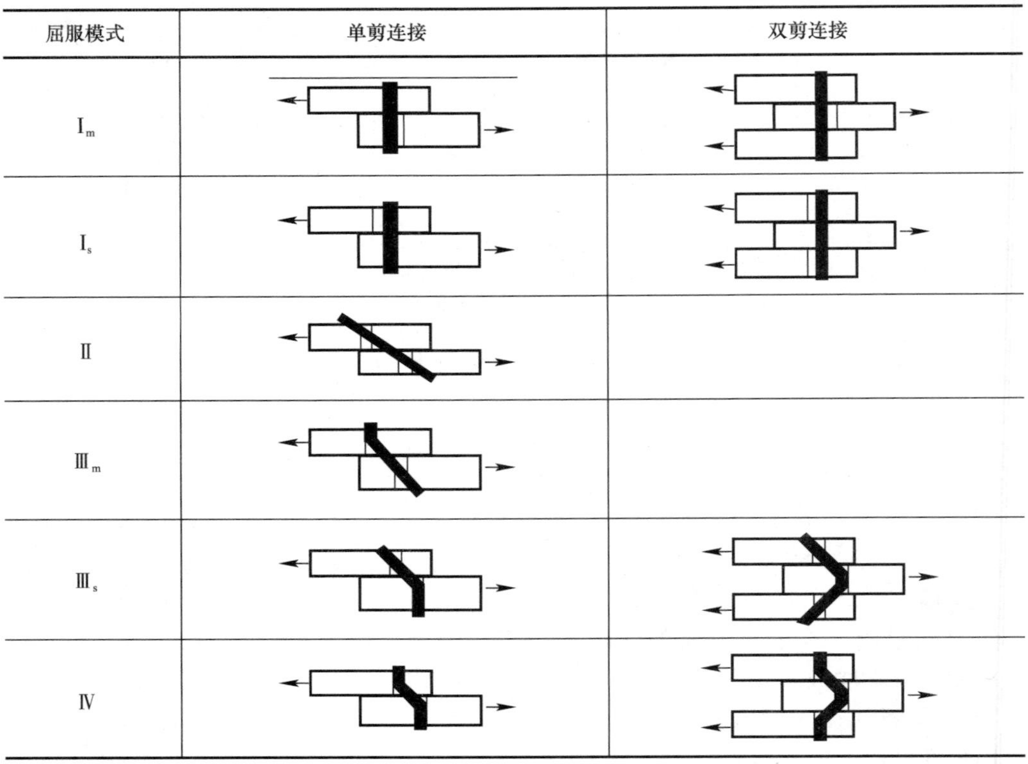

图 3-5　销连接的屈服模式

（一）销槽承压屈服

将单剪连接中的较厚构件或双剪连接中的中部构件定义为主构件；单剪连接中的较薄构件或双剪连接中的边部构件定义为侧构件。根据销槽承压的破坏位置不同，销槽承压的破坏模式分为屈服模式 I_m、屈服模式 I_s 和屈服模式Ⅱ三种。

屈服模式 I_m 为主构件的销槽承压破坏，对销槽承压屈服而言，如果主构件的销槽承压强度较低，而次构件的强度较高且次构件对销有足够的钳制力，不使其转动，则主构件将沿其销槽全长均达到销槽承压强度而失效。屈服模式 I_s 为侧构件的销槽承压破坏，如果两构件的销槽承压强度相同或次构件的强度较低，主构件对销有足够的钳制力，不使其转动，则次构件沿其销槽全长均达到销槽承压强度而失效。屈服模式Ⅱ为销槽局部挤压破坏，如果主构件的厚度不足或次构件的销槽承压强度较低，两者对销均无足够的钳制力，销刚体转动，导致主、次构件均有部分长度的销槽达到销槽承压强度而失效。

（二）销屈服

销承弯屈服并形成塑性铰导致的销连接失效称为销屈服，根据塑性铰出现的位置，销屈服的破坏模式又分为屈服模式 III_m、屈服模式 III_s 和屈服模式Ⅳ三种。

屈服模式 III_m 只在次构件中出现单个塑性铰破坏，如果次构件的销槽承压强度远高于主构件并有足够的钳制销转动的能力，则销在次构件中出现塑性铰。屈服模式 III_s 只在主构件中出现单个塑性铰破坏，如果两构件销槽承压强度相同，则销在主构件中出现塑性铰。屈服模式Ⅳ在主、侧构件中出现两个塑性铰破坏，如果两构件的销槽承压强度均较高，或销的直径较小，则两构件中均出现塑性铰而失效。

总之，单剪连接包括以上六种屈服模式。对于双剪连接，由于对称受力，则仅有I_m、I_s和III_s、Ⅳ四种屈服模式。

按照上述屈服模式，利用销槽木材承压和销受弯工作，可以计算出销连接的承载能力。这些屈服模式的理论分析，由于采用的假定不同，分析方法亦有多种：

（1）弹性理论分析法：假定销槽木材为弹性工作，把销身视为弹性基础上的梁，通过微分方程求解得出销身的弯曲位置和最大弯矩。此法甚繁。

（2）塑性理论分析法：假定销槽木材和销受弯完全处于塑性阶段工作，沿销轴的挤压应力全部呈均匀分布，完全不考虑销槽木材的变形条件。此法甚为简单，但假设理论不完全与实际相符。

（3）弹塑理论分析法：假定销槽木材的应力-应变曲线为弹塑性，沿销轴的挤压应力分布在构件边缘部分已进入塑性阶段，而在其他部分仍处于弹性阶段，并考虑销连接中主材和侧材的销槽承压变形的协调条件，这与试验结果颇为接近，但由于要考虑主材和侧材的变形协调问题，理论分析计算工作量很大。

欧洲屈服模式以销槽承压和销承弯应力-应变关系为刚塑性模型为基础，并以连接产生0.05d（d为销直径）的塑性变形为承载力极限状态的标志。而我国《木结构设计标准》GB 50005—2017中的螺栓连接计算采用的是理想弹塑性材料本构模型，仅考虑侧材销槽木材的变形条件，从构件中取出“塑性铰”的部分销轴作为“脱离体”进行力学分析，从而大大简化了弹塑性理论分析方法，所得结果与严格的弹塑性分析方法几乎完全一致。但我国传统的销连接主要适用于螺栓连接和钉连接，其计算和构造规定主要应用于顺纹受力的受拉构件的接头，为了方便应用，对被连接构件厚度等变化因素作了一些构造规定，从而达到简化计算的目的。但在螺栓连接的广泛应用中，有时不能符合这些构造规定；在节点连接中有时也不便采用常用螺栓连接的计算方法；并且传统的螺栓连接的计算方法是以木材的顺纹抗压强度来计算螺栓连接的承载力。而对于现代木产品，由于缺陷的影响，同一树种不同强度等级木材的顺纹抗压强度大不相同，但木材缺陷对销槽承压强度的影响并不显著，相同树种不同强度等级的木材的销槽承压强度也并无很大差别，若仍按木材的顺纹抗压强度计算，结果将与实际情况不符。

将欧洲屈服模式的计算方法和我国传统的弹塑理论简化分析法进行对比分析可知，二者在图3-5中的屈服模式I_m、I_s和Ⅳ对应的极限承载力是相同的。对屈服模式Ⅱ、III_m和III_s，基于刚塑性本构模型所计算的极限承载力略高于理想弹塑性材料本构模型，但差距基本在10%以内。因此，为了使销连接的计算适用于不同的木板厚度和各种不同角度的受力情况，以及不同树种的连接，并可以适用于对称的、不对称的、单剪、双剪、多剪等连接形式，《木结构设计标准》GB 50005—2017采用了基于欧洲屈服模式的销连接承载力计算方法。

三、销连接的承载力计算

销连接主要用于抗剪，但部分销连接，如六角头木螺钉等，也可以承受一定的拉拔荷载。因此，对于销连接，除了进行抗剪承载力计算外，根据受力情况，还需要进行抗拔计算或抗剪兼抗拔的计算。

（一）销连接的抗剪承载力计算

销连接的抗剪承载力应按下式进行验算：

$$N \leqslant n_b n_v Z_d \tag{3-1}$$

式中 N——由销连接传递的侧向荷载设计值（N）；

n_b——连接中销的数量；

n_v——连接中销的剪面数，单剪连接取 $n_v=1$，双剪连接取 $n_v=2$；

Z_d——连接中每个销在每个剪面的承载力设计值（N）。

在满足销连接的构造规定的情况下，按下列规定计算每个剪面的承载力设计值 Z_d：

（1）对于单剪或对称双剪连接的销轴类紧固件，每个剪面的承载力设计值 Z_d 应按下式进行计算：

$$Z_d = C_m C_n C_t k_g Z \tag{3-2}$$

式中 C_m——含水率调整系数，应按表 3-3 中规定选用；

C_n——设计使用年限调整系数，应按表 3-4 中规定选用；

C_t——温度环境调整系数，应按表 3-3 中规定选用；

k_g——群栓组合系数，应按《木结构设计标准》GB 50005—2017 附录 K 中规定选用；

Z——承载力下限参考设计值。

使用条件调整系数 **表 3-3**

序号	调整系数	采用条件	取值
1	含水率调整系数 C_m	使用中木构件含水率大于 15%时	0.8
		使用中木构件含水率小于 15%时	1.0
2	温度环境调整系数 C_t	长期生产性高温环境，木材表面温度达 40～50℃时	0.8
		其他温度环境时	1.0

设计使用年限调整系数 **表 3-4**

设计使用年限	调整系数	
	强度设计值	弹性模量
5 年	1.10	1.10
25 年	1.05	1.05
50 年	1.00	1.00
100 年及以上	0.90	0.90

1）销连接的剪面承载力参考设计值 Z 的计算

对于单剪连接或对称双剪连接（图 3-6），单个销的每个剪面的承载力参考设计值 Z 应按下式进行计算：

$$Z = k_{min} t_s d f_{es} \tag{3-3}$$

式中 k_{min}——单剪连接时较薄构件或双剪连接时边部构件的销槽承压最小有效长度系数；

t_s——较薄构件或边部构件的厚度（mm），见图 3-6；

d——销轴类紧固件的直径（mm）；

f_{es}——较薄构件或边部构件的销槽承压强度标准值（N/mm^2）。

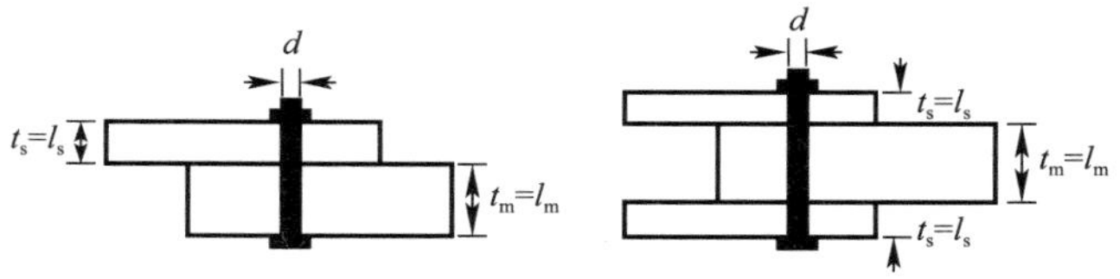

图 3-6　销轴类紧固件的连接方式

2）销槽承压最小有效长度系数 k_{min} 的计算

销槽承压最小有效长度系数 k_{min} 应按下列 4 种破坏模式进行计算，并取 4 种破坏模式计算结果的最小值，即取

$$k_{min} = \min(k_{Ⅰ}, k_{Ⅱ}, k_{Ⅲ}, k_{Ⅳ}) \tag{3-4}$$

① 按屈服模式Ⅰ计算销槽承压有效长度系数 $k_{Ⅰ}$

对于单剪连接：

$$k_{Ⅰ} = \frac{R_e R_t}{\gamma_{Ⅰ}} \tag{3-5}$$

对于双剪连接：

$$k_{Ⅰ} = \frac{R_e R_t}{2\gamma_{Ⅰ}} \tag{3-6}$$

$R_e = f_{em}/f_{es}$，$R_t = t_m/t_s$，对于单剪连接，应满足 $R_e R_t \leqslant 1.0$；当 $R_e R_t < 1.0$ 时，对应于屈服模式 $Ⅰ_m$；当 $R_e R_t = 1.0$ 时，对应于屈服模式 $Ⅰ_s$。对于双剪连接，应满足 $R_e R_t \leqslant 2.0$。

式中　f_{em}——较厚构件或中部构件的销槽承压强度标准值（N/mm^2），应按本节第 3）条确定；

t_m——较厚构件或中部构件的厚度（mm），见图 3-6；

$\gamma_{Ⅰ}$——屈服模式Ⅰ的抗力分项系数，应按表 3-5 的规定取值。

② 按屈服模式Ⅱ计算销槽承压有效长度系数 $k_{Ⅱ}$

屈服模式Ⅱ为销槽的局部挤压破坏，只发生在单剪连接中，$k_{Ⅱ}$ 应按下列公式计算：

$$k_{Ⅱ} = \frac{k_{sⅡ}}{\gamma_{Ⅱ}} \tag{3-7}$$

$$k_{sⅡ} = \frac{\sqrt{R_e + 2R_e^2(1 + R_t + R_t^2) + R_t^2 R_e^3} - R_e(1 + R_t)}{1 + R_e} \tag{3-8}$$

式中　$\gamma_{Ⅱ}$——屈服模式Ⅱ的抗力分项系数，应按表 3-5 的规定取值。

③ 按屈服模式Ⅲ计算销槽承压有效长度系数 $k_{Ⅲ}$：

$$k_{Ⅲ} = \frac{k_{sⅢ}}{\gamma_{Ⅲ}} \tag{3-9}$$

式中　$\gamma_{Ⅲ}$——屈服模式Ⅲ的抗力分项系数，应按表 3-5 的规定取值。

当单剪连接发生屈服模式 $Ⅲ_m$ 的破坏形式时：

$$k_{sⅢ} = \frac{R_t R_e}{1 + 2R_e}\left[\sqrt{2(1 + R_e) + \frac{1.647(1 + 2R_e)k_{ep} f_{yk} d^2}{3R_e R_t^2 f_{es} t_s^2}} - 1\right] \tag{3-10}$$

当单剪连接和双剪连接发生屈服模式为 $Ⅲ_s$ 的破坏形式时：

$$k_{sⅢ} = \frac{R_e}{2 + R_e}\left[\sqrt{\frac{2(1 + R_e)}{R_e} + \frac{1.647(2 + R_e)k_{ep} f_{yk} d^2}{3R_e f_{es} t_s^2}} - 1\right] \tag{3-11}$$

式中　f_{yk}——销轴类紧固件屈服强度标准值（N/mm^2）；

k_{ep}——弹塑性强化系数，反映钢材材质特性对连接承载力的影响。当采用 Q235 钢等具有明显屈服性能的钢材时，取 $k_{ep}=1.0$；当采用其他钢材时，应按具体的弹塑性强化性能确定，其强化性能无法确定时，仍应取 $k_{ep}=1.0$。

④ 按屈服模式Ⅳ计算销槽承压有效长度系数 $k_{Ⅳ}$：

单剪连接和双剪连接都可能发生屈服模式Ⅳ的破坏形式，$k_{Ⅳ}$ 按下列公式计算：

$$k_{\mathrm{IV}}=\frac{k_{s\mathrm{IV}}}{\gamma_{\mathrm{IV}}} \tag{3-12}$$

$$k_{s\mathrm{IV}}=\frac{d}{t_s}\sqrt{\frac{1.647R_e k_{ep} f_{yk}}{3(1+R_e)f_{es}}} \tag{3-13}$$

式中　$\gamma_{Ⅳ}$——屈服模式Ⅳ的抗力分项系数，应按表 3-5 的规定取值。

构件连接时剪面承载力的抗力分项系数取值表　　**表 3-5**

连接件类型	各屈服模式的抗力分项系数			
	γ_{I}	γ_{II}	γ_{III}	γ_{IV}
螺栓、销或六角头木螺钉	4.38	3.63	2.22	1.88
圆钉	3.42	2.83	1.97	1.62

3）销槽承压强度标准值的取值

在销连接中，由于木材销槽承压强度与木材一般的抗压强度不同，短期（瞬间）荷载作用与长期荷载作用不同，中部构件与边部构件以及销抗弯屈服时的木材销槽承压强度也不同。为简化计算起见，将这些复杂因素已考虑在上述各种屈服模式的计算公式中，并保证销连接具有足够的可靠度。在确定销连接抗剪承载力时，销连接中木材、钢材和混凝土的销槽承压强度可直接按下述规定采用：

① 当 $6mm \leqslant d \leqslant 25mm$ 时，销轴类紧固件销槽顺纹承压强度 $f_{e,0}$（N/mm^2）应按下式确定：

$$f_{e,0}=77G \tag{3-14}$$

式中　G——主构件材料的全干相对密度。常用树种木材的全干相对密度按表 3-6 的规定确定。

常用树种木材的全干相对密度　　**表 3-6**

树种及树种组合木材	全干相对密度 G	机械分级（MSR）树种木材及强度等级（MPa）	全干相对密度 G
阿拉斯加黄扁柏	0.46	花旗松-落叶松	
海岸西加云杉	0.39		
花旗松-落叶松	0.50	$E \leqslant 13000$	0.50
花旗松-落叶松（加拿大）	0.49	$E=13800$	0.51
花旗松-落叶松（美国）	0.46	$E=14500$	0.52
东部铁杉、东部云杉	0.41	$E=15200$	0.53
东部白松	0.36	$E=15860$	0.54
铁-冷杉	0.43	$E=16500$	0.55

续表

树种及树种组合木材	全干相对密度 G	机械分级（MSR）树种木材及强度等级（MPa）	全干相对密度 G
铁冷杉（加拿大）	0.46	南方松	
北部树种	0.35		
北美黄松、西加云杉	0.43	E=11720	0.55
南方松	0.55	E=12400	0.57
云杉-松-冷杉	0.42	云杉-松-冷杉	
西部铁杉	0.47		
欧洲云杉	0.46	E=11720	0.42
欧洲赤松	0.52	E=12400	0.46
欧洲冷杉	0.43	西部针叶材树种	
欧洲黑松、欧洲落叶松	0.58		
欧洲花旗松	0.50	E=6900	0.36
东北落叶松	0.55	铁-冷杉	
樟子松、红松、华山松	0.42		
新疆落叶松、云南松	0.44	E≤10300	0.43
鱼鳞云杉、西南云杉	0.44	E=11000	0.44
丽江云杉、红皮云杉	0.41	E=11720	0.45
西北云杉	0.37	E=12400	0.46
马尾松	0.44	E=13100	0.47
冷杉	0.36	E=13800	0.48
南亚松	0.45	E=14500	0.49
铁杉	0.47	E=15200	0.50
油杉	0.48	E=15860	0.51
油松	0.43	E=16500	0.52
杉木	0.34		
速生松	0.30		
木基结构板	0.30		
进口欧洲地区结构材			
强度等级	全干相对密度 G	强度等级	全干相对密度 G
C40	0.45	C22	0.38
C35	0.44	C20	0.37
C30	0.44	C18	0.36
C27	0.40	C16	0.35
C24	0.40	C14	0.33
进口新西兰结构材			
强度等级	全干相对密度 G	强度等级	全干相对密度 G
SG15	0.53	SG12	0.50
SG10	0.46	SG8	0.41
SG6	0.36		

② 当 6mm≤d≤25mm 时，销轴类紧固件销槽横纹承压强度 $f_{e,90}$（N/mm^2）应按下式确定：

$$f_{e,90}=\frac{212G^{1.45}}{\sqrt{d}} \tag{3-15}$$

式中 d——销轴类紧固件直径（mm）。

③ 当作用在构件上的荷载与木纹呈夹角 α 时，销槽承压强度 $f_{e,\alpha}$（N/mm²）应按下式确定：

$$f_{e,\alpha}=\frac{f_{e,0}f_{e,90}}{f_{e,0}\sin^2\alpha+f_{e,90}\cos^2\alpha} \tag{3-16}$$

式中 α——荷载与木纹方向的夹角。

④ 当 $d<6$mm 时，销槽承压强度 f_e（N/mm²）应按下式确定：

$$f_e=115G^{1.84} \tag{3-17}$$

⑤ 当销轴类紧固件插入主构件端部并且与主构件木纹方向平行时，主构件上的销槽承压强度取 $f_{e,90}$。

⑥ 紧固件在钢材上的销槽承压强度 f_{es} 应按现行国家标准《钢结构设计标准》GB 50017 规定的螺栓连接的构件销槽承压强度设计值的 1.1 倍计算。

⑦ 紧固件在混凝土构件上的销槽承压强度按混凝土立方体抗压强度标准值的 1.57 倍计算。

4）当销轴类紧固件的贯入深度小于 10 倍销轴直径时，承压面的长度不应包括销轴尖端部分的长度。

（2）互相不对称的三个构件连接时，剪面承载力设计值 Z_d 应按两个侧构件中销槽承压长度最小的侧构件作为计算标准，按对称连接计算得到的最小剪面承载力设计值作为连接的剪面承载力设计值。

（3）当四个或四个以上构件连接时，每一剪面按单剪连接计算。连接的承载力设计值取最小的剪面承载力设计值乘以剪面个数和销的个数。

（4）当单剪连接中的荷载与紧固件轴线呈除了 90°外的一定角度时，垂直于紧固件轴线方向作用的荷载分量不应超过紧固件剪面承载力设计值。平行于紧固件轴线方向的荷载分量，应采取可靠的措施，满足局部承压要求。

（二）六角头木螺钉的抗拔承载力计算

六角头木螺钉主要用于受剪，但也可以承受一定的拉拔荷载。当木螺钉承受轴向拉力作用时，每个销的抗拔承载力设计值应按下式计算：

$$W_d=C_mC_tk_gC_{eg} \tag{3-18}$$

式中 C_m——含水率调整系数，应按表 3-3 中规定采用；

C_t——温度环境调整系数，应按表 3-3 中规定采用；

k_g——组合系数，应按《木结构设计标准》GB 50005—2017 附录 K 的规定确定；

C_{eg}——端部木纹调整系数，应按表 3-7 中规定采用；

W_d——抗拔承载力参考设计值（N/mm）。

端面调整系数 **表 3-7**

序号	采用条件	C_{eg}取值
1	当六角头木螺钉的轴线与插入构件的木纹方向垂直时	1.00
2	当六角头木螺钉的轴线与插入构件的木纹方向平行时	0.75

当六角头木螺钉的轴线与木纹垂直时，六角头木螺钉的抗拔承载力参考设计值应按下式确定：

$$W = 43.2G^{3/2}d^{3/4} \tag{3-19}$$

式中　W——抗拔承载力参考设计值（N/mm）；

G——主构件材料的全干相对密度，按表 3-6 的规定取值；

d——木螺钉直径（mm）。

（三）六角头木螺钉的抗剪兼抗拔承载力计算

当六角头木螺钉承受侧向荷载和外拔荷载共同作用时（图 3-7），其承载力设计值应按下式确定：

$$Z_{d,\alpha} = \frac{W_d h_d Z_d}{W_d h_d \cos^2\alpha + Z_d \sin^2\alpha} \tag{3-20}$$

式中　α——木构件表面与荷载作用方向的夹角（°）；

h_d——六角头木螺钉有螺纹部分打入主构件的有效长度（mm）；

W_d——六角头木螺钉的抗拔承载力设计值（N/mm），按式（3-18）计算。

Z_d——六角头木螺钉的剪面抗剪承载力设计值（kN），按本节销连接的抗剪承载力计算的规定进行计算。

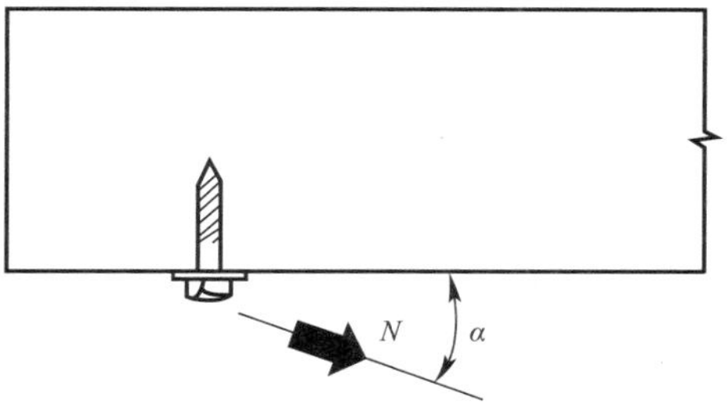

图 3-7　六角头木螺钉受侧向、外拔荷载共同作用

第二节　植筋连接

植筋连接（Glued in Rods）是将带肋钢筋插入木构件上的预钻孔中，并注入胶粘剂，以传递构件间的拉力和剪力的连接方式。其优越的抗拉性能，使得植筋连接有可能成为木结构的一种新的连接形式。关于植筋连接目前尚无设计标准可引用，使用时需做必要的足尺试验，以确保连接的安全性。

木材中的植筋连接技术的应用已有 20 多年的历史，近年来日本应用了较多的木结构植筋技术，图 3-8 为利用斜向植筋来解决节点的剪力传递，图 3-9 为柱与基础的植筋连接。

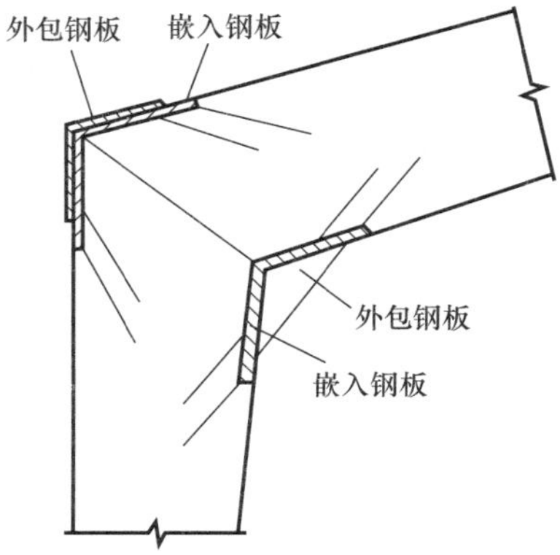

图 3-8　斜向植筋

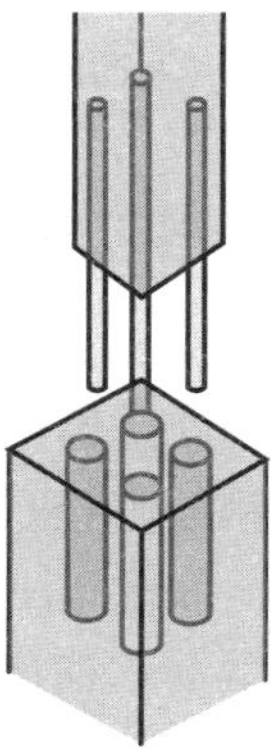

图 3-9　柱与基础植筋连接

一、植筋连接总体要求

为了增强钢筋和胶的机械咬合力，植入木材中的钢筋应为刻痕钢筋或带肋钢筋。钢筋直径一般为 12～25mm，可采用 Q235 钢或 Q345 钢制作。为方便灌注胶粘剂，木材上的孔径应比植筋直径至少大 2mm。灌注胶粘剂的方法通常有两种：一种是先注胶后插筋，另一种是先插筋，后在旁边的小孔中向插筋孔中注胶。日本大多采用后一种方法，并有专用的注胶设备。

二、植筋连接的破坏模式[3]

木材胶合植筋连接是 3 种不同材料的复合连接，材料的性能决定了连接破坏的不同模式。木材胶合植筋连接存在 5 种可能的破坏模式，如图 3-10 所示。

图 3-10 中（a）和（c）都是由连接处受剪引起的胶粘剂和木材接触面之间的破坏；（b）是木材的拉伸破坏，这取决于木材的强度和连接强度，这种破坏往往出现在植筋杆的端头，是由拉伸应力引起的；（d）是木材的开裂破坏，这种开裂模式主要是边距过小引起的，通常是边距为 1.5～2.25 倍杆直径时易产生的主要破坏形式；（e）是植筋杆的屈服破坏，属于韧性破坏模式，在破坏后也能够很准确地计算连接强度和传递载荷。胶合植筋连接的韧性破坏设计主要是令钢制植筋杆的强度成为强度最弱的部分，从而木结构在危险的状况下能够分散能量，达到钢部分的韧性破坏是最好的设计准则。此外韧性破坏模式的优势还在于，钢材较木材而言，同一等级的钢材强度稳定，变异性小，有成熟的设计准则。由于胶合植筋连接的韧性破坏模式需要出现在其他破坏模式之前，因此植筋杆的材料宜选用中等强度的钢材料。

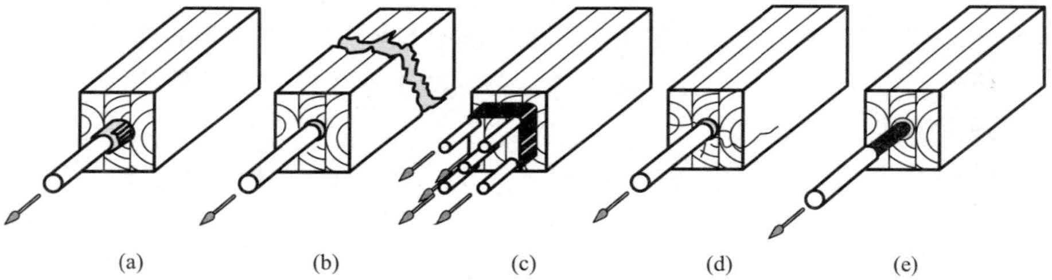

图 3-10　植筋连接的破坏模式

（a）沿杆的剪切破坏；（b）木材的拉伸破坏；（c）块的剪切破坏（多杆连接）；（d）木材开裂破坏；（e）植筋杆屈服破坏

三、植筋连接的承载力计算

植筋连接的试验证实，植筋的抗压和抗拉承载力基本相同，植筋与木纹间的夹角对承载力影响不大。植筋连接的拔出破坏为脆性破坏，工程中应避免这种破坏模式，为此植筋深度可为 d^2（d 为钢筋直径），但大部分学者认为植筋深度为 $15d$ 可避免拔出破坏。加拿大英属哥伦比亚大学曾做过不同环境条件对植筋承载力影响的系统试验。研究表明，对直径为 16mm 的带肋钢筋，植筋深度为 405mm，采用环氧树脂为植筋胶，钢筋垂直于木纹方向或呈 30°交角的情况下，绝大多数试件为钢筋屈服破坏，仅有少数被拔出，但承载力已接近钢筋屈服荷载。这表明钢筋插入足够深后破坏是延性的，不同环境条件下承载力的变异性很小。

植筋胶缝粘结应力沿植筋深度方向的分布是不均匀的，植筋深度较小时的抗拔承载力计算较困难，一般应通过试验确定。1988 年，Riberholt 建议，植筋的轴向拉压承载力可按下式计算：

$$R_{axk} = f_{ws}\rho_k d_{min}\sqrt{l_g} \qquad 当\ l_g \geqslant 200\text{mm} \tag{3-21}$$

$$R_{axk} = f_{w}\rho_k d_{min}\sqrt{l_g} \qquad 当\ l_g < 200\text{mm} \tag{3-22}$$

式中　l_g——植筋的有效深度（mm）；

f_{ws}——植筋较深时的强度参数：对于酚醛间苯二酚和环氧树脂胶粘剂取 520N/mm^2；对于双组分的聚氨酯取 650N/mm^2；

f_w——植筋较浅时的强度参数：对于酚醛间苯二酚和环氧树脂胶粘剂取 37N/mm^2；对于双组分的聚氨酯取 46N/mm^2；

ρ_k——木材气干密度标准值 g/mm^3；

d_{min}——植筋直径和植筋孔径的较小值（mm）；

Riberholt 还建议植筋间距、边距为 $a_1 \geqslant 2d$，$a_2 \geqslant 1.5d$，$a_4 \geqslant 2d$，$a_5 \geqslant 2.5d$（图 3-11）。多根植筋共同工作时，总承载力将低于各根之和。

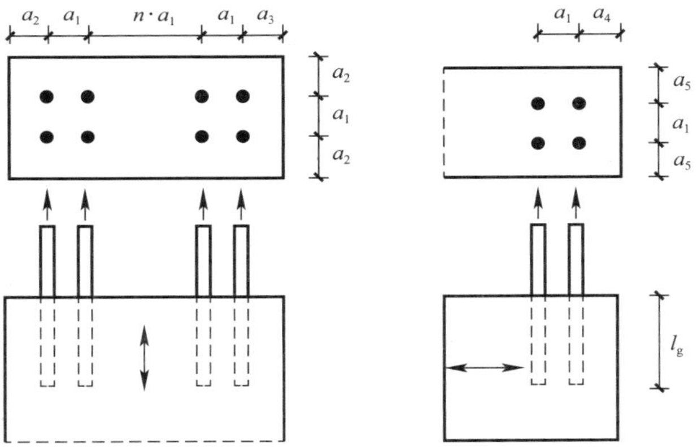

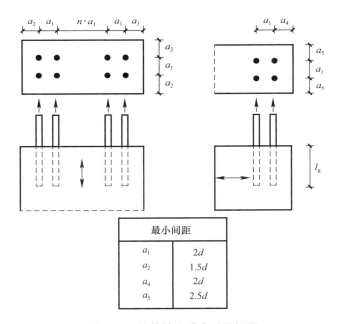

最小间距	
a_1	2d
a_2	1.5d
a_4	2d
a_5	2.5d

图 3-11　植筋轴向受力时的间距

对于平行于木纹的植筋，在侧向荷载（剪力）作用下（图 3-12），每根钢筋的侧向承载力标准值 Riberholt 建议取为：

$$V_k = \left[\sqrt{e^2 + \frac{2M_{yk}}{df_h}} - e\right]df_h \tag{3-23}$$

$$f_h = (0.0023 + 0.75d^{1.5})\rho_k \tag{3-24}$$

式中　e——侧向力距木构件表面的距离（mm）；

M_{yk}——钢筋的屈服弯矩标准值（N·mm）；

d——钢筋直径（mm）；

f_h——强度参数；

ρ_k——气干密度标准值（kg/m^3）。

Riberholt 建议图 3-12 中的植筋间距、边距为 $a_1 \geqslant 2d$，$a_2 \geqslant 2d$，$a_3 \geqslant 4d$。

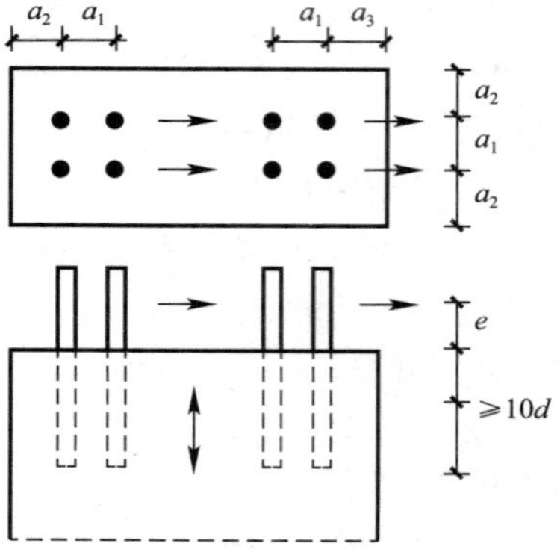

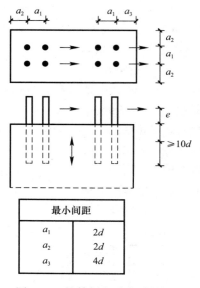

最小间距	
a_1	$2d$
a_2	$2d$
a_3	$4d$

图 3-12　植筋侧向受力时的间距

参考文献

[1]　中华人民共和国国家标准. 木结构设计标准 GB 50005—2017 [S]. 北京：中国建筑工业出版社，2017.

[2]　《木结构设计手册》编委会. 木结构设计手册 [M]. 北京：中国建筑工业出版社，2005.

[3]　聂玉静，孙正军. 木结构胶合植筋连接的研究进展 [J]. 四川建筑科学研究，2012，38（6）：34-37.

第四章　螺栓连接梁柱节点力学性能与设计方法

第一节　概　　述

常用的梁柱连接节点形式包括钢填板连接和钢夹板连接，工程中以钢填板连接（图 4-1）为主，这是由于钢填板连接将钢板嵌入木构件，外观美观且有利于防火[1]。

梁柱节点应确保梁端剪力有效地传递到柱，对于普通钢填板-螺栓节点，为了便于安装，木梁柱上的螺栓孔径一般比螺栓直径至少大 1mm，由于此间隙的存在使梁柱在较小的相对转动下不受约束，因此在进行弹性分析时，常假定梁柱节点为铰接。

实际工程中，对于柱端和柱身处的梁柱连接，形式略有不同。柱端连接常用十字板节点，构件预制时在柱端开十字槽口和两个方向的螺栓孔；施工过程中，先将十字钢板插入柱端的槽口，再用螺栓固定，四周横梁再依次与钢板固定。柱身连接常用钢填板与钢贴板相结合的形式，预制时在柱中开一个方向的贯通槽口，另一个方向开螺栓孔；施工过程中，先将钢填板和钢贴板，最后依次将四周横梁与钢板连接[2]。

图 4-1　实际工程中的螺栓-钢填板连接

螺栓-钢填板连接时最常见、研究最多的胶合木梁柱节点，这种节点构造简单，美观、简洁，是重型木结构中常用的节点形式之一。具有以下优点：

（1）加工简单，施工方便，便于工业化生产与施工。

（2）构造简单，传力明确，便于节点分析与设计。

（3）形式多样，构造灵活，可以满足不同建筑形式的要求。

（4）绿色、环保，简洁、美观。

但是螺栓-钢填板连接的梁柱节点也有很多不足：

（1）刚度小。为了便于施工安装，木构件中螺栓孔径应大于螺栓直径，导致在受力前期，孔壁与螺杆接触不充分，使节点的有效传力得不到充分发展。在受力后期，裂缝出现，使有效受力面积减小，承载力降低。此外，木构件加工精度较低，导致有效传力愈加降低。

（2）耗能能力差。梁柱节点由于存在空隙、易出现裂缝等原因，导致滞回曲线的捏缩效应明显，耗能能力降低。

（3）螺栓承载力群体效应明显。在节点发生破坏时，由于各个螺栓未同时屈服，故整体承载力小于单个螺栓承载力之和。

（4）易发生脆性破坏。木材在螺栓孔壁与螺杆接触处，受力复杂，容易产生横纹拉应力，容易产生横纹劈裂破坏和顺纹剪切破坏。

第二节　试验研究

一、试验介绍

（一）试验试件

螺栓钢填板胶合木梁柱节点共设两组（S1 组、S2 组）试验，为考虑节点承载力的离散性，S1 组设计 22 个试件，其中 S1-1～S1-19 为单调加载试验，S1-20～S1-22 为往复加载试验；S2 组设计 5 个试件，其中 S2-1～S2-2 为单调加载试验，S2-3～S2-5 为往复加载试验。S1 组与 S2 组的主要区别为梁高、梁端螺栓直径和螺栓间距。试件分组情况如表 4-1 所示。胶合木梁柱采用二级北美云杉-松-冷杉（SPF2 号）的规格材。胶合木梁边距、横纹中距、端距、顺纹中距等主要设计参数如表 4-2 所示。钢填板具体尺寸如图 4-2 所示。

试验试件尺寸及选材　　**表 4-1**

试件类型	尺寸（mm）	螺栓	钢填板
木柱	250×325×600	8.8 级 B 级 M24 高强度螺栓（6 个）	Q235B
木梁（S1）	180×280×1600	8.8 级 B 级 M20 高强度螺栓（4 个）	Q235B
木梁（S2）	180×320×1600	8.8 级 B 级 M24 高强度螺栓（4 个）	Q235B

木梁的主要设计参数　　**表 4-2**

组号	梁上螺栓规格	边距 h_1(mm)	横纹中距 h_2(mm)	端距 x_1(mm)	顺纹中距 x_2(mm)
S1	8.8 级 M20	85	110	120	105
S2	8.8 级 M24	100	120	120	125
备注	S1 组与 S2 组的梁上螺栓间距满足规范要求				

（二）试验设备

加载装置采用电液伺服系统，通过作动器在柱端施加荷载，作动器装有力和位移的传感装置，并在此处采集加载力；柱端上下夹板通过螺杆连成整体，便于施加往复荷载；两端的梁通过铰支座连接到固定支座；试验位移通过位移计测量，如图 4-3 所示。

（三）加载制度

加载制度选用匀速位移加载方式，可分为单调加载制度和低周反复加载制度。单调加载试验，采用位移速度为 5mm/min 的推力加载，当试件下降至极限荷载的 80%时停止加载，随后卸载。低周反复加载制度选用美国试验标准 ASTME2126-11 中的 CUREE 加载制度（图 4-4）。CUREE 加载制度，分为预加载和正式加载两个阶段，其相对位移 Δ 为单调加载中极限位移 Δ_m 的 60%。

（1）预加载阶段：将试件按照位移速度 40mm/min，加载至预估极限荷载的 10%，并持续 2min，然后进行卸载，待完全卸载 2min 后，将所有仪表值归零后开始正式加载。

（2）正式加载阶段：加载速度取 40mm/min。前 6 个周期为等幅加载，相应的位移幅值为 0.05Δ；之后的加载包括主循环和次循环，主循环加载的幅值由依次为 0.075Δ、0.1Δ、0.2Δ、0.3Δ、0.4Δ、0.7Δ、1.0Δ、1.5Δ、2.0Δ，相应的次循环的位移幅值取相应主循环位移幅值的 75%，次循环包括多次的等幅重复加载，其中，0.075Δ 与 0.1Δ 后所跟次循环数为 6 个，0.2Δ 和 0.3Δ 后所跟次循环数为 3 个，（0.4～2.0）Δ 后所跟次循环数为 2 个。

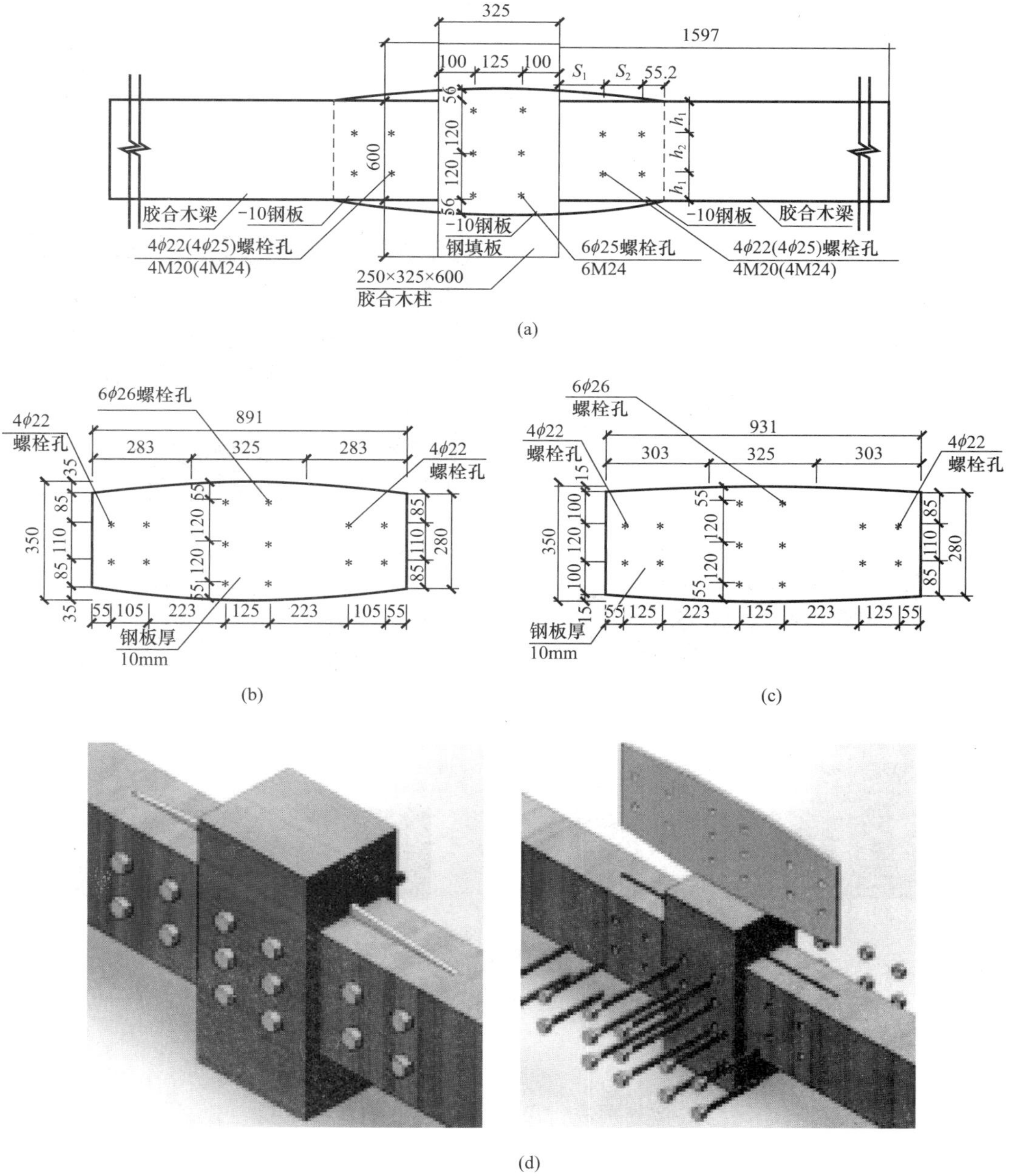

图 4-2　螺栓钢填板节点设计图

（a）试件尺寸；（b）S1 组钢嵌板尺寸；（c）S2 组钢嵌板尺寸；（d）试件三维效果图

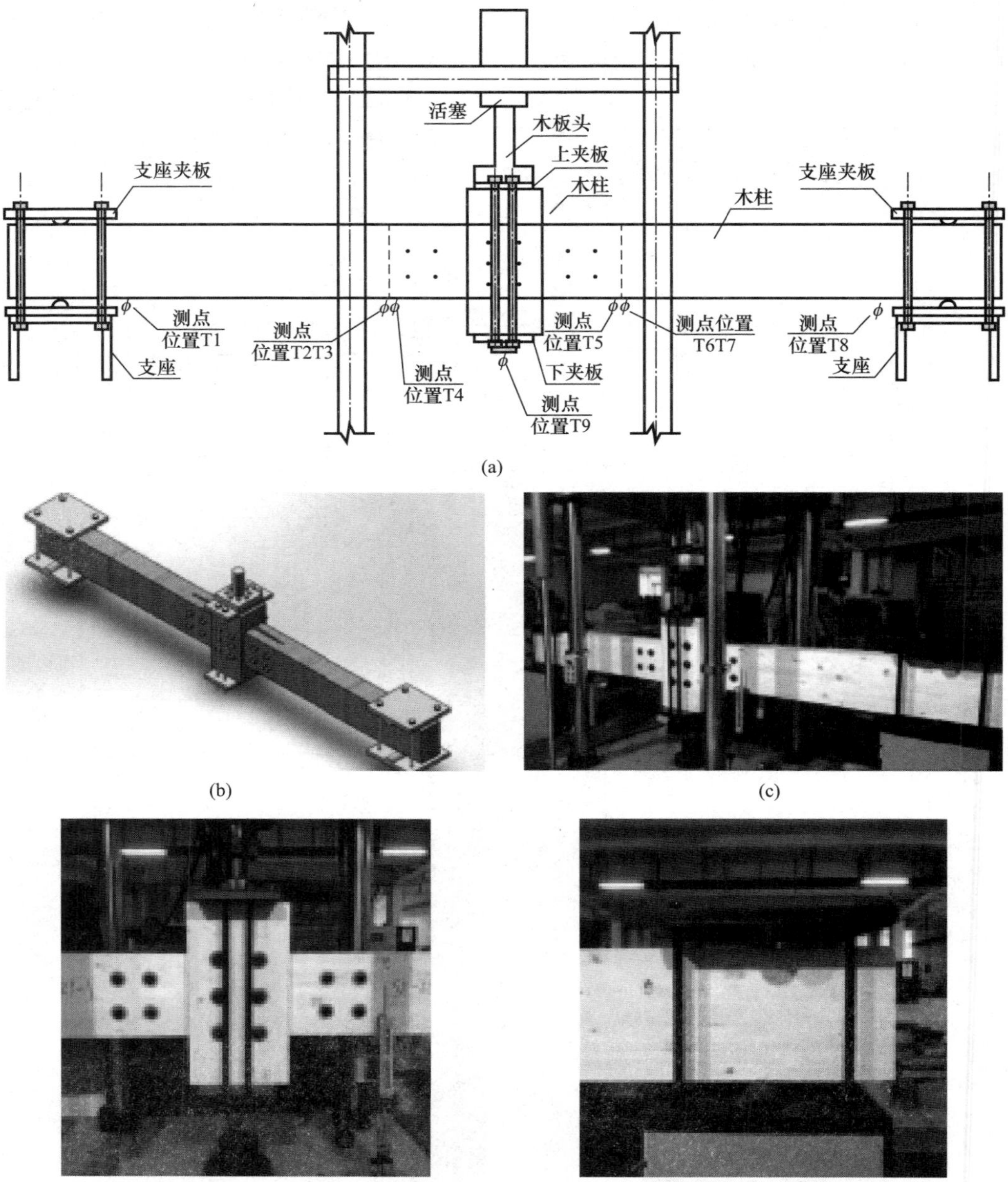

图 4-3　螺栓钢填板节点试验装置图

（a）试验装置及测点布置图；（b）试件安装三维效果图；（c）试件安装图；（d）柱端上下夹板；（e）梁端铰支座

二、试验现象分析

本章试验共两组，每组试验分别进行单调加载和低周往复加载。试验完成后，将所有试件拆分观察，发现相同尺寸的胶合木梁柱节点在相同的加载制度下，变形情况与破坏模式类似，常见的破坏模式是胶合木梁端顺纹劈裂破坏与螺栓孔孔壁承压破坏，故以下分为四种情况进行讨论。

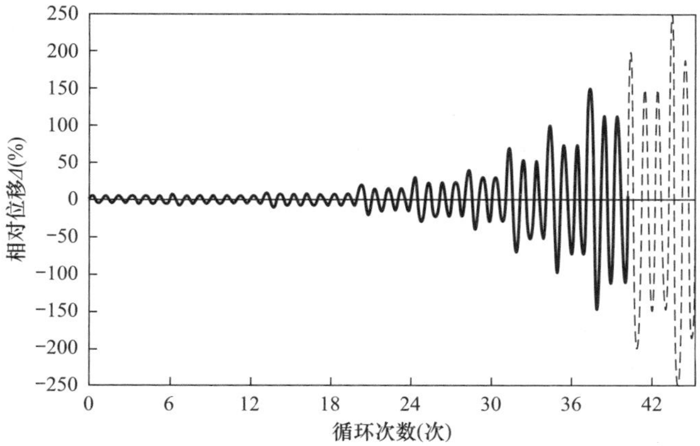

图 4-4　CUREE 加载制度

（一）S1 组单调加载试验现象

S1 组单调加载试验，破坏模式以胶合木梁端翘起侧顺纹劈裂破坏与螺栓孔孔壁承压破坏为主，胶合木柱未破坏，柱端螺栓变形很小，部分梁端螺栓发生弯曲变形，并出现一个塑性铰，梁端翘起侧螺栓变形相对明显（图 4-5）。

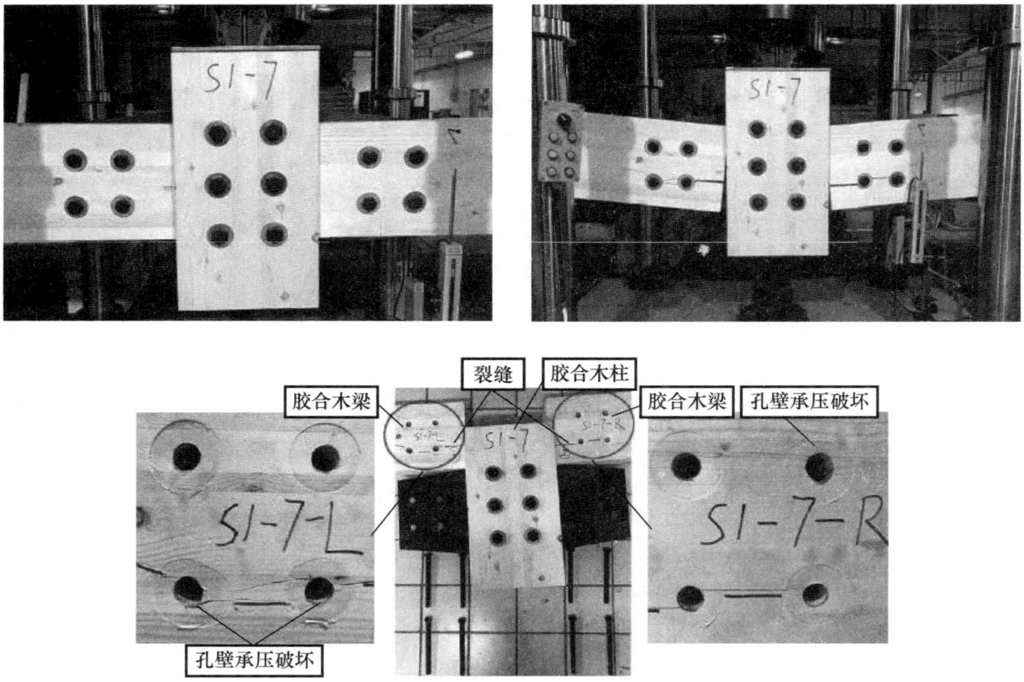

图 4-5　S1 组单调加载试验现象图

由于梁柱接触面处存在挤压，胶合木柱端出现凹陷，试验观察，可近似认为梁柱接触面挤压区长度为梁端螺栓边距，凹陷深度近似与挤压段距离成正比，钢嵌板未发生变形。

在转角 0～0.01rad 时，节点几乎没有刚度，处于压实阶段。在转角 0.01～0.04rad 时，梁端陆续出现顺纹微裂缝，承载力会短暂下降，然后继续上升，此时裂缝较小，对节点承载力影响不明显。裂缝主要出现在梁柱挤压处与梁端翘起侧外排的螺栓孔附近，由于梁柱挤压而产生的承压力会使梁端承受横纹拉应力而产生裂缝，螺栓孔处的受力较为复杂，螺栓孔壁与螺杆的挤压会使胶合木梁产生横纹拉应力而产生裂缝。个别构件也会在梁端翘起侧的内排出现裂缝，主要是由于胶合木梁内部自身缺陷导致的。当转角超过0.04rad时，梁端顺纹裂缝会继续产生或扩展，形成贯通裂缝，直至试件发生破坏，此时多为胶合木梁端顺纹劈裂破坏与螺栓孔孔壁承压破坏，并伴有少量的列剪切破坏。当梁端破坏时，随着转角的增大，试件刚度减小，甚至减小为零。

（二）S1组低周往复加载试验现象

S1组低周往复加载试验，破坏模式以胶合木梁端上下两侧顺纹劈裂破坏与螺栓孔孔壁承压破坏为主，胶合木柱未破坏，钢嵌板未发生变形，柱端螺栓变形很小。部分梁端螺栓发生弯曲变形，出现一个塑性铰（图4-6）。

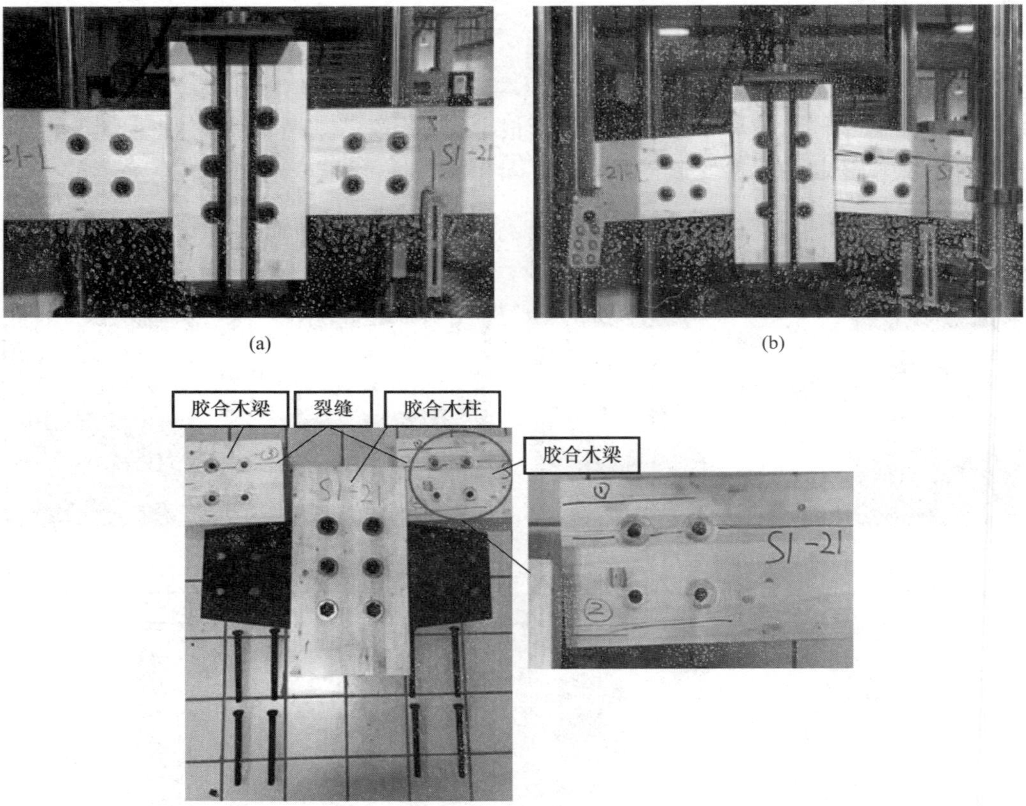

(a)　(b)　(c)

图4-6　S1组低周往复加载试验现象图

（a）试验前；（b）试验后；（c）节点破坏情况

在主循环幅值0.075Δ～0.2Δ，即转角0～0.0077rad时，节点处于压实阶段，几乎没有刚度。在主循环幅值0.2Δ～0.4Δ，即转角0.0077～0.0152rad时，节点开始出现刚度，但刚度较小，承载力上升缓慢，胶合木梁柱没有出现裂缝。在主循环幅值0.4Δ～0.7Δ，即转角0.0152～0.0264rad时，梁端陆续出现顺纹微裂缝，承载力下降不明显，裂缝主要集中在梁柱挤压侧以及外排螺栓孔附近。在主循环幅值 0.7Δ～1.0Δ，即转角 0.0264～0.0376rad 时，梁端微裂缝继续产生或扩展，承载力会有短暂下降，但马上继续上升，此时的微裂缝对节点承载力影响不大。在主循环幅值 1.0Δ～2.0Δ，即转角 0.0376～0.0751rad 时，梁端顺纹裂缝扩展明显，形成贯通裂缝，此时节点承载力上升不明显，甚至会承载力下降，节点发生破坏。由于是低周往复加载，梁端上下两侧螺栓均为梁端翘起侧，两侧螺栓处均产生横纹裂缝。

（三）S2 组单调加载试验现象

S2 组单调加载试验，破坏模式以胶合木梁端上下两侧顺纹劈裂破坏为主，胶合木柱未破坏，钢嵌板未发生变形，柱端螺栓变形很小，螺栓变形不明显（图 4-7）。

(a)

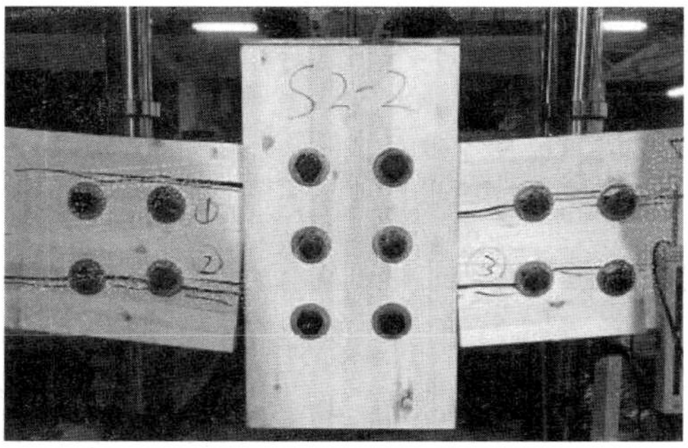

(b)

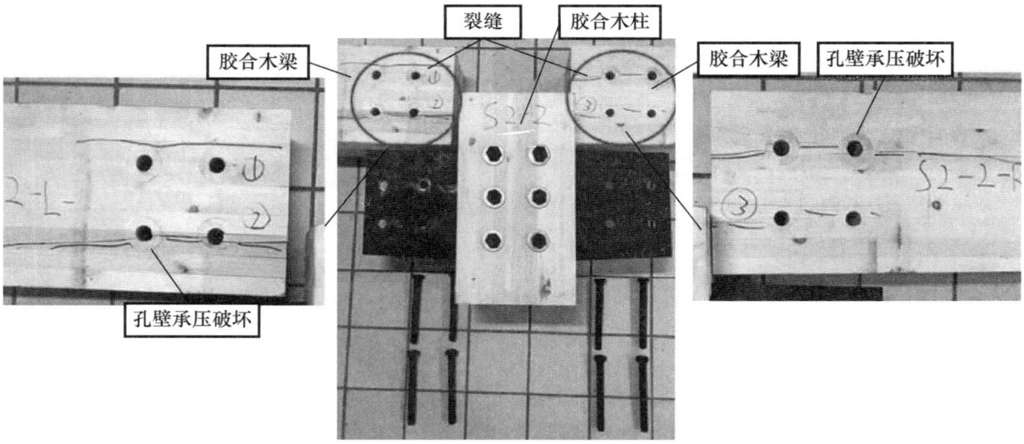

(c)

图 4-7　S2 组单调加载试验现象图

(a) 试验前；(b) 试验后；(c) 节点破坏情况

S2 组胶合木螺栓孔壁与螺杆间隙较小，且胶合木梁柱贴合较为紧密，则试验节点压实阶段不明显。在转角 0～0.02rad 时，节点承载力上升较快，近似为线性增长，此时胶合木梁柱虽有噼噼啪啪声，但未出现明显裂缝。在转角 0.02～0.03rad 时，梁端陆续出现顺纹微裂缝，承载力会短暂下降，然后继续上升，此时裂缝较小，对节点承载力影响不明显。裂缝主要出现在梁柱挤压处与梁端上下两侧外排的螺栓孔附近。由于胶合木梁螺栓孔壁与螺杆存在挤压，使胶合木梁承受横纹拉应力而产生的裂缝扩展较明显。当转角超过

0.03rad 时，梁端顺纹裂缝会继续产生或扩展，在经过承载力小幅波动之后，形成贯通裂缝，直至试件发生破坏，可以认为节点具有延性而耗能。

（四）S2 组低周往复加载试验现象

S2 组低周往复加载试验，破坏模式以胶合木梁端上下两侧顺纹劈裂破坏与螺栓孔孔壁承压破坏为主，也存在少量的列剪切破坏，胶合木柱未破坏，钢嵌板未发生变形，柱端螺栓变形很小，螺栓变形不明显（图 4-8）。

(a)

(b)

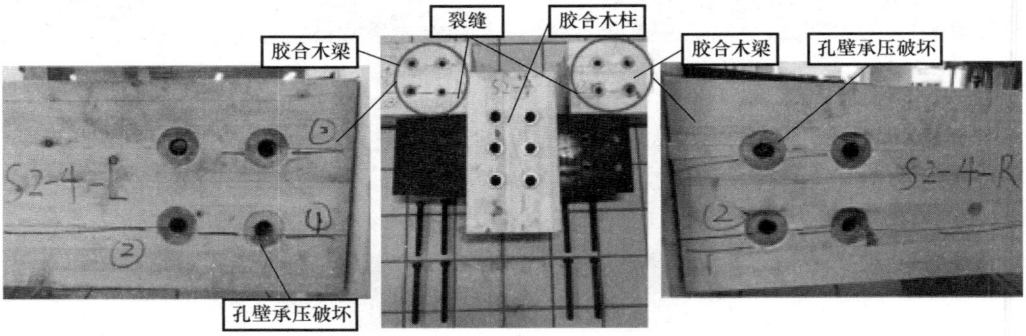

(c)

图 4-8　S2 组低周往复加载试验现象图

（a）试验前；（b）试验后；（c）节点破坏情况

与 S2 组单调加载试验类似，胶合木螺栓孔壁与螺杆间隙较小，节点压实阶段不明显。在主循环幅值 0.075Δ～0.3Δ，即转角 0～0.009rad 时，节点存在刚度，但刚度较小，承载力上升缓慢，胶合木梁柱没有出现裂缝。在主循环幅值 0.3Δ～0.4Δ，即转角 0.009～0.012rad 时，节点刚度增大，承载力继续上升，胶合木梁柱没有出现裂缝，仅有轻微的响声。在主循环幅值 0.4Δ～1.0Δ，即转角 0.012～0.03rad 时，梁端陆续出现顺纹微裂缝，承载力仍近似为线性增长，微裂缝主要集中在梁柱挤压侧以及外排螺栓孔附近。在主循环幅值 1.0Δ～2.0Δ，即转角 0.03～0.06rad 时，三个试件差异性较大，试件 S2-3 仅产生微裂缝而没有产生贯通裂缝，节点未破坏，承载力近似呈线性增长；试件 S2-4 和试件 S2-5 的梁端顺纹裂缝出现明显扩展，承载力会有短暂下降，但马上继续上升，裂缝的扩展对节点承载力的增长产生一定的影响。由于是低周往复加载，故梁端上下两侧螺栓均为梁端翘起侧，两侧螺栓处均会产生横纹裂缝或者列剪切破坏的双层裂缝。

三、试验结果分析

（1）单调加载试验结果

S1 组中 19 组单调加载试验和 S2 组中 2 组单调加载试验的弯矩-转角曲线如图 4-9 所示，S1 组和 S2 组的单调加载平均弯矩-转角曲线对比如图 4-10 所示。屈服点的确定选用 Y&K 法，节点的极限弯矩 M_p、极限转角 θ_p、破坏弯矩 M_f、破坏转角 θ_f 节点的弹性刚度 K_e、塑性刚度 K_p、有效刚度 K_f 如表 4-3 所示。

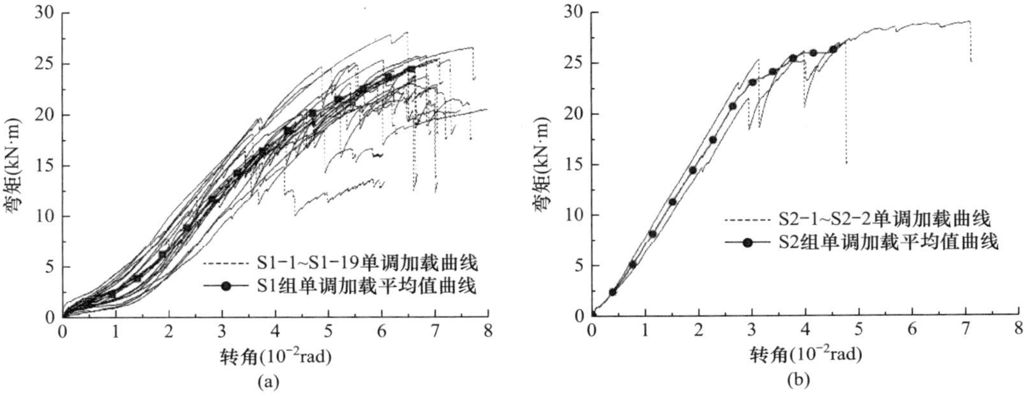

图 4-9　S1、S2 单调加载试验弯矩-转角曲线

（a）S1 组；（b）S2 组

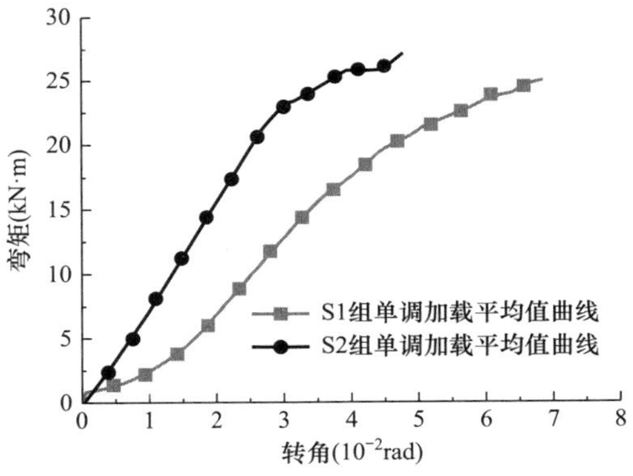

图 4-10　S1、S2 组单调加载平均弯矩-转角曲线对比

S1 组共 19 个试件单调加载结果。转角在 0～0.01rad 时，试件经历压实阶段，随着位移角的增大，弯矩增长缓慢，节点刚度较小，这是由于加工精度而造成的试件之间密实度较低；转角在 0.01～0.04rad 时，试件抗弯承载力呈线性发展，且刚度类似，部分试件由于木材自身初始缺陷的影响，会出现轻微开裂；转角超过 0.04rad 时，试件陆续开始破坏，极限承载力差异较大，极限抗弯承载力在 16.4～28.1kN·m 之间，这是由于木材变异性较大、加工及安装精度较差等多种因素造成的。由于试件加工尺寸差异以及木材变异性等影响，导致 19 个试件在压实阶段时，转角范围不同，但是节点的刚度较为接近，弹性段直线近似平行。S1 组极限转角与破坏转角的比值为 0.83。

S2 组共 2 个试件单调加载结果。由于试件尺寸较大，构件接触较为紧密，所以没有压实阶段；转角在 0～0.02rad 时，试件抗弯承载力近似呈线性发展，试件处于弹性阶段；转角在 0.02～0.03rad 时，试件抗弯承载力同样近似呈线性发展，但是有少许下降段，这是由于试件开始出现微裂缝所致，随着转角的增大，承载力仍会提高，这是由于先前出现的微裂缝对节点整体承载力的影响不明显；转角超过 0.03rad 时，试件陆续开始破坏，极限抗弯承载力约为 26kN・m。S2 组极限转角与破坏转角的比值为 0.83。

对比 S1 组与 S2 组的单调加载平均值结果，S2 组试件由于尺寸略大于 S1 组试件，故初始刚度与弹性刚度均较大，并且抗弯承载力明显大于 S1 组。S1 组试件，多数在转角 0.06 之后发生破坏，而 S2 组试件在转角 0.03～0.04rad 时就已经发生破坏，主要原因是 S2 组试件梁柱间隙以及螺栓孔间隙较紧密。

比较表 4-3 中数据，S2 组相对于 S1 组，刚度增加明显，极限弯矩与破坏弯矩均增大，但是相应转角减小。

单调加载 Y&K 法分析参数平均值 **表 4-3**

组别	极限弯矩（kN・m）	极限转角（10^{-2}rad）	破坏弯矩（kN・m）	破坏转角（10^{-2}rad）	弹性刚度（kN・m/rad）	塑性刚度（kN・m/rad）	有效刚度（kN・m/rad）
S1	21.39	5.01	23.14	6.05	502.30	528.03	431.80
S2	25.45	3.53	26.30	4.25	811.15	736.63	730.03

（2）低周往复加载结果

节点耗能主要依靠胶合木梁柱挤压、螺栓与孔壁挤压以及螺栓弯曲变形等。由于胶合木自身的弊端，易发生顺纹劈裂破坏与螺栓孔孔壁承压破坏而导致耗能性能较低。S1 组、S2 组中，各对三个试件进行低周往复加载试验，得到滞回曲线；连接滞回曲线中，各主循环最大位移点，可以得到滞回曲线的骨架曲线，如图 4-11 所示。

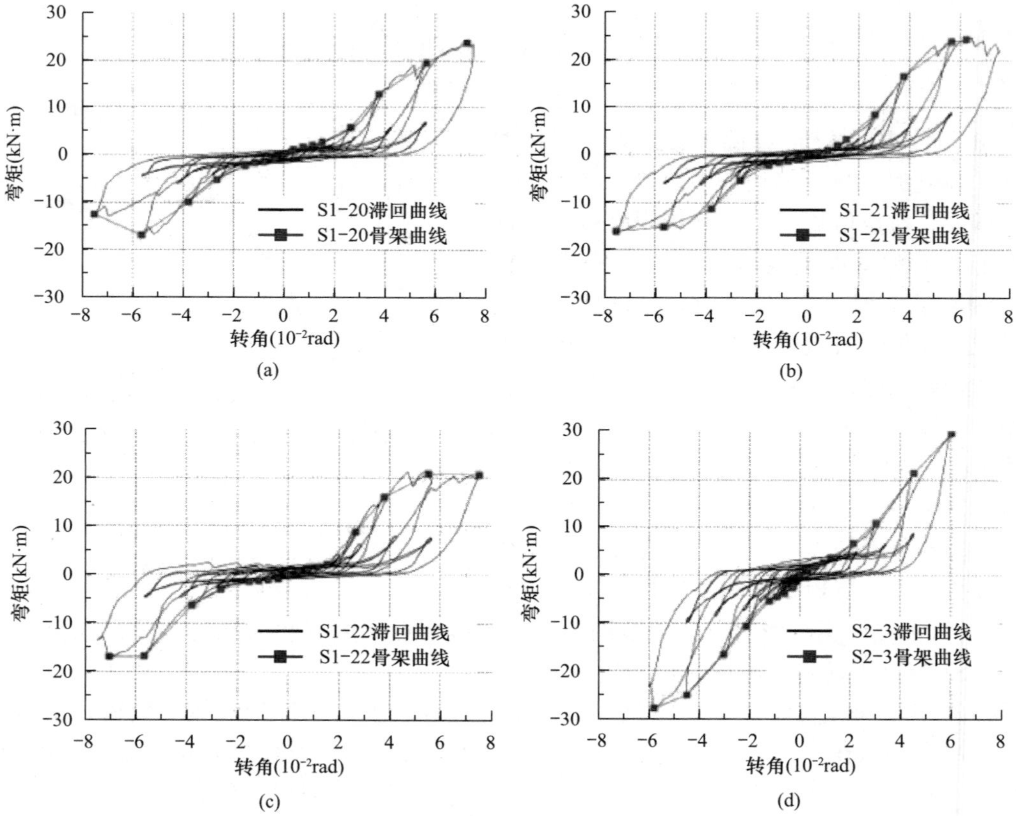

图 4-11　S1、S2 组低周往复加载滞回曲线和骨架曲线（一）

（a）试件 S1-20；（b）试件 S1-21；（c）试件 S1-22；（d）试件 S2-3

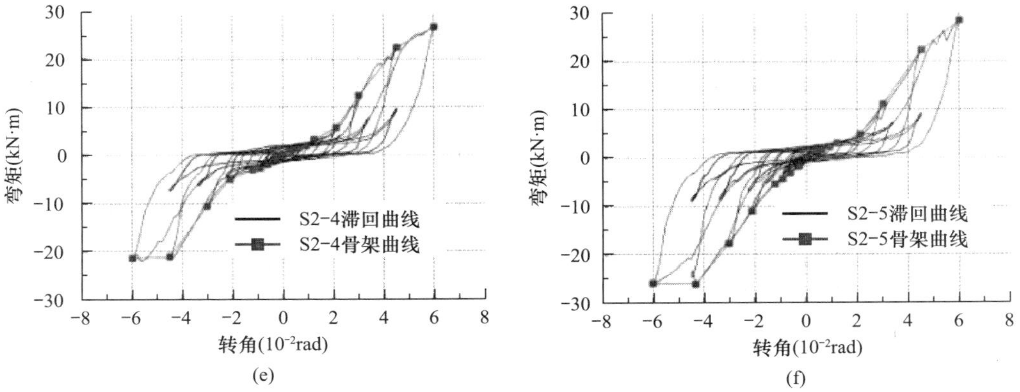

图 4-11　S1、S2 组低周往复加载滞回曲线和骨架曲线（二）

（e）试件 S2-4；（f）试件 S2-5

从图 4-11 分析可知：随着转角增大，梁柱节点产生较大的塑性变形，“捏缩效应”明显。由于木材的明显脆性，在正循环中木材已出现裂缝，导致承载力明显降低，因此，负循环相较正循环，其峰值承载力明显降低。试件 S1-21 与试件 S1-22 在 2.0Δ 主循环的峰值承载力几乎与 1.5Δ 主循环的峰值承载力持平，说明节点耗能主要产生在螺栓与螺栓孔壁挤压，螺栓弯曲，胶合木梁柱挤压与滑动之中，因此无法得到明显提高。S2 组 3 个试件主循环的峰值承载力逐渐增大，滞回曲线不饱满，耗能差。在 2.0Δ 主循环中，骨架曲线进入刚度退化阶段，承载能力上升不明显，甚至出现下降，表明节点出现裂缝损伤。

在小变形阶段，由于初始滑移，制作、安装误差等，导致受力离散性较大，故取 0.3Δ～2.0Δ 的割线刚度与等效黏滞阻尼系数（表 4-4、表 4-5）。从图 4-12 可以看出：①在主循环 0.3Δ～0.4Δ 时，割线刚度几乎不变，此时节点仅出现微裂缝，承载力呈线性增长，节点处于弹性节点，主要依靠构件间的摩擦耗能；②在主循环 0.4Δ～1.0Δ 时，割线刚度逐渐增大，此时节点中螺栓与孔壁开始充分接触，出现的裂缝未导致节点破坏，耗能能力略有降低（S1-3 除外）；③在主循环 1.0Δ～1.5Δ 时，S1 组割线刚度变化不大，承载力增加，此时胶合木由于挤压产生塑性变性而耗能能力提高；S2 组由于尺寸较大则割线刚度继续增加，耗能能力变化不大，此时胶合木未产生较大的塑性变形；④在主循环 1.5Δ～2.0Δ 时，刚度开始退化，耗能稳定在较高水平，胶合木中损伤增加，裂缝扩展而导致节点开始破坏；⑤S2 组割线刚度，明显高于 S1 组割线刚度，说明随木梁尺寸的增加，割线刚度逐渐增大，但 S1 组的耗能能力优于 S2 组。

低周往复加载曲线割线刚度 K_i（kN · m/rad）对比　　**表 4-4**

位移	0.3Δ	0.4Δ	0.7Δ	1.0Δ	1.5Δ	2.0Δ
S1-20	160.27	158.25	204.91	302.73	322.31	245.12
S1-21	170.67	177.16	260.98	371.45	346.43	293.85
S1-22	120.58	115.15	222.90	295.46	335.48	257.19
S2-3	388.05	369.52	407.80	454.20	514.08	484.77
S2-4	254.49	261.62	252.76	382.31	481.35	399.16
S2-5	363.28	344.26	372.29	476.51	545.88	450.68

低周往复加载曲线等效黏滞阻尼系数 ε_{eq} 对比　　表 4-5

位移	0.3Δ	0.4Δ	0.7Δ	1.0Δ	1.5Δ	2.0Δ
S1-20	0.14	0.17	0.24	0.41	0.29	0.28
S1-21	0.31	0.32	0.38	0.46	0.31	0.21
S1-22	0.34	0.28	0.75	0.40	0.26	0.27
S2-3	0.26	0.29	0.24	0.27	0.32	0.36
S2-4	0.21	0.26	0.21	0.29	0.31	0.31
S2-5	0.27	0.25	0.21	0.31	0.33	0.34

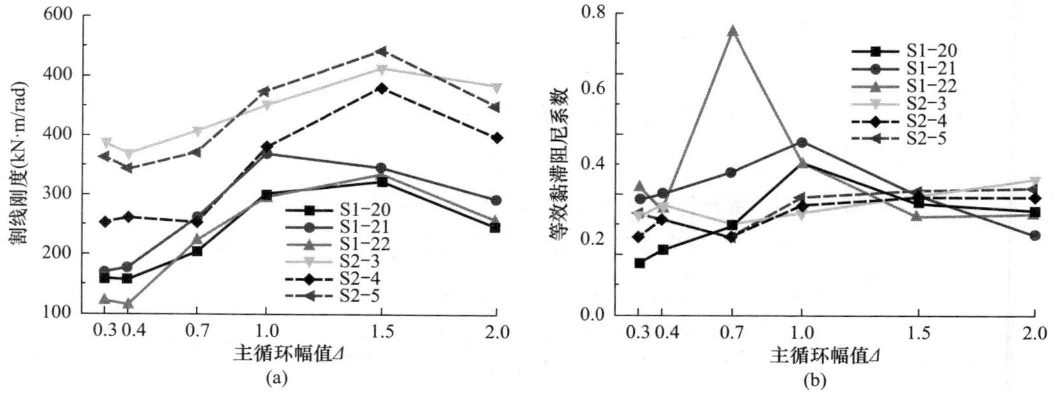

图 4-12　S1、S2 组在低周反复荷载下的割线刚度和等效黏滞阻尼系数

（a）割线刚度；（b）等效黏滞阻尼系数

由低周往复加载的骨架曲线与单调加载的弯矩-转角平均值曲线对比（图 4-13）可得：

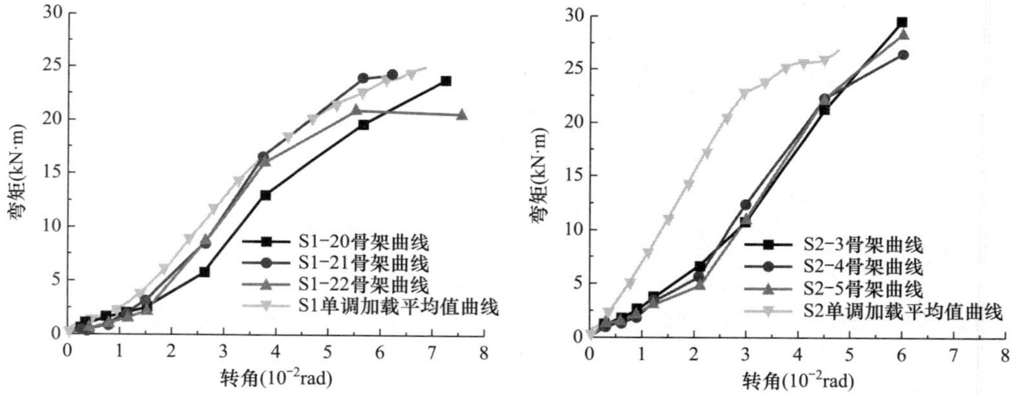

图 4-13　S1、S2 组骨架曲线与单调加载平均值曲线对比

① S1 组中骨架曲线与单调加载平均值较为接近，刚度类似，但骨架曲线承载力略低，主要是因为木材在低周往复加载中的损伤积累。

② S2 组中骨架曲线承载力发展明显滞后于单调加载平均值曲线，刚度也较低，主要原因是 S2 组试件的梁柱接触较为紧密，在较小的转角下，就可有效提高承载力。

四、节点特性

螺栓-钢填板胶合木梁柱节点的破坏模式以胶合木梁端顺纹劈裂破坏与螺栓孔的孔壁

承压破坏为主，部分螺栓出现“一铰屈服”，胶合木柱未破坏，钢填板未破坏。滞回曲线“捏缩效应”明显，随着裂缝产生与发展，承载力逐渐降低。滞回曲线的割线刚度经历先平稳后增大再减小的过程，受力前期承载力提高明显，而在受力后期，随着裂缝开展、损伤积累后，承载力变化不大甚至降低，塑性变形较大，耗能明显。

螺栓-钢填板胶合木梁柱节点具有一定的抗弯性能，在经过压实阶段后，抗弯承载力明显提高。由于微裂缝和安装误差等初始缺陷的存在，构件在受力前期承载力和压实阶段的转角范围有所差异，但不影响极限承载力和弹性阶段刚度。在一定范围内，螺栓-钢填板胶合木梁柱随着胶合木梁的尺寸增加，节点的抗弯刚度和承载力提高，但耗能能力降低。

（1）破坏模式

从单调加载和低周往复加载试验结果看来，相同尺寸的螺栓-钢填板胶合木梁柱节点在相同的加载制度下，变形过程与破坏模式类似，常见的破坏模式是胶合木梁端顺纹劈裂破坏与螺栓孔孔壁承压破坏。

单调加载试验中，破坏模式是胶合木梁端翘起侧顺纹劈裂破坏和螺栓孔壁承压破坏为主。部分梁端（翘起侧）螺栓发生弯曲变形，并出现一个塑性铰；胶合木木柱未破坏，柱中螺栓变形很小，胶合木柱端因梁柱接触面挤压而出现凹陷，可近似认为接触面挤压区长度为梁端螺栓边距，凹陷深度近似于挤压端距离成正比；钢填板未发生变形。

低周往复试验中，变形特点基本与单调加载相同，破坏模式以胶合木梁端上下两侧顺纹劈裂破坏与螺栓孔孔壁承压破坏为主，也存在少量的列剪切破坏，主要区别在于低周往复加载中，梁端上下两侧螺栓均发生梁端翘起，因此两侧螺栓处均产生横纹裂缝。

（2）变形过程

①极小的转角阶段：节点几乎没有刚度，处于压实阶段。

②随转角增大，在梁柱挤压处与梁端翘起侧外排的螺栓孔附近陆续出现顺纹微裂缝，个别构件也会因胶合木梁内部的自身缺陷而在梁端翘起侧的内排出现裂缝。此时裂缝较小，对节点承载力影响不明显，承载力会短暂下降后继续上升。

③转角超过一定值时，梁端顺纹裂缝会继续产生或扩展，形成贯通裂缝，直至试件发生破坏，此时多为胶合木梁端顺纹劈裂破坏与螺栓孔孔壁承压破坏，并伴有少量的列剪切破坏。当梁端破坏时，随着转角的增大，试件刚度减小，甚至减小为零。

不同尺寸的胶合木梁构件和不同直径的螺栓会使得变形过程中标志不同阶段的转角具体数值不同，但变化趋势都经历以上三个阶段。

若胶合木螺栓孔壁与螺杆间隙较小，且胶合木梁柱贴合较为紧密，则试验节点压实阶段不明显。在第一阶段，节点承载力上升较快，近似为线性增长；在第三阶段，梁端顺纹裂缝会继续产生或扩展，在经过承载力小幅波动之后，形成贯通裂缝，直至试件发生破坏。可以认为节点具有延性而耗能。

第三节　数值模拟

二维平面模型主要研究的是孔壁挤压摩擦和材料非线性的影响，但是未考虑木材厚度方向应力分布不均匀以及螺孔变形、螺栓弯曲的影响。三维实体模型解决了平面模型的不足，但是在材性设置上仍不能有效模拟木材材性，主要原因是木材具有初始缺陷、各向异性以及易开裂等缺点。对于胶合木材料，木节、微裂缝等初始缺陷可以忽略，但是正交各向异性以及易横纹劈裂的特点仍不能有效模拟。

一、模型简化与假定

根据对称性，取试验节点的 1/4 建立模型，对称面选择对称约束，可以有效减小计算量和消除刚体位移。所有构件尺寸均取试件设计值，忽略加工安装时的尺寸误差。假定构件材质均匀，忽略胶合木初始缺陷的影响。假定螺栓与螺母表面光滑，忽略螺纹的影响；未建立垫片模型，将螺母与木材接触尺寸适当增大。考虑加工安装误差的影响，钢填板侧面与胶合木梁柱间的空隙取 0；钢填板顶端与胶合木梁柱的空隙取设计值；螺栓与孔壁间的空隙取设计值的 1/2；梁柱间空隙取设计值的 1/4。简化模型如图 4-14 所示。

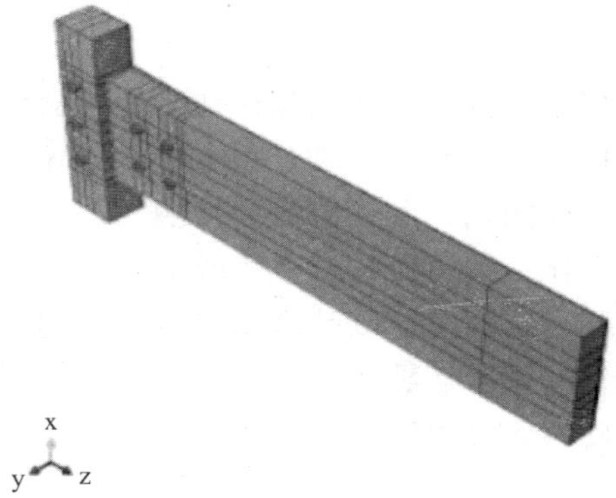

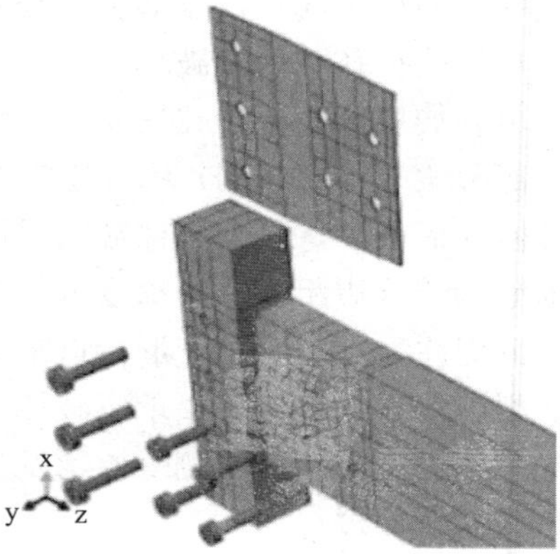

图 4-14　ABAQUS 有限元模型

二、模型材性参数设置

（1）胶合木弹性本构

采用通过折减孔洞周围材性的弹性模量的方法，来考虑初始微裂缝和局部承压的影响，且剪切模型满足。按式（4-1）计算木材材性参数值。胶合木弹性本构参数取值如表 4-6 所示。

$$G_{ij} = \frac{\sqrt{E_i E_j}}{2(1 + v_{ij})} \tag{4-1}$$

模型中胶合木弹性本构参数　　表 4-6

参数	弹性模量（MPa）			剪切模量（MPa）			泊松比		
	E_1	E_2	E_3	G_{12}	G_{13}	G_{23}	v_{12}	v_{13}	v_{23}
构件全局	14270	250	250	689	689	90	0.37	0.37	0.38
承压局部	760	125	125	112	112	45			

注：下标 1 表示胶合木顺纹方向，下标 2、3 表示胶合木横纹方向。

（2）胶合木塑性本构

胶合木模型选用应力-应变三线性模型（图 4-15），忽略节点在受力过程中塑性变形的影响，假定泊松比为常量。对孔洞周围材性采用折减法。胶合木应力-应变三线性顺纹特性的模型参数如表 4-7 所示。

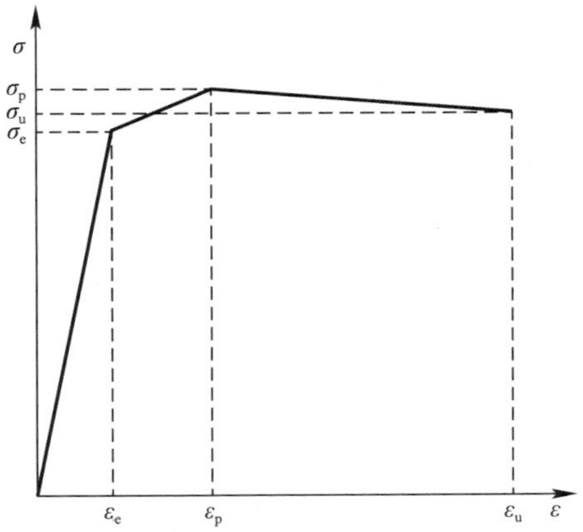

图 4-15　胶合木应力-应变三线性顺纹特性模型

模型中胶合木应力-应变三线性顺纹特性参数　　　　表 4-7

参数	应力（MPa）			应变		
	σ_e	σ_p	σ_u	ε_e	ε_p	ε_u
全局顺纹	28.4	34	30	0.002	0.005	0.01
局部顺纹	25.4	33.2	26	0.04	0.18	0.5
局部横纹	7	14	1	0.24	0.64	0.94

Von Mises 屈服准则研究对象为各向同性材料，而 Hill 屈服准则是在 Von Mises 准则基础上，以各向异性为研究对象的屈服准则。当研究对象为横向各向同性（胶合木）时，其等效应力如式（4-2）所示。

$$\bar{\sigma} = \sqrt{a_1(\sigma_x-\sigma_y)^2+a_2(\sigma_y-\sigma_z)^2+a_3(\sigma_z-\sigma_x)^2+2a_4\tau_{xy}^2+2a_5\tau_{yz}^2+2a_6\tau_{zx}^2} \quad (4\text{-}2)$$

式中：

$$a_1+a_3=\frac{1}{R_{xx}^2};a_1+a_2=\frac{1}{R_{yy}^2};a_2+a_3=\frac{1}{R_{zz}^2};a_4=\frac{3}{2R_{xy}^2};a_5=\frac{3}{2R_{yz}^2};a_6=\frac{3}{2R_{zx}^2}$$

$$R_{xx}\approx\frac{f_{c,0}}{f_{c,0}}=1;\ R_{yy}=R_{zz}\approx\frac{f_{c,90}}{f_{c,0}};$$

$$R_{xy}=R_{yz}=R_{zx}\approx\sqrt{3}\frac{f_v}{f_{c,0}}。$$

根据材性试验，可得横纹抗压强度 $f_{c,90}=4.3$MPa，顺纹抗压强度 $f_{c,0}=28.4$MPa，顺纹剪切强度 $f_v=3.5$MPa。

（3）钢材本构

钢材采用双线性随动强化模型，如图 4-16 所示。

模型中的钢材应力-应变双线性随动强化模型参数如表 4-8 所示。

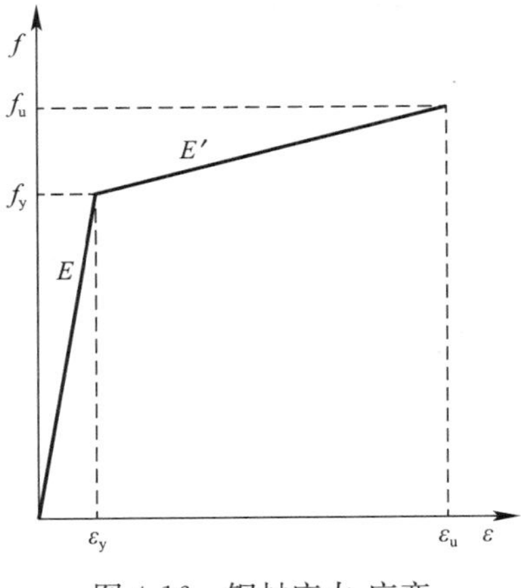

图 4-16　钢材应力-应变双线性随动强化模型

三、接触设置

假设螺杆和螺母在受力过程中，不发生相对滑动。选择刚度较大、网格划分较粗的接触面为主面，另一个接触面为从面，使用有限滑移接触算法（允许接触面间出现任意的相对滑动或转动）。模型中采用的各接触面参数如表 4-9 所示。

模型中钢材应力-应变双线性随动强化模型参数　　表 4-8

类别	E(MPa)	泊松比	f_y(MPa)	f_u(MPa)	ε_u
Q235B 钢嵌板	2.06×10^5	0.3	270	550	0.2
8.8 级高强度螺栓			640	800	0.1

模型中各接触面参数　　表 4-9

接触面	螺栓-钢孔	螺栓-木孔	钢材-木材	钢材-木槽	螺帽-木材	木梁-木柱
主面	螺杆	螺杆	钢板	钢板顶端	螺帽	木柱侧面
从面	钢板孔壁	木材孔壁	木材	木槽	木材	木梁端面
切线摩擦系数	0.3	0.4	0.4	0.4	0.4	0.5
法向作用	硬接触	软接触	软接触	软接触	软接触	软接触
接触刚度	/	5	5	5	5	2.5

四、约束设置

模型中的约束设置如图 4-17、图 4-18 所示。

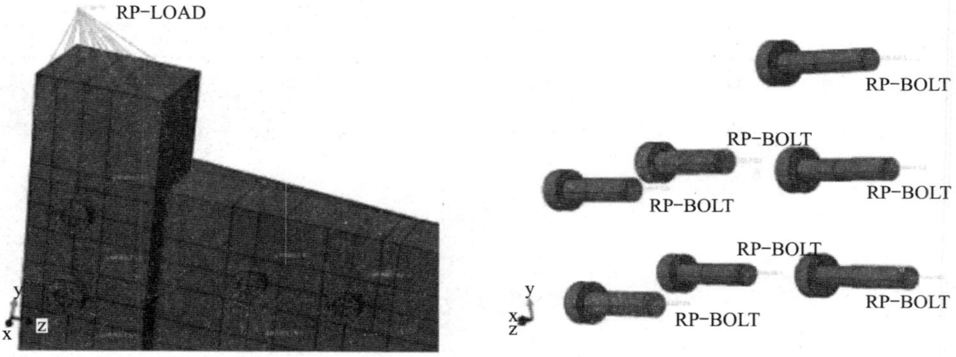

图 4-17　模型中的耦合约束

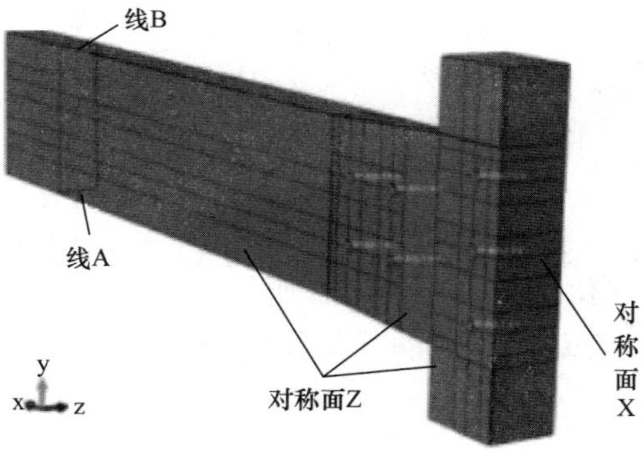

图 4-18　模型中的边界条件

约束的具体说明如表 4-10 所示。

模型中的边界条件说明　　　　**表 4-10**

施加位置	边界条件	约束限定	约束种类	模型说明
对称面 Z	X 向、Y 向位移	U1＝U2＝0	临时约束	梁、柱、钢嵌板对称面 Z，螺栓参考点 RP-LOAD
对称面 Z	关于 Z 轴对称约束	U3＝UR1＝UR2＝0	永久约束	梁、柱、钢嵌板对称面 Z，螺栓参考点 RP-LOAD
对称面 X	关于 X 轴对称约束	U1＝UR1＝UR3＝0	永久约束	柱、钢嵌板对称面 X
梁端	铰接	U2＝U3＝0	永久约束	梁端线 A、线 B

注：梁端铰接；当单调加载时，只约束线 A；当低周往复加载时，约束线 A 和线 B。

五、网格划分与模型单元

模型单元采用 8 节点线性减缩积分六面体单元（C3D8R），使用 Sweep 划分，Medial Axis 算法生成网格。为减小计算代价，提高分析精度，尽量使各构件接触面处的节点一一对应。梁柱全局种子尺寸为 10mm，螺栓与钢填板全局种子尺寸为 5mm。螺栓与螺栓孔在圆周上等分为 16 份。模型的网格划分如图 4-19 所示。

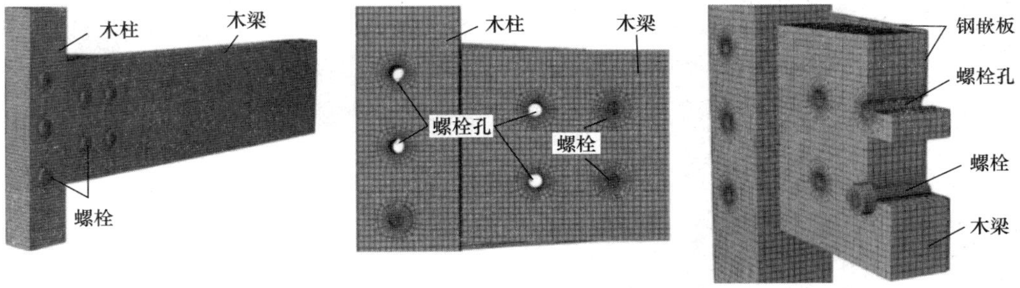

图 4-19　模型网格划分

（a）全局网格划分；（b）木梁柱网格划分；（c）螺杆及螺孔网格划分

六、数值模拟结果

由变形情况和应力云图（图 4-20）可得，梁柱挤压段与假设类似，长度约为梁端螺栓边距；螺栓以及螺栓孔壁的承压变形与试验现象一致，最危险螺栓孔壁［（c）左下角螺孔］变形最明显，钢板处最危险螺栓孔壁［（d）右下角螺孔］受力最大，且受力方向与假设一致。

但在有限元数值模型中，未设置裂缝等，导致数值模型不能有效模拟木材劈裂以及承压破坏等，所以数值模拟结果弯矩-转角曲线未出现承载力下降段。

由图 4-21 可知，S1 组的弯矩-转角曲线有限元模拟结果与试验平均值曲线吻合良好，S2 组的弯矩-转角曲线有限元模拟结果与试验平均值曲线在 0.03rad 之前吻合良好，但是 0.03rad 之后，由于节点在试验过程中过早出现裂缝导致承载力迅速下降。两组对比中，极限转角对应的极限弯矩比较接近。

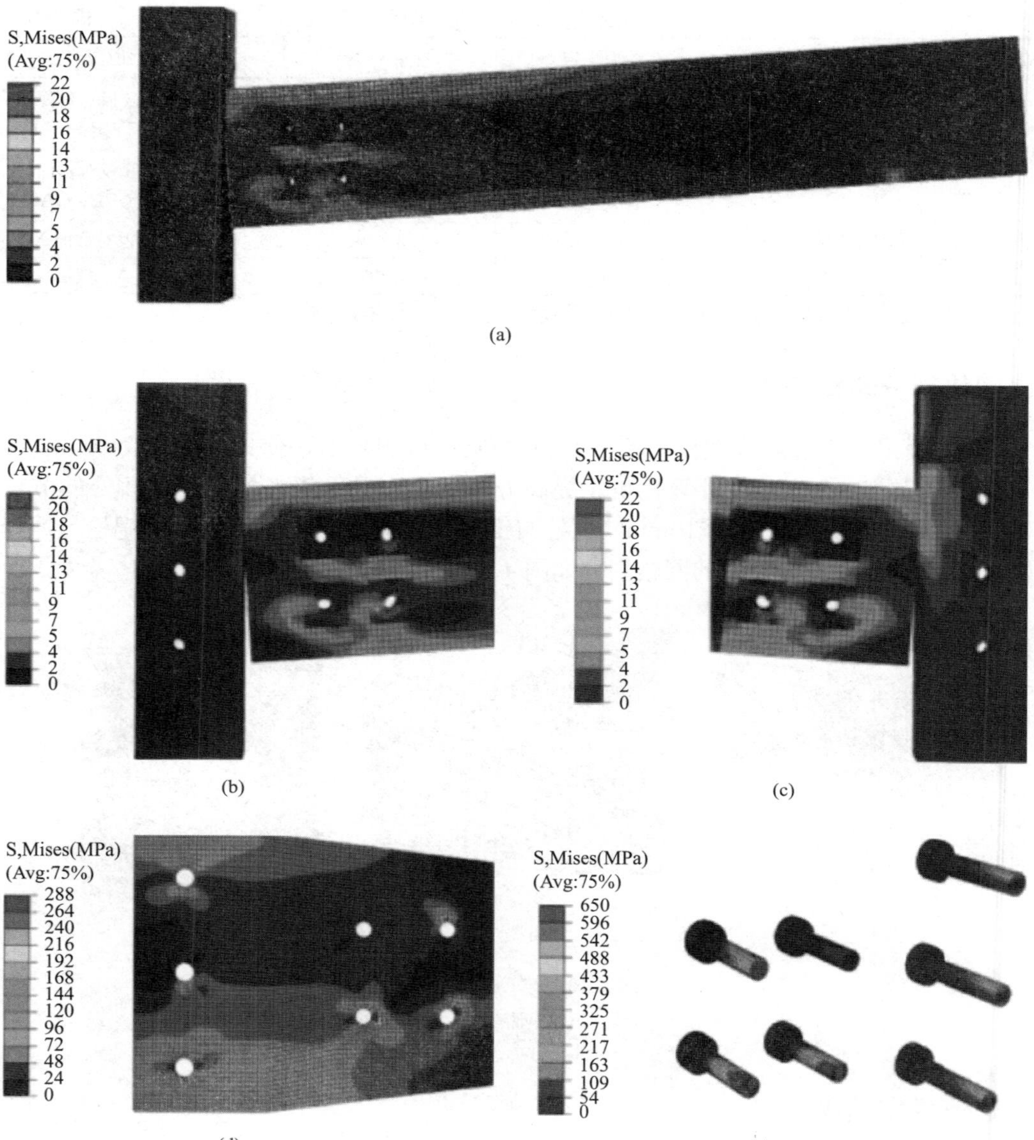

图 4-20　数值模拟结果

（a）正面：梁柱全局；（b）正面：梁柱挤压；（c）反面：孔壁变形；

（d）正面：钢板受力；（e）反面：螺栓受力

弯矩-转角曲线有限元模拟结果与试验平均值曲线吻合良好，ABAQUS 有限元建模方法可以有效模拟梁柱受力特性。

有限元模拟结果的弹性刚度、塑性刚度、有效刚度与试验平均值曲线存在轻微差异，主要原因使胶合木构件存在裂缝、木节等初始缺陷，而且在实际受力过程中，构件会不断出现裂缝，导致承载力下降。当试件个数增多时，试验平均值曲线与有限元模拟结果的刚度差异会逐渐减小。

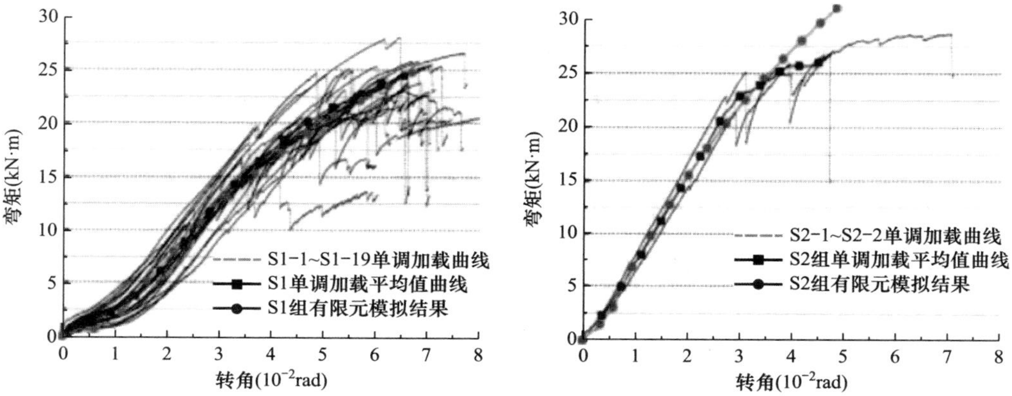

图 4-21　有限元模拟结果与试验结果平均值曲线对比

第四节　设 计 方 法

一、设计假设

Porteous J. 等在欧洲规范的基础上，对梁柱节点（图 4-22）的承载力进行了分析，并做出如下假设：

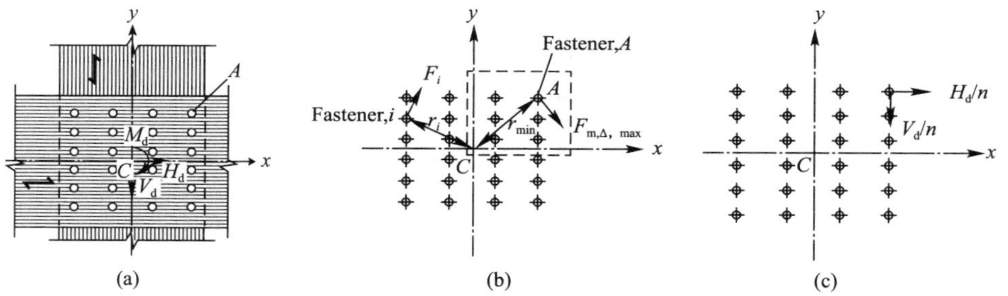

图 4-22　梁柱节点弯剪受力分析

(a) 梁柱节点；(b) 抗弯受力；(c) 抗剪受力

① 节点旋转中心为螺栓群几何中心。

② 胶合木梁柱不发生变形，螺栓孔相对位置不变。

③ 胶合木柱与钢嵌板不变形，不发生破坏。

④ 螺栓群由于抗弯受到的孔壁承压荷载 $F_{M,d}$，方向与旋转中心到螺栓连线方向垂直，大小与旋转中心到螺栓连线距离呈正比。

⑤ 螺栓群由于抗剪受到的孔壁承压荷载平均分配。

⑥ 螺栓孔壁承受荷载是 $F_{M,d}$、$F_{H,d}$、$F_{V,d}$矢量相加。

二、纯剪作用下承载力设计值计算

节点在纯剪作用下，假设每个螺栓受力均等（图 4-23），由欧洲规范计算第 i 个螺栓横纹抗剪承载力设计值（双剪），按照式（4-3）、式（4-4）、式（4-5）计算 F：

$$F_{\mathrm{k}} = \min\begin{cases} f_{\mathrm{es}} d t_{\mathrm{s}} \\ f_{\mathrm{es}} d t_{\mathrm{s}}\left(\sqrt{2+\dfrac{4M_{\mathrm{y,b}}}{f_{\mathrm{es}} d t_{\mathrm{s}}^{2}}}-1\right) \\ 2.3\sqrt{M_{\mathrm{y,b}} f_{\mathrm{es}} d} \end{cases} \tag{4-3}$$

$$M_{\mathrm{y,b}} = 0.3 f_{\mathrm{u}} d^{2.6} \tag{4-4}$$

$$F = \frac{k_{\mathrm{mod}}}{\gamma_{\mathrm{m}}} F_{\mathrm{k}} = \frac{0.8}{1.25} F_{\mathrm{k}} \tag{4-5}$$

式中 d——螺栓直径；

t_{s}——侧材（木构件）的厚度（mm）；

f_{es}——侧材（木构件）销槽承压强度（N/mm²）；

$M_{\mathrm{y,b}}$——螺栓抗弯屈服刚度（N·mm）；

f_{u}——螺栓极限受压强度（N/mm²）；

k_{mod}——荷载持久性和含水率影响下的修正系数；

γ_{m}——材料特性系数，等于 1.25。

共有 n 个螺栓的螺栓群受剪承载力设计值 V_{d} 见式（4-6）：

$$V_{\mathrm{d}} = \sum_{i=1}^{n} F_{\mathrm{V},i} = 2nF \tag{4-6}$$

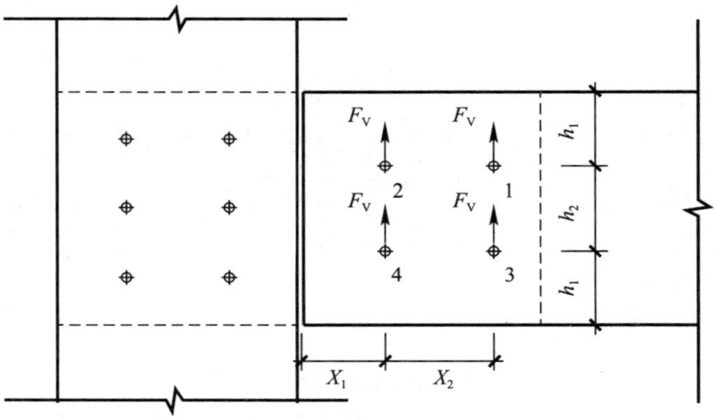

图 4-23 梁柱节点纯剪受力分析

三、纯弯作用下承载力设计值计算

在弯矩作用下，由试验现象所得，可近似认为梁柱接触面挤压区长度为梁端螺栓边距，由于凹陷深度近似与挤压段距离成正比，可近似认为挤压力与挤压段距离呈线性关系。节点在极限纯弯作用下，可近似认为旋转中心在梁柱接触面并与挤压区侧外排螺栓水平（图 4-24）。由几何尺寸计算第 i 个螺栓与旋转中心的距离 r_i，以及第 i 个螺栓每个剪切面承载力与木纹之间的夹角 θ_i。假设最危险螺栓为第 1 个螺栓，由欧洲规范计算抗剪承载力设计值 $F_{\mathrm{M},1}=2F$，F 计算具体同上节纯剪作用下的 F 的计算。则第 i 个螺栓抗剪承载力 $F_{\mathrm{M},i}$ 见式（4-7）：

$$F_{M,i} = \frac{r_i}{r_1} F_{M,1} \tag{4-7}$$

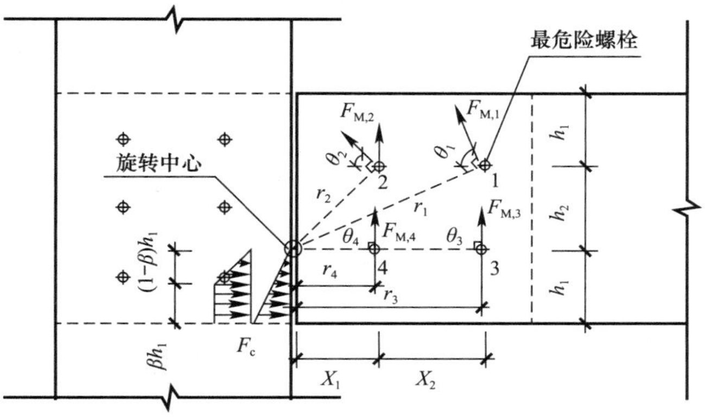

图 4-24 梁柱节点纯弯受力分析

除最危险螺栓外，其余第 i 个螺栓抗剪承载力 $F_{M,i}$ 应小于由欧洲规范和对应夹角 θ_i 计算所得的承载力。若第 j 个螺栓抗剪承载力 $F_{M,j}$ 大于由欧洲规范和对应夹角 θ_j 计算所得的承载力，则最危险螺栓应为第 j 个螺栓。

则共有 n 个螺栓的螺栓群抗弯承载力设计值 M_d 见式（4-11）：

$$M_b = \sum_{i=1}^{n} r_i F_{M,i} = \sum_{i=1}^{n} r_i^2 \frac{F_{M,1}}{r_1} \tag{4-8}$$

$$F_c = \sum_{i=1}^{n} F_{M,i} \cos\theta_i \tag{4-9}$$

$$M_c = \begin{cases} \dfrac{2F_c h_1}{3} & \left(F_c \leqslant \dfrac{f_c b h_1}{2}\right) \\ f_c b h_1^2 \left(\beta - \dfrac{\beta^2}{2}\right) + \dfrac{f_c b h_1^2 (1-\beta)^2}{3} & \left(\dfrac{f_c b h_1}{2} \leqslant F_c \leqslant f_c b h_1, \beta = \dfrac{2F_c}{f_c b h_1} - 1\right) \end{cases} \tag{4-10}$$

$$M_d = M_b + M_c \tag{4-11}$$

式中 M_b——螺栓群提供的抵抗弯矩（N·mm）；

M_c——梁柱挤压区提供的抵抗弯矩（N·mm）；

F_c——梁柱挤压区的水平挤压力（N）；

h_1——螺栓群边距（mm）；

b——梁宽（mm）；

f_c——木材顺纹抗压强度（N/mm^2）。

在计算过程中，由于未考虑螺栓与孔壁之间的摩擦，梁柱挤压区之间的摩擦，钢嵌板与胶合木梁柱之间的挤压与摩擦，故节点区受力不平衡。由于构件之间的摩擦对节点刚度和承载力的影响是有利的，故在本节讨论中忽略此有利影响。

四、弯剪作用下承载力设计值计算

由前述可知梁柱节点在纯剪或纯弯作用下的极限承载力计算公式，在考虑弯剪共同作用时，可认为第 i 个螺栓受剪承载力 F_i 是由抵抗剪力的承载力 F_V 和抵抗弯矩的承载力 $F_{M,i}$矢量叠加而得，如图 4-25（a）所示。忽略挤压区的挤压力对节点刚度和弯矩的有利影响，旋转中心的确定同本节第三部分，如图 4-25（b）所示。由几何尺寸计算第 i 个螺栓与旋转中心的距离 r_i，以及第 i 个螺栓抵抗弯矩的承载力 $F_{M,i}$与木纹之间的夹角 α_i。

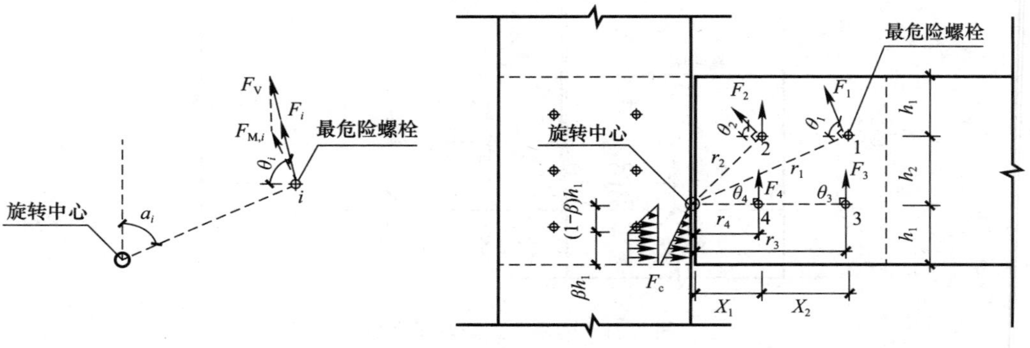

(a)　(b)

图 4-25　梁柱节点弯剪受力分析

（a）最危险螺栓剪切面受力分析；（b）节点区每个受剪面受力分析

假设在梁端施加集中荷载而在节点区产生弯矩和剪力，荷载作用点与旋转中心的水平距离为 H，则节点区弯矩设计值 M_d 和剪力设计值 V_d 满足 $M_d = V_d H$。由本节第二部分可得第 i 个螺栓 F_V，由本节第三部分可得第 i 个螺栓 $F_{M,i}$，则第 i 个螺栓每个剪切面承载力与木纹之间的夹角 θ_i 如式（4-14）所示：

$$F_V = \frac{V_d}{n} \tag{4-12}$$

$$F_{M,i} = \frac{M_d r_i}{\sum_{j=1}^{n} r_j^2} \tag{4-13}$$

$$\theta_i = \arctan\left(\frac{F_{M,i}\sin\alpha_i + F_V}{F_{M,i}\cos\alpha_i}\right) = \arctan\left(\frac{\dfrac{Hr_i}{\sum_{j=1}^{n} r_j^2}\sin\alpha_i + \dfrac{1}{n}}{\dfrac{Hr_i}{\sum_{j=1}^{n} r_j^2}\cos\alpha_i}\right) \tag{4-14}$$

其余参数定义及公式同本节第三部分以及式（4-7）～式（4-11）。若忽略挤压区的挤压力对节点刚度和弯矩的有利影响，即令 $M_c = 0$，共有 n 个螺栓的螺栓群受弯承载力设计值 M_d 如下式所示：

$$M_d = M_b = \sum_{i=1}^{n} r_i^2 \frac{F_1}{r_1} \tag{4-15}$$

式中　$F_1 = 2F$——最危险螺栓的抗剪承载力（kN）。

五、刚度计算

Porteous J. 等在欧洲规范的基础上，针对如图 4-22（a）所示的节点，节点的弹性刚

度 K_e 和塑性刚度 K_p 定义见式（4-16）、式（4-17）：

$$K_e = \left(\frac{\rho^{\mu_1} d/\mu_2}{1+\varphi_2 k_{def}}\right)\sum_{i=1}^{n} r_i^2 \tag{4-16}$$

$$K_p = \frac{2}{3}K_e \tag{4-17}$$

式中，对于家庭或办公区域，参数 $\varphi_2 = 0.3$，木材含水率不超过 12%，$k_{def} = 0.6$；μ_1 和 μ_2 为常数。ρ 单位为 kg/m³，d 单位为 mm，r_i 单位为 mm，K_e 单位为 N·mm/rad。

六、设计建议

螺栓直径对节点受力性能影响最大，随着螺栓直径增大，节点抗弯承载力和刚度都呈线性增加。木材强度对节点性能影响较大，随着木材强度提高，节点的抗弯承载力和刚度均呈线性增加。因此当节点承载力设计值和刚度需要增加时，优先考虑螺栓直径和木材强度的选取。

由于螺栓屈服强度对节点整体抗弯性能影响较小，建议不要采用过高强度等级的螺栓。

当木梁厚度与螺栓直径之比小于 6 时，节点的抗弯承载力和刚度随木梁厚度增大而线性增大，但当该厚径比大于 6 时，节点抗弯性能受木梁厚度变化影响很小，可认为此时节点的抗弯承载力和刚度保持不变。

螺栓群节点的承载力并不是单个螺栓极限承载力之和，而是存在群体效应，不同的排布方式会产生不同的螺栓应力重分布。螺栓的排布方式对初始刚度的影响远大于对极限承载力的影响。螺栓个数对极限承载力的影响明显大于排布形式造成的影响。因此，可以通过增加螺栓的个数来获得更高的强度，而通过使螺栓分布远离转动中心区域以获得更大的抗弯刚度。

七、螺栓钢填板性能影响因素

螺栓直径、螺栓等级、木材比重、木材厚度、荷载与木纹夹角对螺栓-钢填板连接抗剪承载力的影响程度如图 4-26～图 4-28 所示。

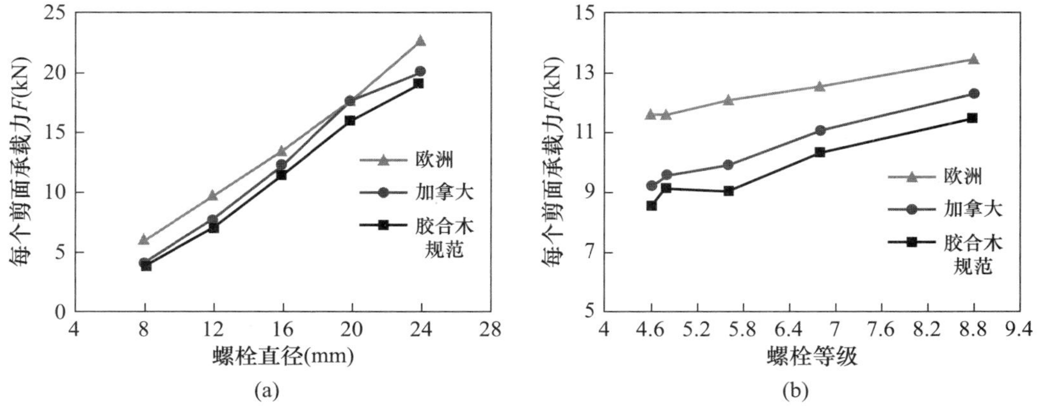

图 4-26　螺栓直径和等级对欧美规范螺栓-钢填板连接顺纹受力时抗剪强度的影响
（a）螺栓直径的影响；（b）螺栓等级的影响

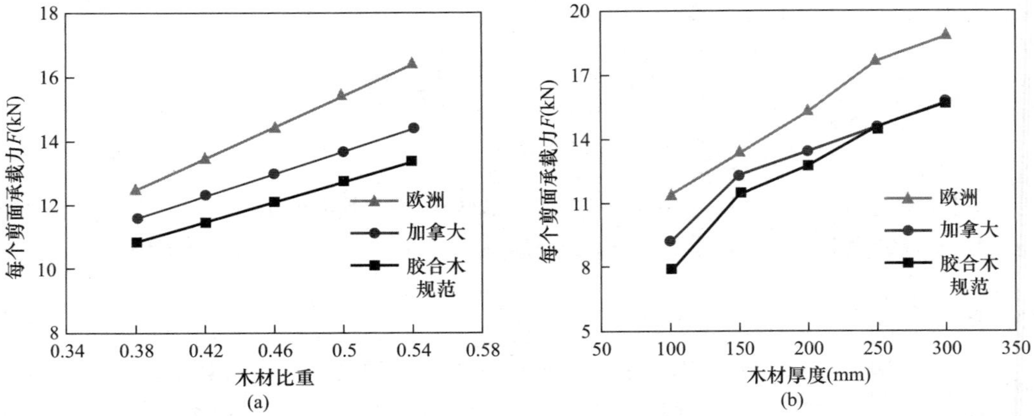

图 4-27　木材比重和厚度对欧美规范螺栓-钢填板连接顺纹受力时抗剪强度的影响

(a) 木材比重的影响；(b) 木材厚度的影响

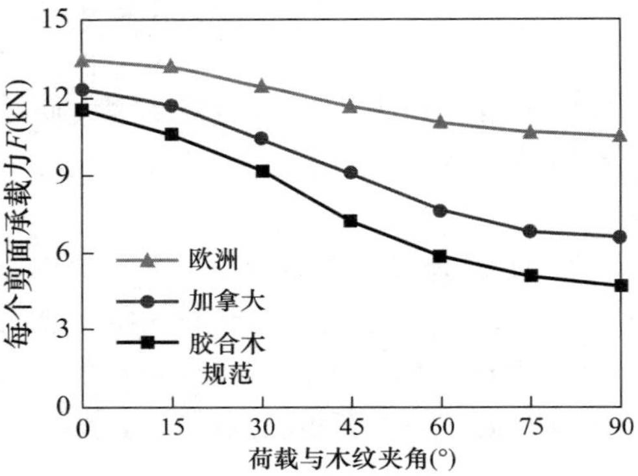

图 4-28　荷载与木纹夹角对欧美规范钢插板螺栓连接抗剪强度的影响

螺栓直径对抗剪承载力影响最明显，随着螺栓直径增大，胶合木规范确定的节点屈服模式变化最为明显，从两铰屈服逐渐变为木材承压屈服；而欧洲规范确定的承载力始终处于一铰屈服模式；随着木材密度增大，节点抗剪承载力呈线性增大，但对节点的屈服模式没有明显影响；随着木材厚度增大，节点抗剪承载力先快速增大后变缓，节点的屈服模式由木材的承压屈服过渡到两铰屈服；随着荷载与木纹夹角增大，节点抗剪承载力减小。这主要是由于木材的横纹承压强度远小于顺纹承压强度，随着荷载与木纹夹角增大，节点由螺栓屈服过渡到木材承压屈服。而欧洲规范确定的横纹承压强度较大，节点始终处于一铰屈服模式，随着加载夹角增加，节点抗剪承载力下降趋势较缓；相比于其他考虑变量，螺栓等级对抗剪承载力和屈服模式的影响程度最小。

总体而言，传统的螺栓钢填板节点大多数情况下会产生“一铰屈服”，只有当螺栓直径与木材厚度的比值很小时，节点会发生两铰屈服；只有当螺栓直径与木材厚度比值很大或接近横纹承载时，节点会发生木材承压屈服模式。

参考文献

[1] 于祥圣. 胶合木标准化梁柱节点力学性能研究 [D]. 上海：同济大学，2018.

[2] Shu Z, Li Z, Yu X, et al. Rotational performance of glulam bolted joints: Experimental investigation and analytical approach [J]. Construction and Building Materials, 2019, 213 (JUL. 20): 675-695.

第五章　考虑裂缝的连接承载力分析方法

第一节　概　　述

木材是一种多孔介质材料，在木结构的使用期间，由于外界环境中气候条件长期或短期的变化，木材会相应地发生湿热的传递，从而在构件截面上形成温湿度梯度，进而产生湿热应力。当木材中的横纹应力达到一定数值时，则会发生开裂。当空气中的相对湿度逐渐增大时，木材中对应的含水率、应力状态和开裂情况如图 5-1 所示。2008 年，陈旭[1]采用有限元模拟的方法，对层板胶合木直梁和曲梁中的横纹湿热应力进行了分析计算。结果显示，当环境中的湿度呈周期变化时，木材中的湿度应力已达到构件的开裂应力水平。2013 年，Pousette[2]等将不同尺寸的胶合木梁和胶合木柱放置于外界环境中，现场监测构件中裂缝的产生和发展，结果显示，对于截面为 140mm×450mm 的胶合木梁，最大裂缝深度可达到 85mm。

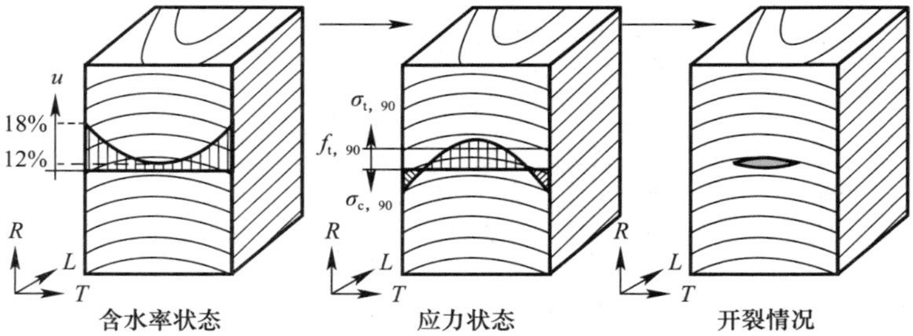

图 5-1　空气中相对湿度增大时木材中对应的变化

对于螺栓连接节点，当周边环境的空气相对湿度逐步降低时，节点区的木材会由于湿热传递而产生干燥收缩变形。由于节点区中螺栓和钢板等紧固件的存在，会对节点区木材的变形在横纹方向上产生限制和约束作用，从而在节点区木材上产生横纹拉应力[3]，如图 5-2 所示。因此，相对于胶合木的梁柱构件来说，胶合木螺栓连接节点对外界环境的变化更为敏感，易沿螺栓列在顺纹方向上发生开裂，如图 5-3 所示。2008 年，Sjödin[3]试验研究了周边环境湿度变化对钢填板螺栓连接节点的影响，在试验过程中，初始温度设为 20℃、空气相对湿度初始值设为 65%，随后保持环境温度不变，将空气相对湿度由 65%降低至 20%～30%，将螺栓连接节点试件放置几天后，在节点区观察到了纵向裂缝，如图 5-3（b）所示。

初始裂缝对胶合木梁柱构件力学性能有一定影响，美国工程木材协会（APA）出版的规程 No. EWS 475E[4]和技术规程 AITC Technical Note 18[5]中作了相关规定。规程中指出若初始裂缝位于胶合木梁截面中部高度处，会对胶合木梁的水平抗剪强度产生一定影响。当胶合木柱中出现劈裂裂缝时，会削弱胶合木柱的承载性能。对于螺栓连接节点，

Sjödin 等[3,6~8]通过试验和有限元分析研究了湿度应力对螺栓连接节点顺纹抗拉力学性能的影响，研究表明湿度应力会削弱螺栓连接节点的承载力。当湿度应力达到一定水平，节点区的木材发生开裂时，湿度应力会随着木材的开裂得以释放，但现有研究未涉及初始裂缝对螺栓节点力学性能的影响。本章内容将通过试验、有限元及理论分析等方式分析初始裂缝对螺栓节点力学的影响。

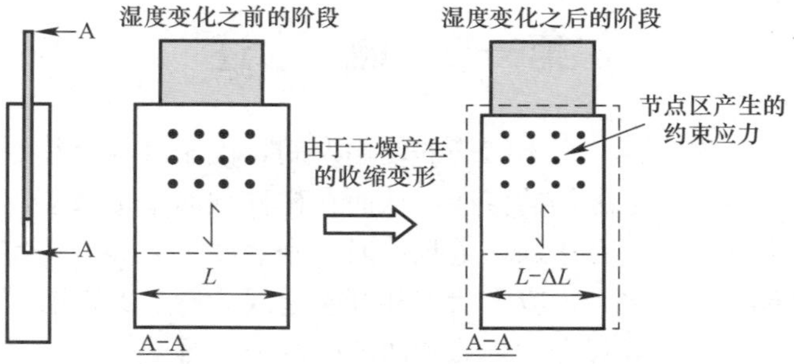

图 5-2　紧固件对节点区木材收缩变形产生的约束应力

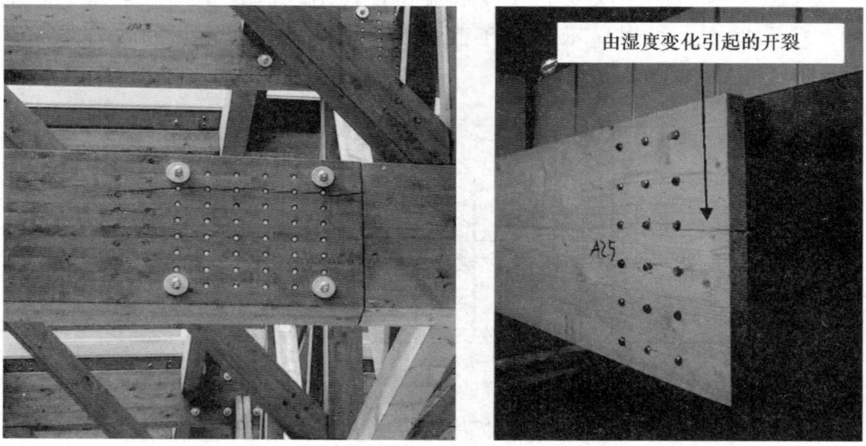

(a)　　(b)

图 5-3　销栓连接节点中的初始裂缝

（a）实际工程中的初始裂缝；（b）试验中由湿度变化引起的节点区开裂情况

第二节　试验研究

在胶合木结构中，抗弯节点是连接梁和柱等受力构件的一个重要组成部分，螺栓连接节点由于其优异的力学性能，而成为一种广为采用的抗弯节点形式。置于温湿度变化的外界环境中，节点区木材产生的收缩膨胀变形受到螺栓和钢板的约束作用，故极易沿螺栓列方向发生开裂。初始裂缝的存在，会促进抗弯节点中的木材发生劈裂等脆性破坏，从而影响抗弯螺栓节点的力学性能。为了深入研究初始裂缝对抗弯螺栓连接节点力学性能的影响，本节设计并制作了两组节点，并在节点的胶合木试件上沿螺栓列开设不同形式的初始裂缝，对其施加荷载进行抗弯试验，并对试验结果进行深入的对比分析。

一、试件设计

该抗弯试验包括两组钢填板螺栓连接节点，分别编号为节点 1 和节点 2。两组节点的胶合木梁试件截面尺寸为 260mm×130mm，试件长度为 1200mm。采用云杉—松—冷杉（SPF）规格材制作胶合木试件，其平均密度为 399kg/m^3，平均含水率为 14.5%。节点中的螺栓强度等级为 8.8 级，钢填板为 Q235B 钢，厚度为 10mm。无初始裂缝的节点几何示意图如图 5-4 所示，节点 1 中布置有 2 行 3 列 M16 的螺栓，节点 2 包含 3 行 3 列 M12 的螺栓。节点 1 和节点 2 通过底部钢板和 6 个 M20 的螺栓与底部支座固定连接。节点区中螺栓的端距、边距、行距及列距等几何参数均满足现行国家标准《胶合木结构技术规范》GB/T 50708[9] 的相关规定。

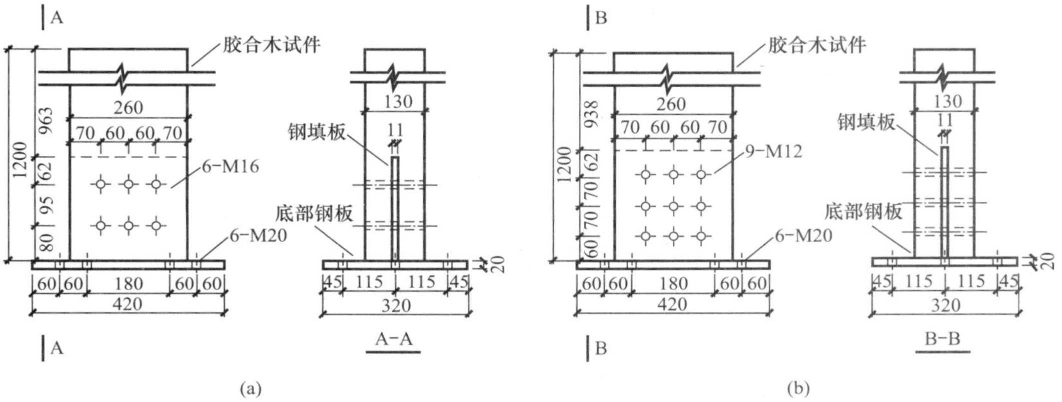

图 5-4　无初始裂缝的节点 1-1 和节点 2-1 几何布置图

（a）节点 1-1；（b）节点 2-1

为了研究初始裂缝对抗弯螺栓连接节点力学性能的影响，在本次试验中，采用极细的雕花锯齿开设节点中的初始裂缝，裂缝宽度约为 1mm，且沿螺栓列分布，裂缝深度开设至钢板槽处。节点 1 和节点 2 中各包含四组试件，各组试件备有 2 个相同的节点，进行重复试验以研究初始裂缝对抗弯节点力学性能的影响。节点 1 和节点 2 中的第一组试件均为参照试验组，该组试件不包含任何初始裂缝，分别命名为“节点 1-无裂缝”和“节点 2-无裂缝”。节点 1 的第二组试件命名为“节点 1-L-B”，在钢板一侧的胶合木构件上沿左侧螺栓列开设初始裂缝至底排螺栓处，其裂缝形式如图 5-5（a）所示；第三组试件命名为“节点 1-L-T”，试件中初始裂缝的位置和深度与第二组相同，但裂缝长度延伸至上排螺栓处，其裂缝形式如图 5-5（b）所示；第四组试件命名为“节点 1-LR-B”，在钢板一侧的胶合木构件上沿左右两侧螺栓列开设初始裂缝至底排螺栓处，其裂缝形式如图 5-5（c）所示。节点 2 的第二组试件命名为“节点 2-L-M”，在钢板一侧的胶合木构件上沿左侧螺栓列开设初始裂缝至中排螺栓处，其裂缝形式如图 5-5（d）所示；第三组试件命名为“节点 2-M-M”，在钢板一侧的胶合木构件上沿中间螺栓列开设初始裂缝至中排螺栓处，节点中的裂缝形式如图 5-5（e）所示；第四组试件命名为“节点 2-LR-M”，在钢板一侧的胶合木构件上沿左右两侧螺栓列开设初始裂缝至中排螺栓处，其裂缝形式如图 5-5（f）所示。节点 1 和节点 2 中初始裂缝的裂缝长度、裂缝深度、裂缝位置和裂缝条数等详细信息已列于表 5-1 中。从表中可以看出，节点 1 中的参数变量主要有裂缝长度和裂缝条数，节点 1-L-B

和节点 1-L-T 的初始裂缝长度分别为 71mm 和 148mm，节点 1-LR-B 包含两条长度为 71mm 的初始裂缝。节点 2 中的参数变量主要有裂缝位置和裂缝条数，初始裂缝的长度均为 109mm，节点 2-L-M 和节点 2-M-M 分别沿左侧和中间螺栓列开设初始裂缝，节点 2-LR-M 沿左右两侧螺栓列开设有两条初始裂缝。

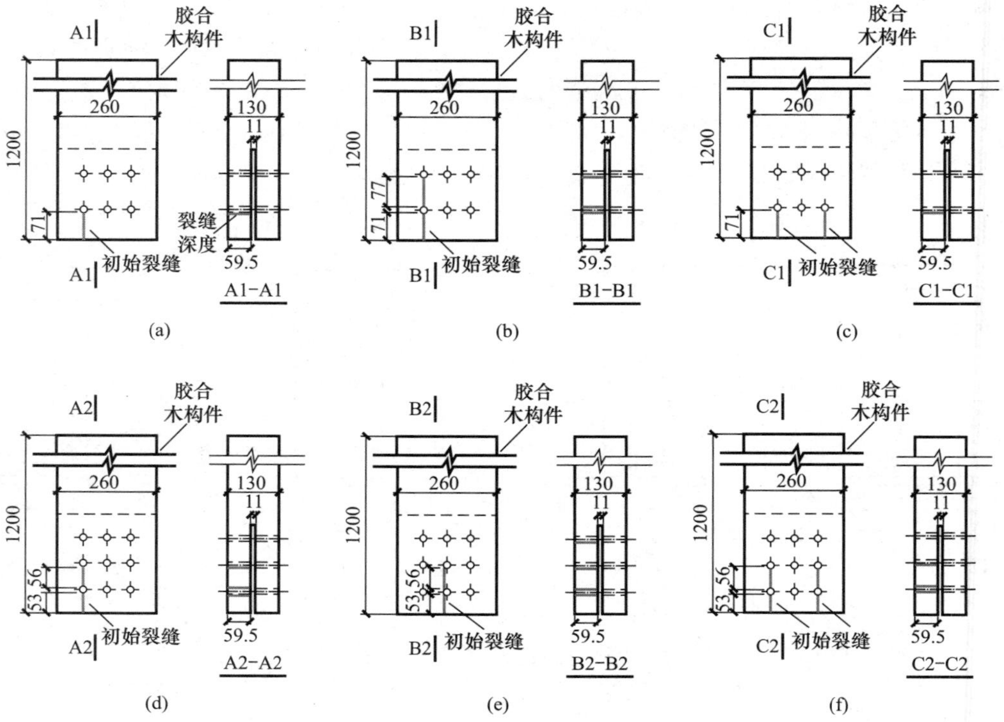

图 5-5　节点 1 和节点 2 中的裂缝形式详图

(a) 节点 1-L-B；(b) 节点 1-L-T；(c) 节点 1-LR-B；(d) 节点 2-L-M；
(e) 节点 2-M-M；(f) 节点 2-LR-M

节点试件几何配置及初始裂缝详细信息　　表 5-1

试件分组	螺栓直径（mm）	螺栓布置	裂缝长度（mm）	裂缝深度（mm）	裂缝位置	裂缝条数
节点 1-无裂缝	16	2 行 3 列	—	—	—	—
节点 1-L-B	16	2 行 3 列	71	59.5	左列	1
节点 1-L-T	16	2 行 3 列	148	59.5	左列	1
节点 1-LR-B	16	2 行 3 列	71	59.5	左列、右列	2
节点 2-无裂缝	12	3 行 3 列	—	—	—	—
节点 2-L-M	12	3 行 3 列	109	59.5	左列	1
节点 2-M-M	12	3 行 3 列	109	59.5	中间列	1
节点 2-LR-M	12	3 行 3 列	109	59.5	左列、右列	2

二、试验测点布置和加载制度

钢填板螺栓连接节点的抗弯试验在同济大学木结构试验室进行，试验装置和测点布置如图 5-6 所示。试验前通过底部钢板和螺栓将节点试件固定于底部支座上，加载钢板由一铰接装置与电液伺服水平作动器相连接，通过调整加载钢板的位置，使其与节点中胶合木构件的顶端侧面紧密贴合。节点区的转动位移由六个位移计测量计算所得，从图 5-6 中可以看出，1 号位移计 LVDT1 布置于试件的加载轴线上，用于测量加载点处的水平位移；加载过程中胶合木构件的转角由 2 号～4 号位移计的测量值计算所得，其中位移计 LVDT2 的布置高度与钢填板顶端对齐，位移计 LVDT3 和 LVDT4 对称布置于钢填板两侧的胶合木构件上，与上下排螺栓的中部高度对齐；5 号和 6 号位移计均布置于钢填板上，用于测量钢填板在试验加载过程中的位移值，从试验结果来看，该值可忽略不计。

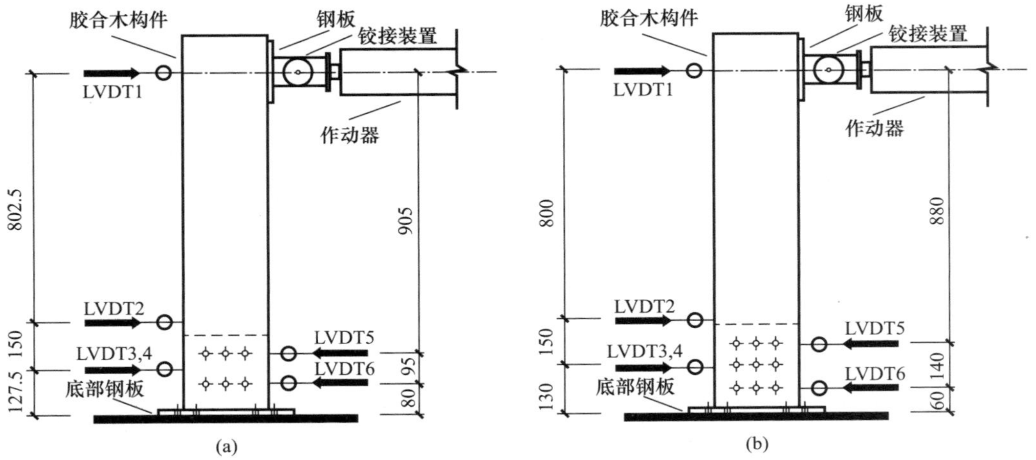

图 5-6 试验装置和测点布置图

(a) 节点 1；(b) 节点 2

同时，在节点区试件表面喷射哑光白色底漆作为背景色，再将哑光黑色漆以小斑点的形式喷涂到白色背景上，以得到大小适宜，间距适宜的斑点图。在加载过程中，通过高清摄像机等间距连续拍摄以捕捉节点区各斑点的相对位置变化，并采用图像分析软件 VIC-2D 对试验照片进行数据分析，由非接触测量技术得到的分析结果，可用于验证抗弯螺栓节点极限承载力的理论解析模型中关于节点受压区长度的假定。

在加载过程中，通过加载钢板持续给节点试件施加水平荷载，以位移控制水平作动器的加载速度，设定为恒定值 5mm/min。根据美国试验标准[10]，当节点发生明显破坏或节点承载力下降到峰值承载力的 80%时，停止加载。

三、试验结果

(一) 破坏模式

(1) 节点 1

对于节点 1 中无初始裂缝的节点，其破坏模式如图 5-7 所示。节点区木材沿中间和右侧螺栓列发生了劈裂列剪脆性破坏，节点受压侧与底部钢板相接触的木材出现了压溃现象。试验结束后，螺栓孔有一定程度的销槽承压变形，节点受拉侧的螺栓发生了一定的弯曲变形，中间列螺栓有轻微的弯曲现象，节点受压侧的螺栓保持刚直。

对于节点 1-L-B，加载初期，初始裂缝沿木纹方向开始向上扩展延伸，同时节点受压侧的木材发生了压溃现象（图 5-8a），加载后期，节点受压侧与底部钢板相接触的木材出现了压裂，节点区木材沿右侧螺栓列发生了劈裂现象（图 5-8b、c）。对节点 1-L-T，加载初期，初始裂缝沿左侧螺栓列开设至上排螺栓处（图 5-8d），与节点 1-L-B 不同的是，节点

1-L-T 中的受压侧木材未发生压溃现象，加载后期，节点区木材沿右侧螺栓列发生了劈裂列剪脆性破坏（图 5-8e）。试验结束后，节点 1-L-B 和节点 1-L-T 两种节点的螺栓弯曲变形情况见图 5-8（f）。节点受拉侧的螺栓发生了一定的弯曲变形，但螺栓的弯曲程度弱于无初始裂缝的节点，且中间列和节点受压侧的螺栓未发现明显的弯曲现象。

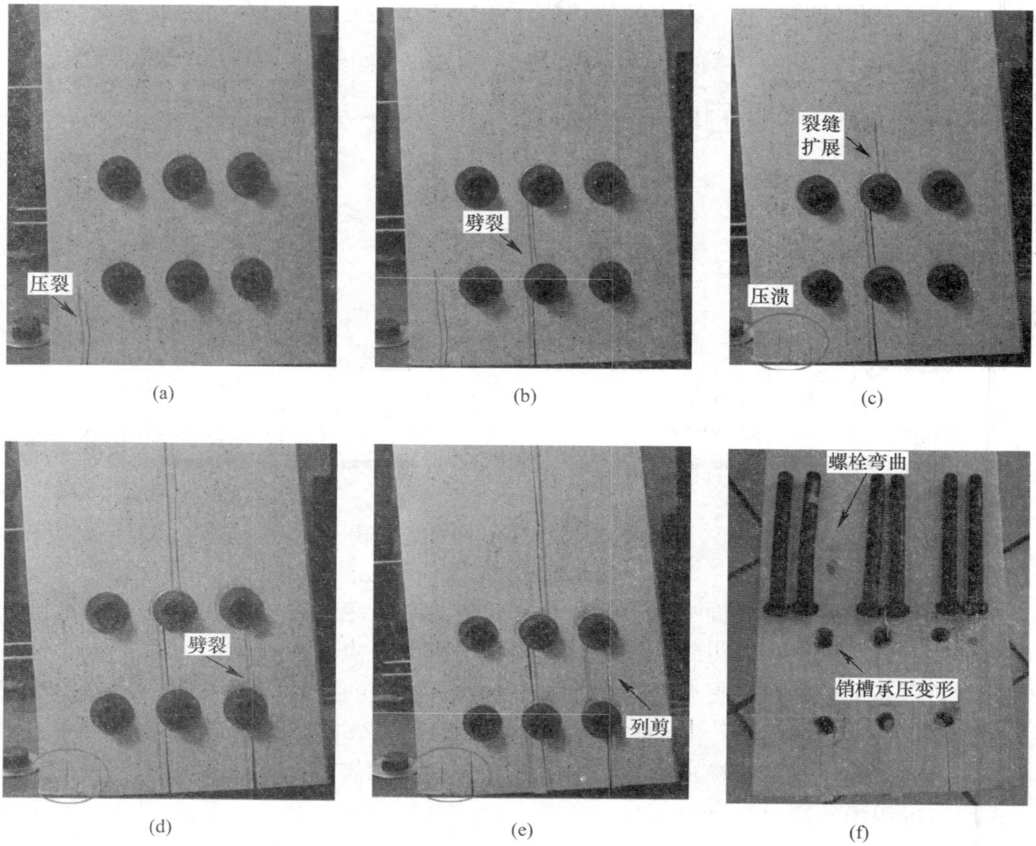

图 5-7　节点 1-无裂缝的变形和破坏图

（a）加载初期；（b）加载中期；（c）加载中期；（d）加载中期；（e）加载后期；（f）拆卸后构件

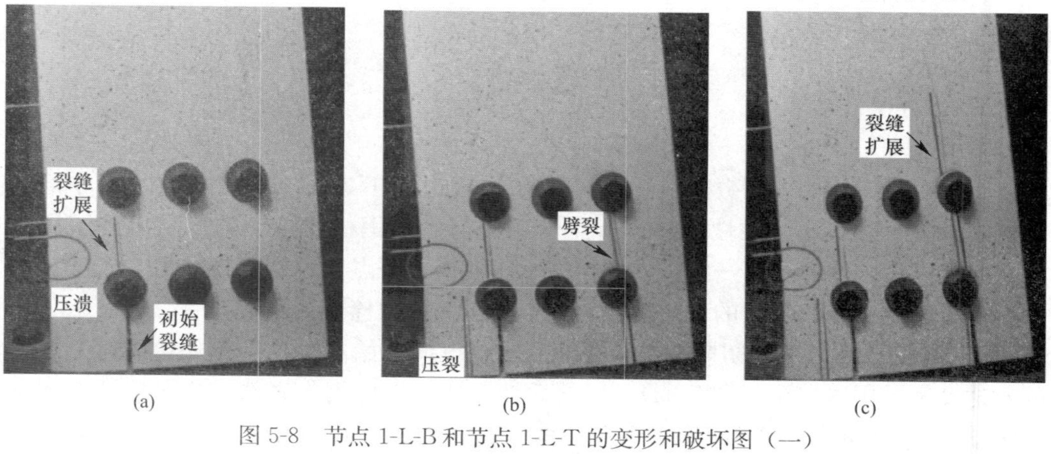

图 5-8　节点 1-L-B 和节点 1-L-T 的变形和破坏图（一）

（a）节点 1-L-B 加载初期；（b）节点 1-L-B 加载中期；（c）节点 1-L-B 加载后期

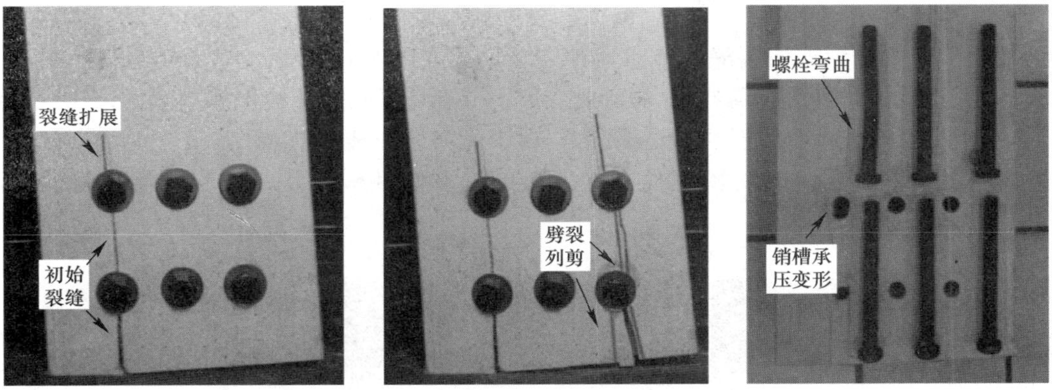

(d)　(e)　(f)

图 5-8　节点 1-L-B 和节点 1-L-T 的变形和破坏图（二）

（d）节点 1-L-T 加载初期；（e）节点 1-L-T 加载中期；（f）节点 1-L-T 加载后期

对于节点 1-LR-B（图 5-9），加载初期，左右两侧的初始裂缝沿木纹方向扩展延伸至上排螺栓处，加载后期，节点区木材沿右侧螺栓列发生了列剪破坏。试验结束后，螺栓未出现明显的弯曲变形。与无初始裂缝节点的螺栓变形情况对比，由于节点 1-LR-B 中初始裂缝的存在，且裂缝在加载过程中逐渐张开并向上扩展延伸，限制了螺栓承载性能的充分发挥，使得节点受拉侧的右列螺栓无法达到屈服状态。

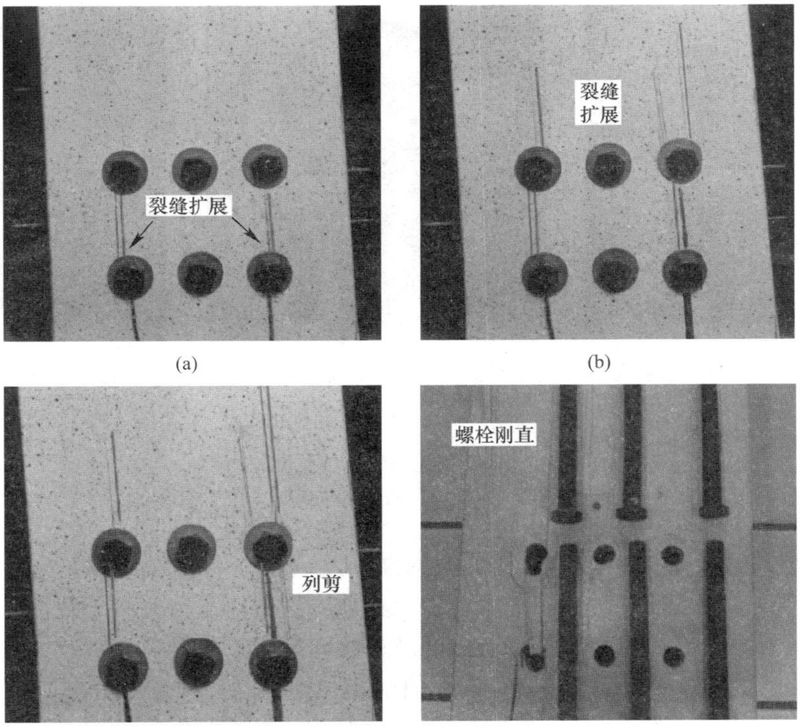

(a)　(b)　(c)　(d)

图 5-9　节点 1-LR-B 的变形和破坏图

（a）加载初期；（b）加载中期；（c）加载后期；（d）拆卸后构件

(2) 节点 2

对于节点 2 中无初始裂缝的节点，其破坏模式如图 5-10 所示。试验结束后，中间列和节点受拉侧的螺栓发生了较明显的弯曲变形，节点受压侧的螺栓保持刚直，未出现弯曲现象，螺栓孔未出现明显的销槽承压变形，对于无初始裂缝的节点 2，其主要的破坏模式包括螺栓的弯曲变形、木材沿螺栓列上发生的劈裂脆性破坏及节点受压侧木材的压溃破坏。

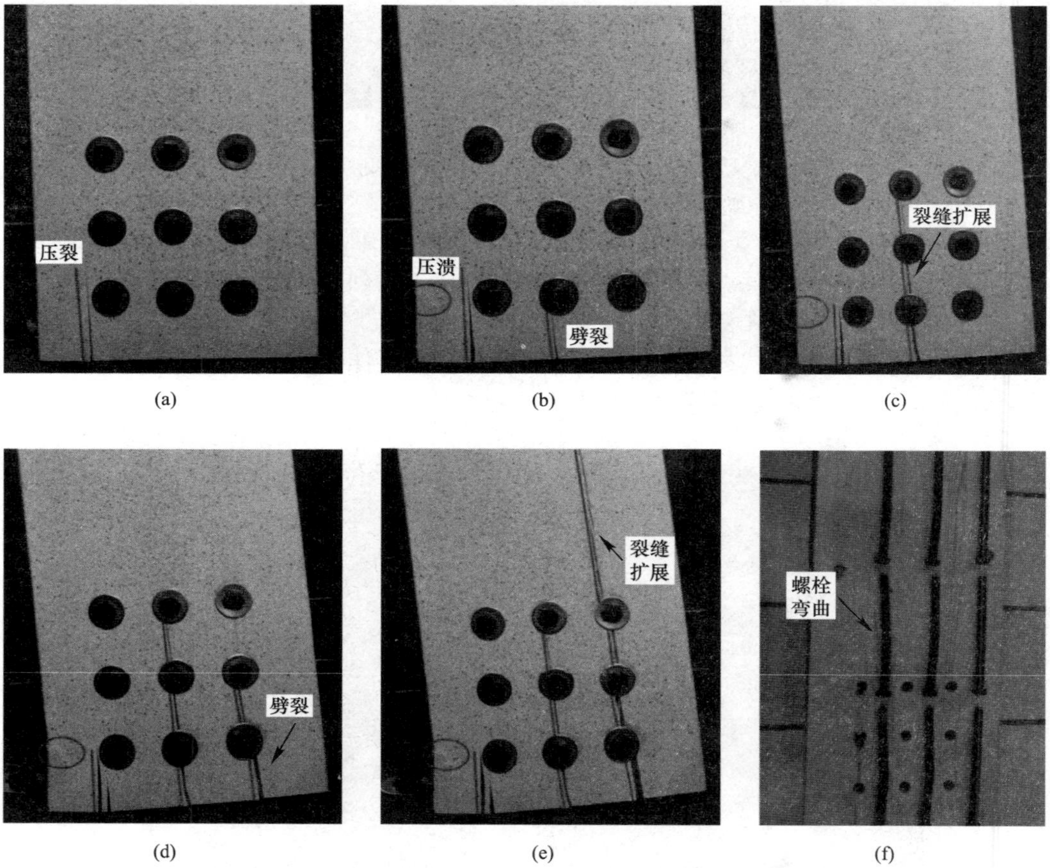

图 5-10　节点 2-无裂缝的变形和破坏图

(a) 加载初期；(b) 加载中期；(c) 加载中期；(d) 加载中期；(e) 加载后期；(f) 拆卸后构件

对于节点 2-L-M（图 5-11a～c），加载初期，左列螺栓木材初始裂缝率先向上扩展延伸（图 5-11a)。加载后期，右侧螺栓木材发生列剪劈裂破坏，且劈裂裂缝沿木纹方向继续向上扩展（图 5-11c)。与无初始裂缝节点的破坏状态进行对比，可以看出由于节点 2-L-M 中左侧初始裂缝的存在，节点受压侧的木材未出现压溃现象。

对于节点 2-M-M（图 5-11d～f），加载初期，中间螺栓木材初始裂缝扩展延伸至上排螺栓处，同时节点受压侧的木材发生了压裂现象（图 5-11d)。加载后期，节点区木材沿右侧螺栓列发生了劈裂列剪脆性破坏，同时初始裂缝沿木纹方向继续向上扩展延伸（图 5-11f)。试验结束后，对破坏后的木材进行拆卸，发现节点 2-L-M 和节点 2-M-M 的螺栓变形较为一致，中间列和节点受拉侧的螺栓发生了弯曲变形，左列螺栓保持刚直，螺栓孔未出现明显的销槽承压变形。

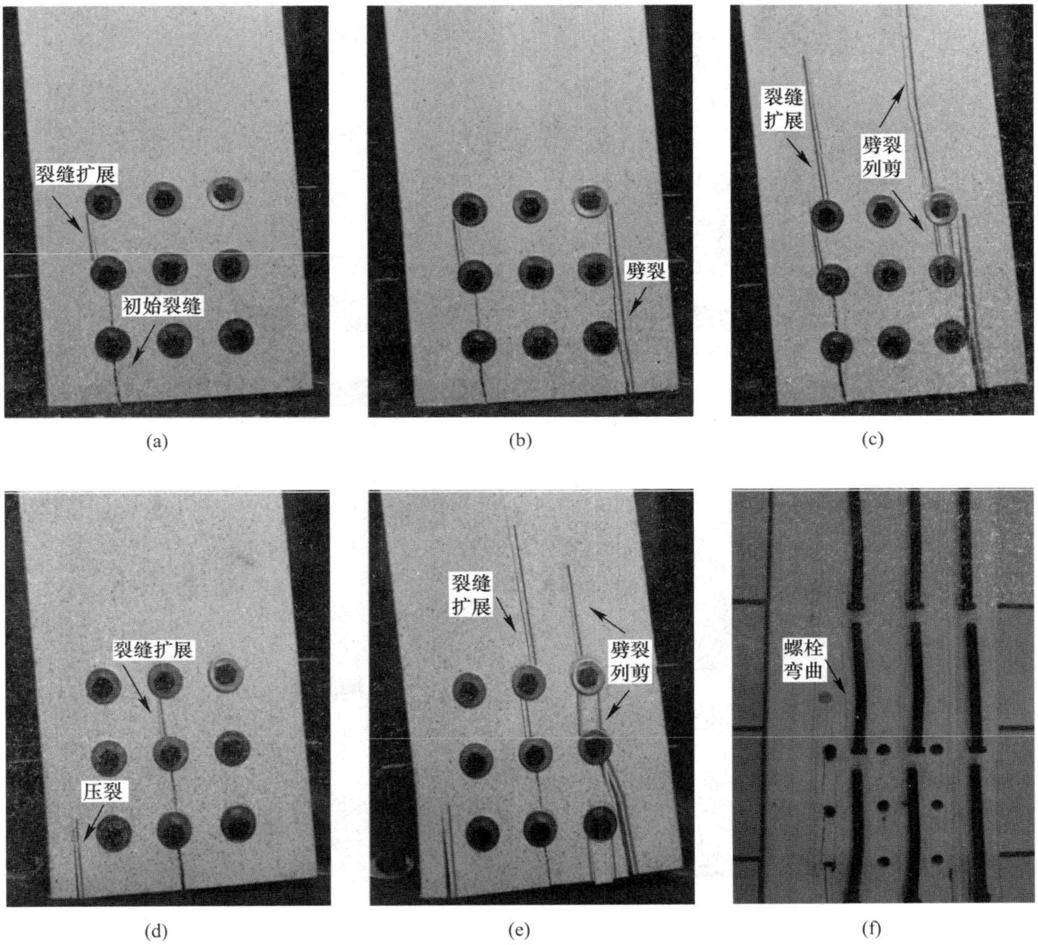

图 5-11　节点 2-L-M 和节点 2-M-M 的变形和破坏图

(a) 节点 2-L-M 加载初期；(b) 节点 2-L-M 加载中期；(c) 节点 2-L-M 加载后期；
(d) 节点 2-M-M 加载初期；(e) 节点 2-M-M 加载中期；(f) 节点 2-M-M 加载后期

对于节点 2-LR-M（图 5-12），初始裂缝沿左右两侧螺栓列开设至中排螺栓处，加载初期，右侧的初始裂缝沿木纹方向开始向上扩展延伸，右下角螺栓下方的木材在荷载作用下发生了列剪破坏（图 5-12a）。加载后期，右侧中排螺栓下方的木材发生列剪劈裂破坏（图 5-12c）。试验结束后，中间列螺栓和右上角螺栓发生了较为明显的弯曲变形，有初始裂缝穿过的右列螺栓保持刚直，未发现明显的弯曲变形，螺栓孔未出现明显的销槽承压变形。与无初始裂缝节点的螺栓变形对比，可以看出由于节点 2-LR-M 右侧初始裂缝的存在，削弱了木材的承载能力，故相应位置的螺栓无法达到屈服状态，未完全发挥出螺栓的承载性能。

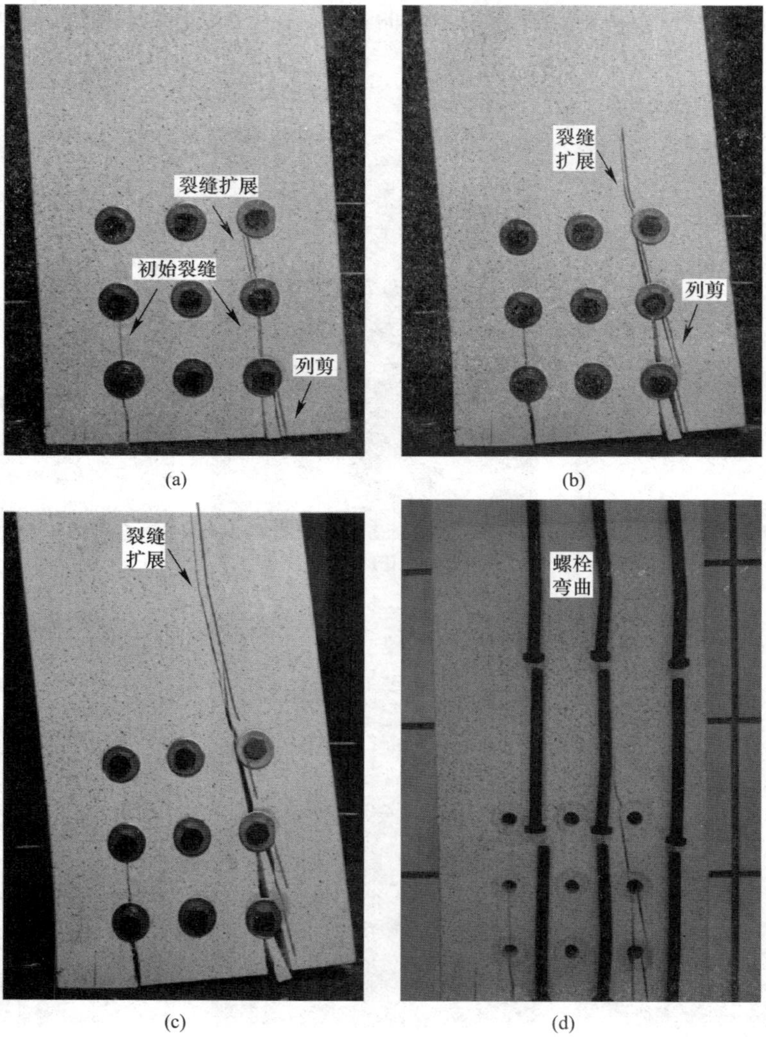

图 5-12　节点 2-LR-M 的变形和破坏图

（a）加载初期；（b）加载中期；（c）加载后期；（d）拆卸后构件

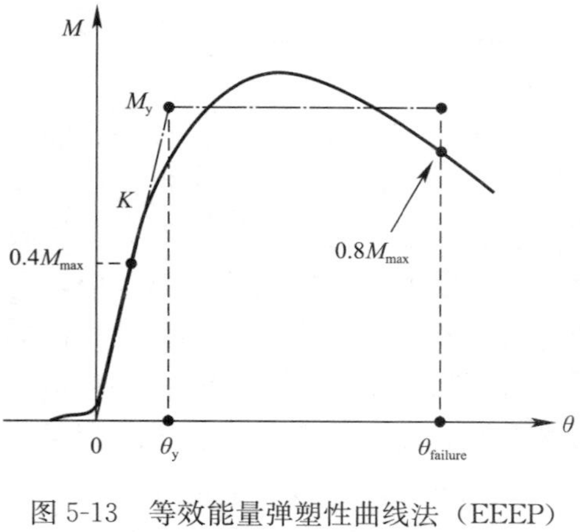

图 5-13　等效能量弹塑性曲线法（EEEP）

（二）承载性能

为了深入分析初始裂缝对抗弯螺栓节点力学性能的影响，通过计算得到节点 1 和节点 2 的几个主要力学参数，如螺栓节点的初始刚度、屈服点、极限承载力和延性比等，并将其分别列于表 5-2 和表 5-3 中。各力学参数的定义方法如图 5-13 所示，在抗弯螺栓节点的弯矩—相对转角关系曲线中，不考虑由螺栓和螺栓孔、钢板和钢板槽之间的空隙所造成的初始滑移，连线原点与曲线中 40％极限承载力所在的那一点，并将该连线的斜率定义为螺栓节点的初始刚度。

螺栓节点的屈服点由等效能量弹塑性曲线法（“EEEP”法）确定，假定试验得到的弯矩-相对转角曲线下包围的面积与双线性曲线所包围的面积相等，该双线性曲线在图 5-13 中由点画线标出，由文献［11］可以得到屈服弯矩的计算公式如式（5-1）所示。

$$M_y=[\theta_{failure}-\sqrt{\theta_{failure}^2-\frac{2\omega_{failure}}{K}}]\cdot K \tag{5-1}$$

式中　M_y——螺栓节点的屈服弯矩（N·m）；

$\theta_{failure}$——节点破坏时的相对转角（°）；

$\omega_{failure}$——节点破坏时耗散的能量（kN·m·°）；

K——节点的初始刚度（kN·m/°）。

节点 1 的力学参数计算汇总表　　表 5-2

	节点 1-无裂缝单个值（平均值）		节点 1-L-B 单个值（平均值）		节点 1-L-T 单个值（平均值）		节点 1-LR-B 单个值（平均值）	
初始刚度（kN·m/°）	18.38	17.06	17.47	16.07	17.45	16.29	16.93	16.99
	(17.72)		(16.77)		(16.87)		(16.46)	
峰值弯矩（kN·m）	20.65	22.05	20.97	23.01	19.37	20.45	18.46	19.96
	(21.35)		(21.99)		(19.91)		(19.21)	
峰值转角（°）	2.48	2.62	2.12	2.34	1.68	1.78	1.45	1.55
	(2.55)		(2.23)		(1.73)		(1.50)	
屈服弯矩（kN·m）	18.20	19.70	18.97	20.69	17.25	18.27	16.41	17.57
	(18.95)		(19.83)		(17.76)		(16.99)	
屈服转角（°）	1.04	1.10	1.12	1.24	1.02	1.08	0.99	1.09
	(1.07)		(1.18)		(1.05)		(1.04)	
破坏转角（°）	3.12	3.30	2.07	2.31	2.63	2.81	3.16	3.46
	(3.21)		(2.19)		(2.72)		(3.31)	
延性比	2.922	3.078	1.80	1.90	2.50	2.66	3.03	3.31
	(3.00)		(1.85)		(2.58)		(3.17)	

节点 2 的力学参数计算汇总表　　表 5-3

	节点 2-无裂缝单个值（平均值）		节点 2-L-M 单个值（平均值）		节点 2-M-M 单个值（平均值）		节点 2-LR-M 单个值（平均值）	
初始刚度（kN·m/°）	18.10	19.32	16.38	17.62	15.25	16.31	14.54	15.32
	(18.71)		(17.00)		(15.78)		(14.93)	
峰值弯矩（kN·m）	21.21	22.45	20.16	21.48	21.18	23.26	18.66	19.78
	(21.83)		(20.82)		(22.22)		(19.22)	
峰值转角（°）	3.34	3.52	1.67	1.79	2.30	2.46	1.81	1.93
	(3.43)		(1.73)		(2.38)		(1.87)	
屈服弯矩（kN·m）	20.22	21.66	18.67	20.05	16.88	17.88	17.57	18.81
	(20.94)		(19.36)		(17.38)		(18.19)	
屈服转角（°）	1.09	1.15	1.10	1.18	1.06	1.14	1.35	1.45
	(1.12)		(1.14)		(1.10)		(1.40)	
破坏转角（°）	4.60	4.86	3.95	4.23	4.50	4.84	3.93	4.19
	(4.73)		(4.09)		(4.67)		(4.06)	
延性比	4.45	4.69	3.47	3.71	2.09	2.23	2.80	3.00
	(4.57)		(3.59)		(2.16)		(2.90)	

确定了屈服弯矩后，屈服转角由屈服弯矩和初始刚度计算得到。节点的延性比定义为破坏转角与屈服转角的比值，即 $\theta_{failure}/\theta_y$。

从表 5-2 中可以看出，对于抗弯节点 1，沿左侧螺栓列开设初始裂缝，节点的初始刚度略有下降，若初始裂缝开设至上排螺栓处，节点的峰值承载力由 21.35kN·m 下降至 19.91kN·m，节点的屈服承载力由 18.95kN·m 下降至 17.76kN·m；若初始裂缝开设至底排螺栓处，不会削弱抗弯节点承载力，但对节点的延性性能影响较大，其延性比从 3.00 下降到了 1.85。若沿左右两侧螺栓列开设初始裂缝，对节点的初始刚度和承载性能均产生了一定的影响，节点的初始刚度由 17.72kN·m/°下降至 16.46kN·m/°，节点的峰值承载力由 21.35kN·m 下降至 19.21kN·m；但左右两侧的初始裂缝未对节点的延性性能造成削弱影响。对于无初始裂缝的节点 1，由于节点受拉侧的木材发生劈裂列剪脆性破坏，故节点在达到峰值点后发生了承载力的急剧下降；对于节点 1-LR-B，在节点受拉侧开设初始裂缝，裂缝在荷载作用下逐步向上扩展延伸，节点受拉侧的木材不会出现突然的脆性破坏，故节点的延性比由 3.00 增大至 3.17。

将抗弯节点 2 计算得到的几个主要力学参数列于表 5-3 中，可以看出，沿节点的左侧或中间螺栓列开设一条初始裂缝，对节点的承载性能影响不大，但会对节点的初始刚度造成一定影响，沿中间螺栓列开设初始裂缝，节点的初始刚度由 18.71kN·m/°下降至 15.78kN·m/°。另外，初始裂缝对节点延性性能的削弱作用较为明显，沿中间螺栓列开设初始裂缝，节点延性比由 4.57 降到了 2.16。在节点的胶合木构件上沿左右两侧螺栓列开设初始裂缝，节点的初始刚度和承载性能发生了进一步的削弱，节点的初始刚度由 18.71kN·m/°下降至 14.93kN·m/°，节点的峰值承载力由 21.83kN·m 下降至 19.22kN·m，节点的延性比则由 4.57 降到了 2.90。通过对比表 5-2 和表 5-3 可知，沿左右两侧螺栓列开设初始裂缝，节点 1 的延性性能未受到影响，但削弱了节点 2 的延性性能。这是由于对于无初始裂缝的节点 2，节点受拉侧的破坏模式以螺栓屈服为主，开设初始裂缝后，由于裂缝的不断张开和扩展，螺栓无法达到其屈服承载力，其破坏模式转变成了木材的脆性破坏，故而削弱了节点的延性性能。

从表 5-2 和表 5-3 中可以看出，各组试验中由两个试件分别得到的各力学参数值较为接近，故为了对比分析以研究初始裂缝对抗弯节点力学性能的影响，将节点 1 和节点 2 中各组试件的弯矩-相对转角平均关系曲线分别绘于图 5-14 和图 5-15 中。从图 5-14 中可以看出，对于无初始裂缝的节点 1，当相对转角达到 2.2°左右时，节点达到了峰值承载力，随后弯矩-相对转角曲线中出现了平台段，节点承载力维持在 21.35kN·m。当相对转角达到 2.55°左右时，由于节点区木材沿中间螺栓列发生了劈裂，节点承载力发生了第一次下降。随后劈裂裂缝发生扩展延伸，右侧木材相继发生脆性破坏，节点弯矩-相对转角曲线呈现出阶梯式下降。对于节点 1-L-B，沿左侧螺栓列开设初始裂缝至底排螺栓处，当节点的相对转角达到 2.23°左右时，节点受压侧木材发生压溃，且节点区木材沿右侧螺栓列发生劈裂破坏，故而节点承载力发生了急剧的下降。节点 1-L-T 中的初始裂缝开设至上排螺栓处，当节点的相对转角达到 1.73°左右时，节点区木材沿右侧螺栓列发生了劈裂，节点承载力出现了第一次下降，随后略有回升，当相对转角达到 2.56°左右时，木材沿右侧螺栓列发生了列剪破坏，故弯矩-相对转角曲线中出现了急剧下降段。节点 1-LR-B 沿左右两侧螺栓列开设初始裂缝，当节点的相对转角分别达到 1.81°和 2.04°左右时，由于初始裂缝的扩展延伸，节点承载力发生了小幅下降。从节点 1-LR-B 的弯矩-相对转角曲线中可以看出，由初始裂缝扩展所造成的承载力下降幅度并不明显，不会削弱节点的延性性能。

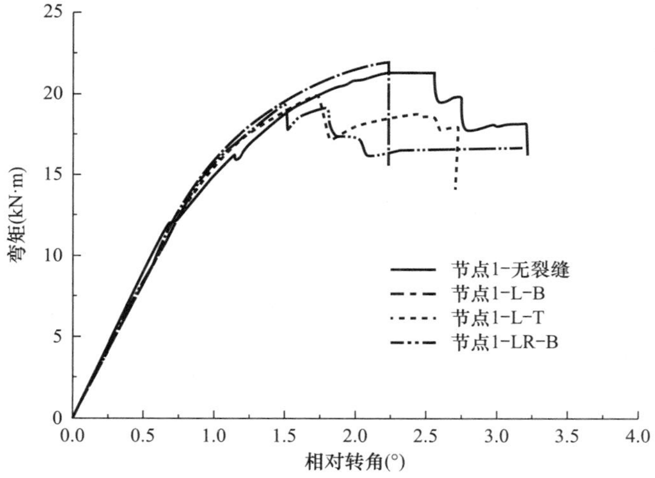

图 5-14　节点 1 的弯矩-相对转角关系曲线图

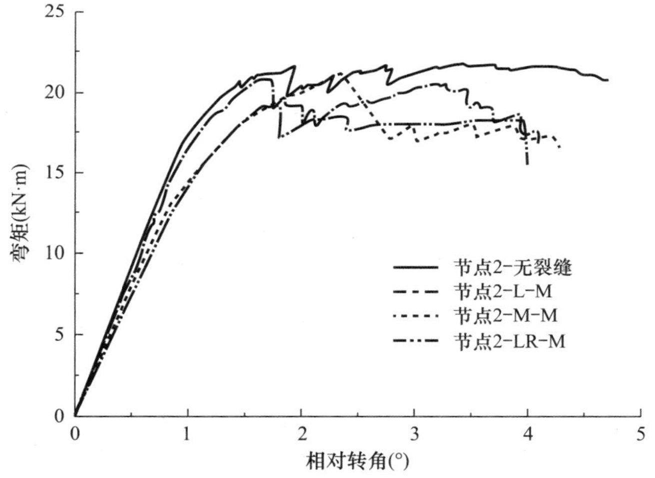

图 5-15　节点 2 的弯矩-相对转角关系曲线图

从图 5-15 中可以看出，“节点 2-无初始裂缝”的弯矩-相对转角曲线中出现了明显的平台段，体现出了较好的延性性能。当节点的相对转角达到 1.95°左右时，节点区木材沿中间螺栓列发生了劈裂，节点承载力发生了第一次下降，随后又逐步恢复至最大值，在此期间中间列的劈裂裂缝发生了扩展延伸，节点区木材沿右侧螺栓列相继发生劈裂，故节点承载力发生了锯齿式的小幅下降。节点 2-L-M 沿左侧螺栓列开设初始裂缝至中排螺栓处，当节点的相对转角达到 1.74°左右时，初始裂缝开始向上扩展，且节点区木材沿右侧螺栓列发生了劈裂，故节点承载力发生了第一次下降；当相对转角达到 2.00°左右时，由于裂缝的进一步扩展和右侧木材的脆性破坏，节点承载力再次出现下降。节点 2-M-M 沿中间螺栓列开设初始裂缝，当相对转角达到 2.37°左右时，初始裂缝发生扩展延伸，且节点区木材沿右侧螺栓列发生了劈裂列剪脆性破坏，故节点承载力发生了大幅下降。节点 2-LR-M 沿左右两侧螺栓列开设初始裂缝，当节点的相对转角达到 1.88°左右时，由于右侧初始裂缝的扩展和木材的列剪破坏，节点承载力发生了第一次下降，随后进入平台段。从节点 2-LR-M 的弯矩-相对转角曲线中可以看出，由于初始裂缝的存在，对节点的初始刚度、承载性能和延性性能均造成了较大影响。

为了更直观地体现出初始裂缝对抗弯节点各力学参数的影响，本节针对节点 1 和节点 2，分别计算出带初始裂缝的节点各力学参数与完好节点相应值的比值，包括节点的峰值弯矩、屈服弯矩、初始刚度、峰值转角和延性比等，并将节点 1 和节点 2 计算得到的比值分别绘于条形图 5-16 和图 5-17 中。从图 5-16 中可以看出，在节点 1-LR-B 中沿左右两侧螺栓列开设初始裂缝，节点的峰值弯矩和屈服弯矩下降了 10%，节点的初始刚度下降了 7%。另外，对于设有初始裂缝的节点 1，其弯矩-相对转角关系曲线中峰值点对应的相对转角值明显小于无初始裂缝的节点，这意味着由于节点中初始裂缝的存在，节点承载力提前发生了下降。沿左侧螺栓列开设初始裂缝至底排螺栓处，节点的延性比下降了 38%。在节点的胶合木构件上沿左右两侧螺栓列开设初始裂缝，不会对节点的延性性能造成任何影响，反而有小幅提升，这是由于节点受拉侧木材的破坏模式由突然的劈裂列剪脆性破坏转变成了初始裂缝逐步的扩展。

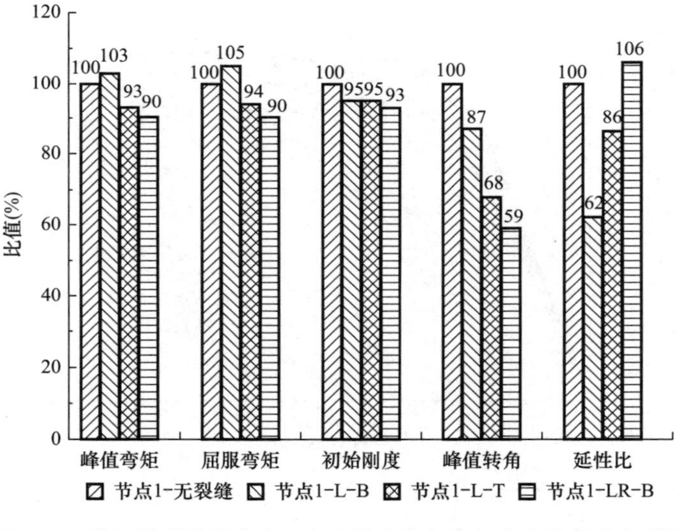

图 5-16　带初始裂缝的节点 1 各力学参数与完好节点的比值条形图

从图 5-17 中可以看出，在节点 2 的胶合木构件上沿左右两侧螺栓列开设初始裂缝，节点的峰值弯矩和屈服弯矩分别下降了 12% 和 13%，节点 2-LR-M 的初始刚度下降了 20%。另外，对于设有初始裂缝的节点，其弯矩-相对转角关系曲线中峰值点对应的相对转角值明显小于无初始裂缝的节点，且初始裂缝对节点延性比的削弱作用较为明显，沿中间螺栓列开设初始裂缝，节点的延性比下降了 53%。通过对比图 5-16 和图 5-17 可知，相对于节点 1，初始裂缝对节点 2 初始刚度和延性比的削弱作用更为显著。这是由于节点 1 和节点 2 中初始裂缝的长度有所不同，初始裂缝越长，在荷载作用下裂缝的张开位移越大，从而对节点初始刚度的影响越大，因此节点 2 初始刚度的下降幅度更大。节点 1 和节点 2 的破坏模式分别以木材的脆性破坏和螺栓屈服为主，在节点受拉侧开设初始裂缝，削弱了节点中受拉侧木材的脆性承载力，使节点 2 的破坏模式由螺栓屈服转变成了木材的脆性破坏，故初始裂缝对节点 2 延性性能的影响更为显著。

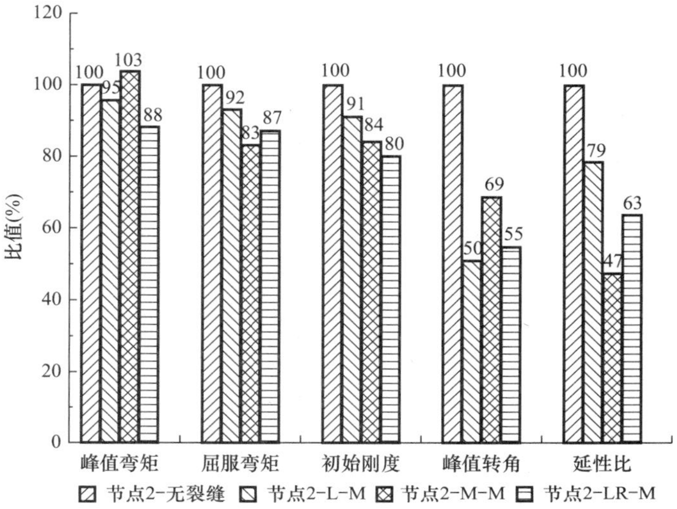

图 5-17　带初始裂缝的节点 2 各力学参数与完好节点的比值条形图

第三节　数值模拟

一、有限元模型的建立

（一）材料模型

抗弯螺栓连接节点采用木材地基模型，以模拟节点中螺栓周边木材的局部压溃行为。另外，在节点区预定的开裂路径上布置了接触对单元，并赋予其黏性区材料模型，以模拟木材的劈裂列剪脆性破坏。在抗弯螺栓节点的有限元模型中，分别给螺栓、钢板、螺栓周边木材、节点区木材和节点区外的木材赋予了不同的材料模型，节点中材料模型的分布如图 5-18 所示。

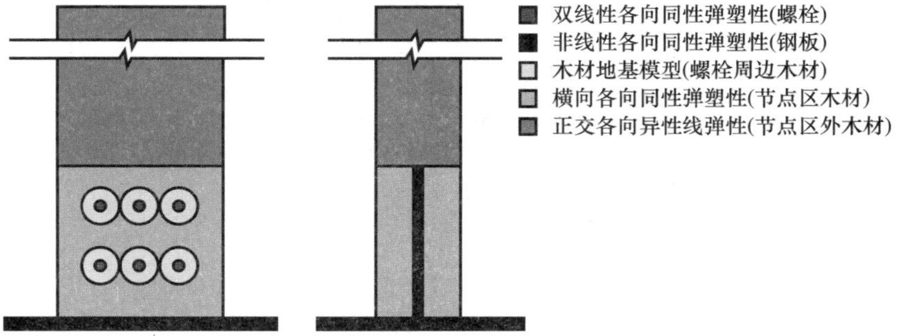

图 5-18　抗弯螺栓连接节点的材料模型分布

从试验结果可以看出，在无初始裂缝的抗弯螺栓连接节点中，受拉侧和中间列螺栓下方的木材通常会出现劈裂列剪脆性破坏，且裂缝沿木纹方向继续向上扩展延伸，节点受压侧的木材发生了局部劈裂现象；对于带初始裂缝的螺栓节点，初始裂缝沿螺栓列方向发生了扩展。根据试验现象预定节点区木材的开裂路径，如图 5-19 所示，并在开裂面上赋予了双线性的黏性区材料模型。根据材性试验结果，将木材的Ⅰ型和Ⅱ型断裂韧性分别定义为 0.24N/mm 和 0.55N/mm。

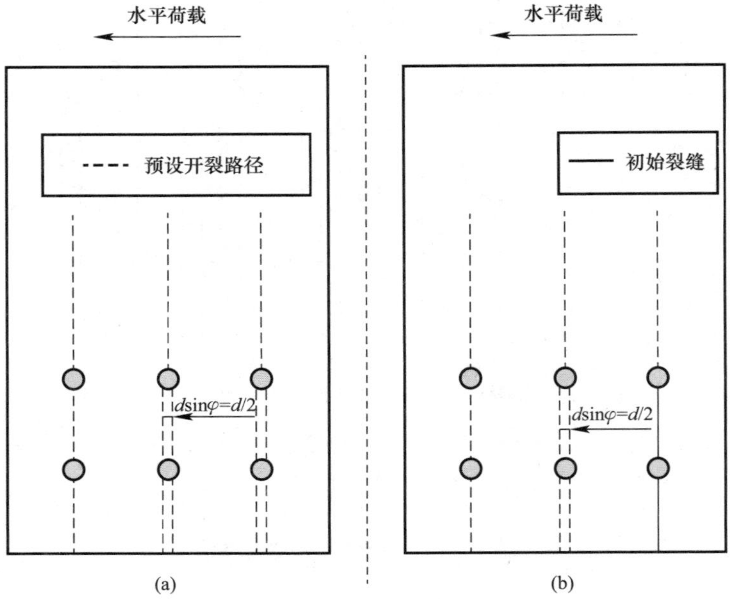

图 5-19　抗弯螺栓连接节点的预设开裂路径

（a）无初始裂缝；（b）有初始裂缝

（二）网格划分和边界设置

本节以抗弯节点试验研究中节点 1-无裂缝、节点 1-L-T 和节点 1-LR-B 的有限元模型为例进行分析，采用试验结果验证有限元分析方法的可行性。节点的几何尺寸、螺栓布置、裂缝参数和加载情况与试验相同。胶合木构件的截面尺寸为 260mm×130mm，有限元模型中胶合木构件的长度为 1080mm，从构件底面计算至加载点处。螺栓直径为 16mm，螺栓强度等级为 8.8 级，模型中螺栓的屈服应力取为 640MPa，钢填板为 Q235B 钢，屈服应力取为 235MPa，厚度 10mm。节点 1-L-T 在钢板一侧的胶合木构件上沿左侧螺栓列开设初始裂缝至上排螺栓处，节点 1-LR-B 在钢板一侧的胶合木构件上沿左右两侧螺栓列开设初始裂缝至底排螺栓处。有限元模型中，木材、螺栓和钢板均采用八节点的实体单元 SOLID185 来进行网格划分。采用接触对来定义木材和螺栓、木材和底部钢板及螺栓和钢板间的相互作用。在节点底部钢板的底面上设置固定约束，将均布水平位移荷载施加在胶合木构件的顶端，以模拟试验中的加载情况。有限元模型的网格划分和边界条件如图 5-20 所示。

二、有限元模型的验证

为了验证有限元模型的有效性，将有限元分析得到的弯矩-相对转角曲线与试验结果进行对比，如图 5-21 所示。节点的相对转角由胶合木构件在节点区的转角减去钢板的转角得到，其中钢板的转角几乎可忽略不计。从图中可以看出，有限元分析得到的节点初始刚度和极限承载力均与试验结果较为接近，误差在 3%以内。对于无初始裂缝的抗弯螺栓节点，在达到峰值承载力之前，由于节点区木材沿中间螺栓列发生了劈裂，故弯矩-相对转角曲线中出现了两次小幅的下降段，削弱了节点的后期刚度。达到峰值点之后，由于节点受拉侧的木材沿螺栓列发生了劈裂列剪脆性破坏，故节点承载力发生了急剧下降。其中，试验曲线呈阶梯式下降，而在有限元分析得到的曲线中，节点承载力直接下降至峰值承载力的 80%左右。这是由于试验试件中木材材料性能的不均匀性，在外力荷载的作用下，钢板两侧对称位置上的胶合木构件未同时发生脆性破坏；而在有限元模型中，将其设定为理想的均质材料，在荷载作用下钢板两侧的木材同时发生开裂，故节点承载力的下降幅度较大。

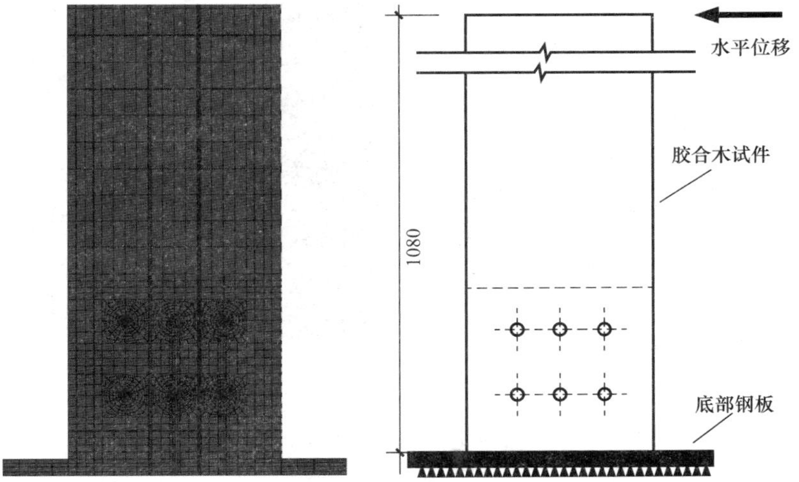

图 5-20 抗弯螺栓连接节点的网格划分和边界设置

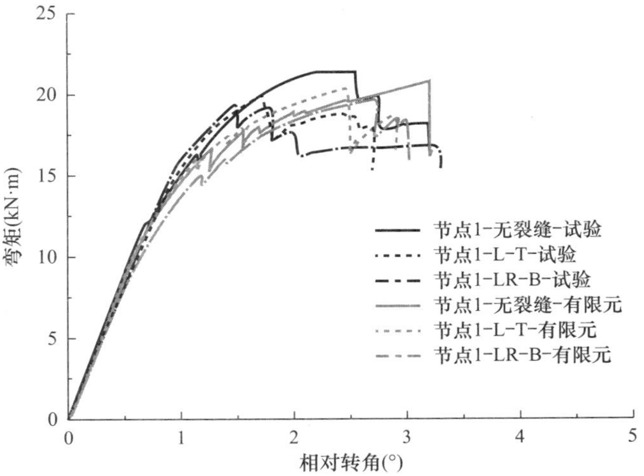

图 5-21 抗弯螺栓连接节点的弯矩-相对转角曲线对比

对于无初始裂缝的螺栓连接节点，在外力荷载作用下，胶合木构件的破坏情况如图 5-22 所示，其中图 5-22（a）为有限元分析得到的水平位移云图，图 5-22（b）为试验加载后胶合木构件的后视图。通过对比图 5-22（a）和图 5-22（b）可知，在有限元模型中引入木材地基模型和黏性区材料模型，该种有限元分析方法得到的节点破坏模式与试验结果较为接近。在胶合木构件的顶端施加水平位移荷载，节点受压侧的木材沿螺栓列发生了劈裂，且随着外力荷载的逐步增大，螺栓孔周边的木材发生了明显的销槽承压变形，节点区的木材沿中间和受拉侧螺栓列发生了劈裂列剪脆性破坏。

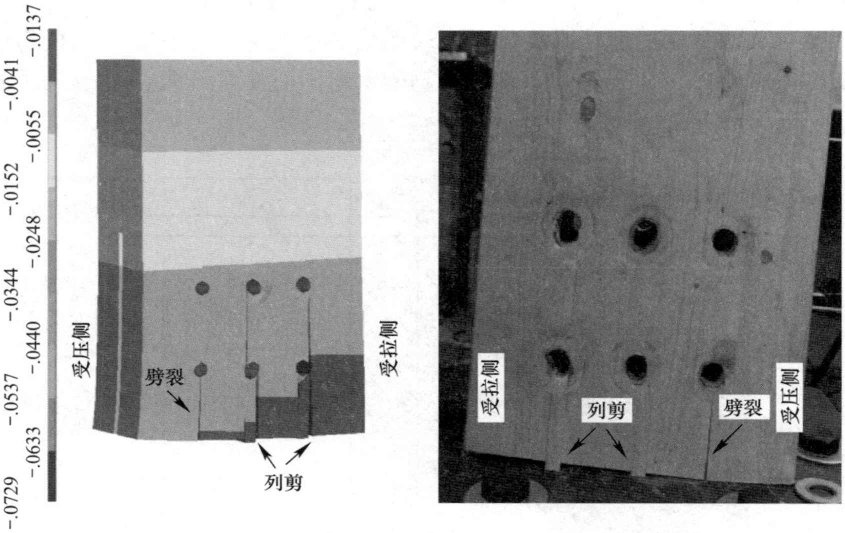

(a) (b)

图 5-22　无初始裂缝的抗弯螺栓连接节点的破坏模式

（a）有限元分析得到的节点区水平位移云图；（b）试验加载后的胶合木试件后视图

对于无初始裂缝的螺栓节点，从弯矩-相对转角关系曲线中可以看出，在达到峰值点后，节点承载力急剧下降从而节点发生破坏。在节点破坏之前，有限元分析得到的螺栓应力云图如图 5-23（a）所示，从图中可以看出，节点达到峰值承载力时，右列螺栓和中间列上排螺栓的中间截面局部达到了螺栓屈服强度，同时右列螺栓产生了较明显的弯曲变形。当节点区的木材沿右侧螺栓列发生劈裂列剪脆性破坏之后，右列螺栓的应力发生了释放，如图 5-23（b）所示。图 5-23（c）为试验加载结束后，拆卸螺栓节点得到的螺栓变形情况，从图中可以看出右列螺栓在荷载作用下发生了弯曲，与有限元模拟结果较为吻合，从而验证了有限元模型的有效性。

三、参数分析

为了研究不同的裂缝形式对节点 1 抗弯性能的影响，本节采用验证过的有限元模型进行参数分析，在分析中考虑裂缝长度、裂缝位置和裂缝条数等变量，裂缝形式如图 5-24 所示。裂缝形式的命名模板“A-B-C”中，第一个参数 A 表示初始裂缝所在的螺栓列，其中，“L”“M”和“R”分别表示沿左侧、中间和右侧螺栓列开设初始裂缝，“MR”表示中间和右侧螺栓列上均设有初始裂缝；第二个参数 B 表示在钢板一侧（用“S”表示）或两侧（用“D”表示）的胶合木构件上开设初始裂缝；第三个参数 C 表示裂缝的长度，数字“01”表示裂缝从胶合木构件的底面开设至底排螺栓处，数字“02”表示裂缝从胶合木构件的底面开设至上排螺栓处。

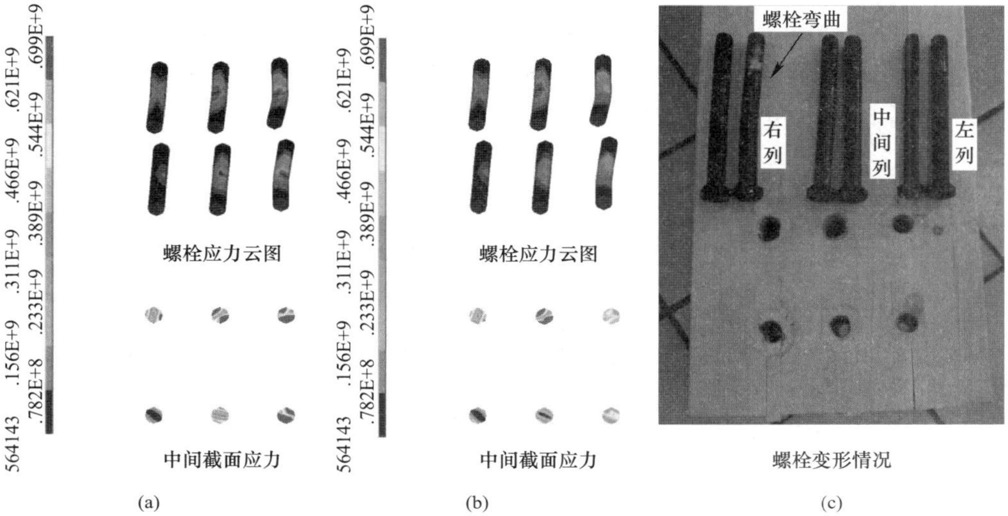

图 5-23　无初始裂缝的抗弯螺栓连接节点的螺栓应力云图和变形情况

(a) 有限元分析得到的节点发生最终破坏前的螺栓应力云图；(b) 受拉侧木材发生脆性破坏后的螺栓应力云图；(c) 试验加载后得到的螺栓变形情况

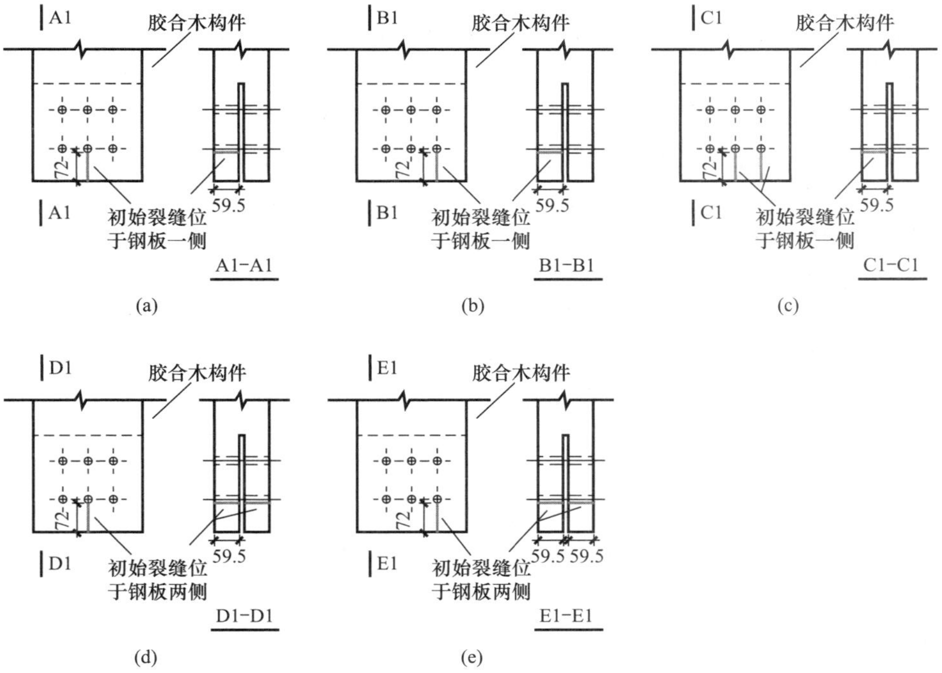

图 5-24　裂缝形式示意图（一）

(a) 裂缝形式：M-S-01；(b) 裂缝形式：R-S-01；(c) 裂缝形式：MR-S-01；
(d) 裂缝形式：M-D-01；(e) 裂缝形式：R-D-01

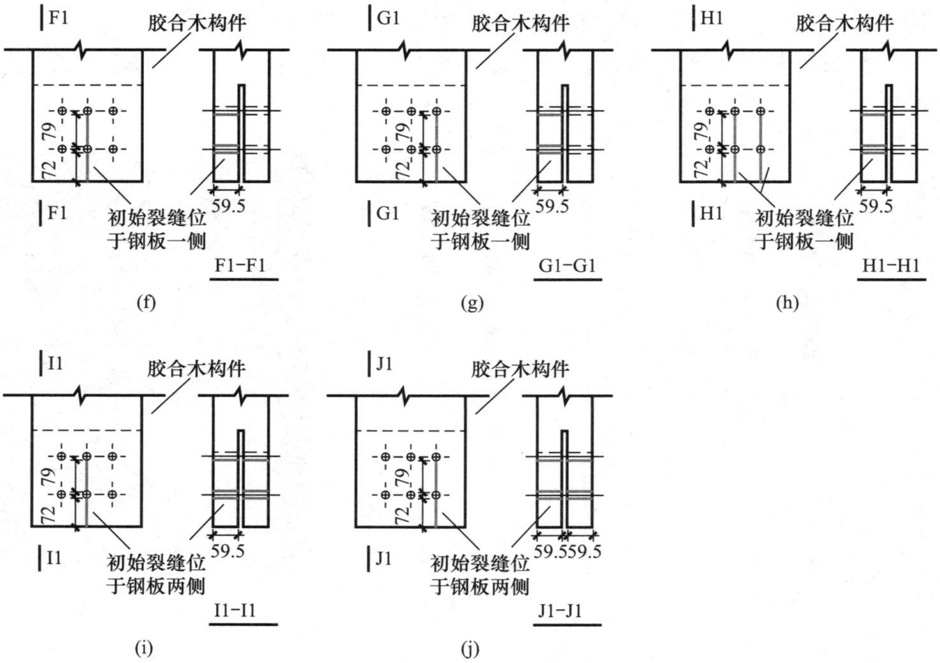

图 5-24 裂缝形式示意图（二）

（f）裂缝形式：M-S-02；（g）裂缝形式：R-S-02；（h）裂缝形式：MR-S-02；

（i）裂缝形式：M-D-02；（j）裂缝形式：R-D-02

本节对节点的弯矩-相对转角曲线进行了对比分析（图 5-25 和图 5-26），同时为了量化裂缝对抗弯节点初始刚度和极限承载力的影响，在表 5-4 中列出由初始裂缝引起的节点力学参数的下降比值。从图 5-25（a）中可以看出不同长度和位置的单条裂缝对节点抗弯性能的影响，沿中间螺栓列开设初始裂缝，裂缝对节点抗弯承载力和初始刚度的影响均不明显。沿右侧螺栓列开设初始裂缝，节点的承载性能受到了一定程度地削弱。对于节点 1，初始裂缝不仅会削弱节点的极限承载力，亦会降低节点的初始刚度。节点 1 以木材的脆性破坏为主，在钢板两侧的胶合木构件上沿右侧螺栓列开设初始裂缝，节点 1 的承载力和初始刚度最大分别下降了 12.9％和 19.5％。

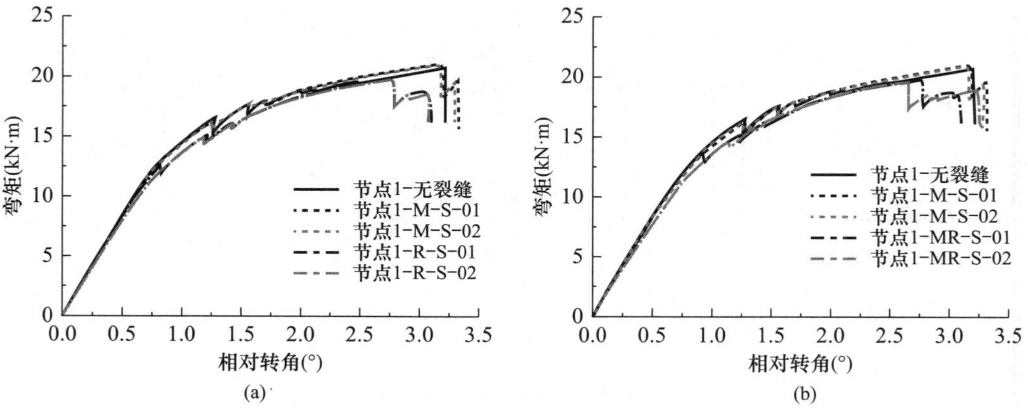

图 5-25 带有不同形式初始裂缝的螺栓节点弯矩-相对转角曲线（一）

（a）不同长度位置的单条裂缝对节点抗弯性能的影响；（b）不同长度数目的裂缝对节点抗弯性能的影响

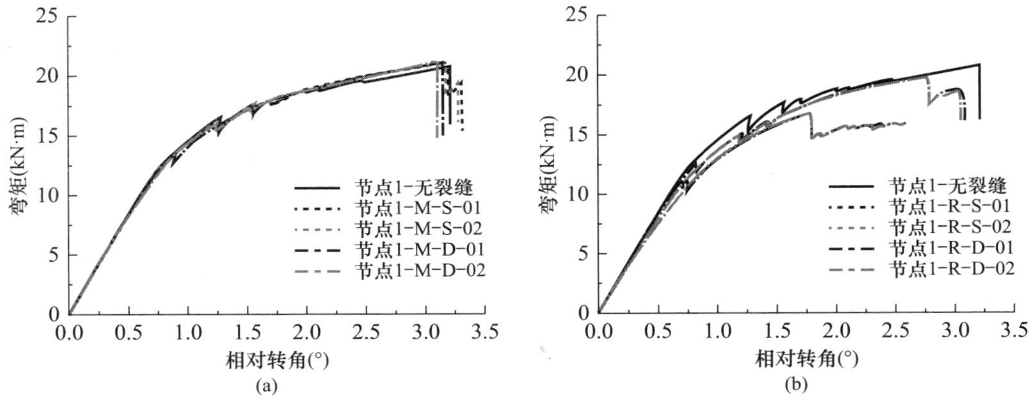

图 5-26　带有不同形式初始裂缝的螺栓节点弯矩-相对转角曲线（二）

（a）中间螺栓列的初始裂缝对节点抗弯性能的影响；（b）右侧螺栓列的初始裂缝对节点抗弯性能的影响

由初始裂缝引起的节点 1 力学参数的下降比值　　**表 5-4**

节点编号	初始刚度（%）	极限承载力（%）	节点编号	初始刚度（%）	极限承载力（%）
节点 1-M-S-01	0.3	−1.6	节点 1-M-S-02	0.1	−1.0
节点 1-R-S-01	3.0	4.5	节点 1-R-S-02	7.2	4.6
节点 1-MR-S-01	2.6	4.6	节点 1-MR-S-02	6.5	5.2
节点 1-M-D-01	0.6	−2.1	节点 1-M-D-02	−0.4	−2.5
节点 1-R-D-01	4.9	19.5	节点 1-R-D-02	12.9	18.7

从图 5-26 可以看出，相比于中间列螺栓的初始裂缝，右侧螺栓列（节点受拉侧）的初始裂缝对节点抗弯性能的影响更为显著，且裂缝数目越多，对节点力学性能的削弱作用越大。右侧螺栓列的裂缝长度会影响抗弯节点的初始刚度。初始裂缝越长，在外力荷载作用下裂缝的张开位移越大，从而对节点初始刚度的影响更为显著。在钢板两侧的胶合木构件上沿右侧螺栓列开设初始裂缝，节点 1-R-D-01 和节点 1-R-D-02 的初始刚度分别下降了 4.9%和 12.9%。

钢填板螺栓连接节点在胶合木结构中较为常见，实际工程中螺栓节点的构造尺寸与木结构的高度及外在荷载的大小密切相关。本章在参数分析中研究的抗弯节点，无初始裂缝时，其峰值弯矩为 15～22kN · m。若实际工程中木结构所受的侧向荷载更为显著，采用更大尺寸的钢填板螺栓节点，则需研究尺寸效应对螺栓节点受力性能的影响。节点的脆性破坏承载力与木材材性、螺栓布置、螺栓直径、螺栓端距、间距和边距等参数有关，延性破坏承载力与螺栓直径、螺栓强度、木材材性和胶合木构件的厚度等因素有关，木材的尺寸效应会影响木材的材料性能，不同尺寸的节点试件亦会产生不同的力学性能。

第四节　设计方法

一、引言

预测胶合木结构中螺栓连接节点的极限承载力，Johansen 屈服模型[12]是一种常用的方法，该模型可用于计算节点中的延性破坏承载力。在木结构工程设计中，为了避免螺栓节点过早出现木材的脆性破坏，修正的欧洲屈服模型采用修正系数计算节点的设计承载力，但该种方法无法准确地预测螺栓节点的极限承载力。为此，通过大量的试验研究和分析，加拿大木结构设计规范[13]中给出了顺纹抗拉节点的脆性破坏承载力计算公式，包括木材的列剪、组撕和净截面拉断等破坏模式。

在螺栓连接节点中，螺栓对周边木材同时施加横纹拉应力和顺纹剪应力作用，故复合型开裂是一种常见的脆性破坏模式。为了解决螺栓节点中复合型脆性破坏的问题，一些学者提出了相应的解析模型。1998 年，Jorissen[14]分别采用弹性地基梁（BEF）模型和 Volkersen 模型来计算分析节点中的横纹拉应力分布和顺纹剪应力分布，该研究结果表明弹性地基梁模型中的剪切变形是不能忽略的。因而，2005 年 Jensen[15]采用 Timoshenko 梁和 Winkler 地基模型分析研究了单个螺栓节点和简支梁中的螺栓节点在横纹荷载作用下的劈裂破坏过程，同时研究了拼接梁中抗弯螺栓节点出现的劈裂破坏，并在分析计算中考虑了地基梁的剪切变形。Winkler 地基模型中仅包含轴向弹性刚度，而广义弹性地基中既包含轴向弹性刚度也包含转动刚度，该地基模型也被广泛应用于弹性地基梁模型中，2003 年 Qiao[16]采用广义地基模型分析了锥形双悬臂梁试件在横纹拉力荷载作用下的劈裂过程。

对于螺栓连接节点中由顺纹剪应力造成的木材列剪破坏，2001 年 Jensen[17]基于线弹性断裂力学提出一种理论计算方法，以得到轴向荷载作用下植筋节点的极限承载力。为了进一步改善这一理论方法，Jensen[18]在单列螺栓节点发生列剪破坏的两个剪切面上引入了虚拟黏性层，采用准非线性断裂力学模型研究了该节点的列剪破坏模式，并进一步分析了不对称节点的情况[19]，对于已知螺栓群荷载分布的连接节点，该理论模型可用于计算节点的列剪承载力。2015 年 Jensen[20]综合采用弹性地基梁模型和准非线性断裂力学模型研究了单列螺栓节点中木材的复合型脆性破坏。对于带有初始裂缝的木构件，被广泛研究的主要是双悬臂梁和锥形双悬臂梁，但少有学者对带初始裂缝的多列螺栓节点进行分析研究。

本节采用 Timoshenko 梁弹性地基模型和准非线性断裂力学模型来预测多列螺栓节点中木材的劈裂列剪脆性破坏承载力，采用 Johansen 模型计算节点中的螺栓屈服和销槽承压破坏承载力。通过理论分析计算得到带初始裂缝的抗弯螺栓节点的极限承载力，并采用试验结果来校核节点极限承载力的理论值。

二、极限承载力计算方法

本节采用 Johansen 屈服理论和准非线性断裂力学模型来计算抗弯螺栓节点的极限承载力。采用该理论分析方法，首先需要确定节点各部分的受力状态，为此在理论计算过程中，作如下假定：（1）施加于节点中胶合木构件顶端的水平力 V 以及对节点区产生的弯矩 M，由螺栓和承压区木材来承担；（2）根据文献[21]，胶合木构件和底部钢板间的摩擦系数取为 0.2；（3）抗弯螺栓节点中木材的承压区长度为试件左侧面到左侧螺栓列间的距离，该假定是基于第四章的试验研究，由无接触测量技术分析得到的结果。由此，在胶合木构件顶端水平荷载的作用下，抗弯节点的受力分布如图 5-27 所示，其中图 5-27（a）为节点 1 的加载示意图，图 5-27（b）和图 5-27（c）分别为节点 1 和节点 2 的受力分布图。在水平荷载的作用下，螺栓节点发生转动，胶合木构件底面与底部钢板间的接触长度为 e_1，整个节点承担的外力包括水平荷载 V、弯矩 M，底部钢板施加于胶合木构件的支承力及其之间的摩擦力。当胶合木构件底面所承担的压应力 f_c 小于木材的顺纹抗压强度 $f_{c,0}$ 时，假定承压区的应力呈线性分布；若 f_c 达到木材的顺纹抗压强度 $f_{c,0}$，假定承压区的应力呈理想弹塑性分布，如图 5-27 所示。同时，假定螺栓节点的转动中心为 R 点，转动中心的高度 y 可通过水平向和竖向的力平衡条件及弯矩平衡条件求出。节点区的弯矩平衡条件如下式所示：

$$V(H-y)=M_b+M_c+M_f \tag{5-2}$$

式中　H——加载点到胶合木构件底面的距离（mm）；

y——转动中心到胶合木构件底面的距离（mm）；

M_b、M_c、M_f——螺栓、承压区木材及胶合木构件与底部钢板间摩擦力所承担的弯矩（N·mm）。

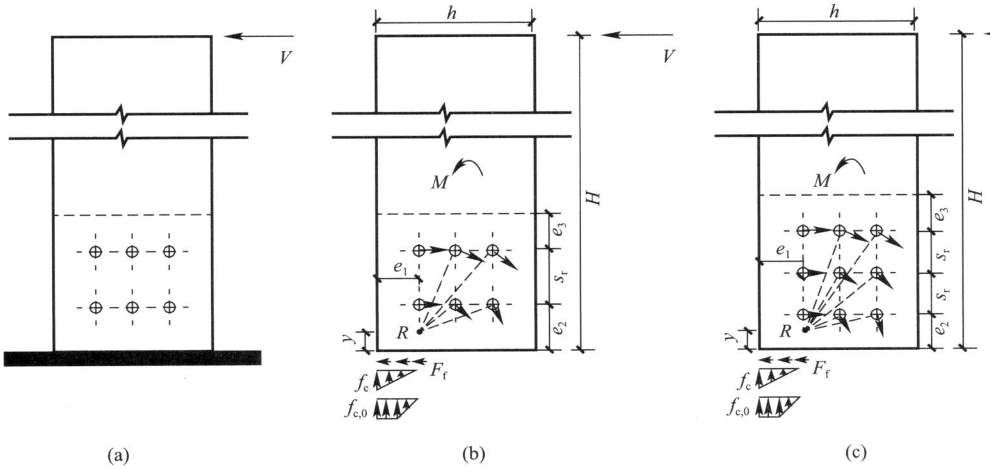

图 5-27　抗弯节点区受力分布

（a）节点 1 的加载示意图；（b）节点 1 的受力分布图；（c）节点 2 的受力分布图

其中，螺栓承担的弯矩如下式所示：

$$M_b=\sum_{i=1}^{n}F_{M,i}r_i \tag{5-3}$$

式中　$F_{M,i}$——在弯矩作用下螺栓 i 所承担的荷载（N）；

r_i——螺栓 i 到节点转动中心间的距离（mm）。

木材承压区承担的弯矩如下式所示：

$$M_c=\begin{cases}\dfrac{1}{3}f_c e_1^2 t & f_c\leqslant f_{c,0}\\[2ex] \dfrac{1}{2}(1-\beta^2)f_{c,0}e_1^2 t+\dfrac{1}{3}\beta^2 f_{c,0}e_1^2 t & f_c>f_{c,0}\end{cases} \tag{5-4}$$

式中　β——承压区线弹性段的长度与总长度 e_1 间的比值；

t——节点中胶合木构件的厚度（mm）。

由胶合木构件与底部钢板间的摩擦力所承担的弯矩为：

$$M_f=\begin{cases}\dfrac{1}{2}\nu f_c e_1 t y & f_c\leqslant f_{c,0}\\[2ex] \left(1-\dfrac{1}{2}\beta\right)\nu f_{c,0}e_1 t y & f_c>f_{c,0}\end{cases} \tag{5-5}$$

式中　ν——木材与钢板间的摩擦系数。

根据欧洲规范[22]，不考虑加载方向对节点中螺栓滑移模量的影响，故在弯矩 M_b 的作用下，螺栓 i 所承担的荷载 $F_{M,i}$ 可由下式计算得到：

$$F_{M,i}=\frac{r_i}{\sum_{i=1}^{n} r_i^2}M_b \tag{5-6}$$

由整个节点试件在 X 方向的力平衡条件，可得方程如下：

$$V=\sum_{i=1}^{n} F_{M,i}\sin\theta_i - F_f$$

$$F_f=\begin{cases}\frac{1}{2}\nu f_c e_1 t & f_c \leqslant f_{c,0} \\ \left(1-\frac{1}{2}\beta\right)\nu f_{c,0} e_1 t & f_c > f_{c,0}\end{cases} \tag{5-7}$$

式中，F_f——胶合木构件与底部钢板间的摩擦力（N）；

θ_i——螺栓 i 和节点转动中心 R 点的连线与水平线间的夹角（°）。由节点试件在 Y 方向的力平衡条件，可得方程如下式所示：

$$\sum_{i=1}^{n} F_{M,i}\cos\theta_i=\begin{cases}\frac{1}{2}f_c e_1 t & f_c \leqslant f_{c,0} \\ \left(1-\frac{1}{2}\beta\right)f_{c,0} e_1 t & f_c > f_{c,0}\end{cases} \tag{5-8}$$

由此可得到水平荷载 V 与转动中心高度 y，及木材承压区的最大应力 f_c 或承压区线弹性段长度比值 β 之间的关系式。当螺栓发生屈服或木材发生脆性破坏时，节点转动中心 R 点的位置高度 y 会相应地发生变化，需要采用上述的力平衡条件和弯矩平衡条件再次确定转动中心 R 点的位置。对于抗弯螺栓节点中不同的破坏机制，其承载力计算方法如下所述。

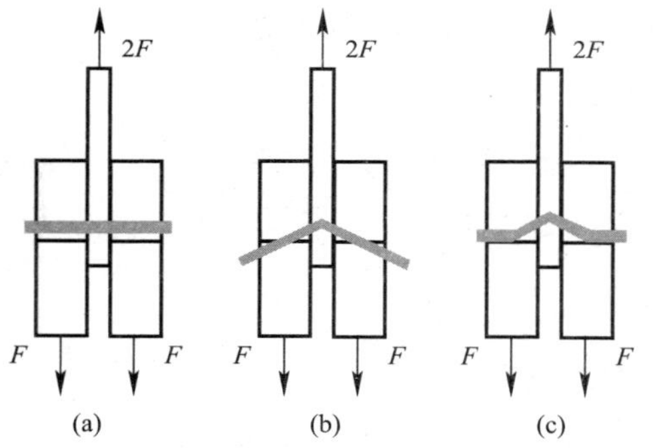

图 5-28　钢木螺栓节点中的延性破坏模式

（a）销槽承压破坏；（b）单个塑性铰；（c）多个塑性铰

（一）节点延性承载力

本节研究的抗弯节点为双剪作用下的钢木螺栓节点，节点中可能出现的延性破坏如图 5-28 所示，主要有销槽承压破坏、螺栓产生单个或多个塑性铰等破坏模式。对于节点中单个螺栓在单个剪切面上的承载力，根据式（5-9）可分别计算得到对应于这三种破坏模式的承载力，节点的延性承载力取三者中的最小值。

$$F_{v,R}=\min\begin{cases}f_{h,\alpha}t_1 d \\ f_{h,\alpha}t_1 d\left[\sqrt{2+\frac{4M_{y,R}}{f_{h,\alpha}dt_1^2}}-1\right] \\ 2.3\sqrt{M_{y,R}f_{h,\alpha}d}\end{cases} \tag{5-9}$$

式中　$f_{h,\alpha}$——木材的销槽承压强度（N/mm^2）；

t_1——钢板一侧的胶合木构件厚度（mm）；

d——螺栓直径（mm）；

$M_{y,R}$——螺栓的塑性抗弯承载力（N）。

考虑到各螺栓的受力方向对木材销槽承压强度的影响，木材的销槽承压强度 $f_{h,\alpha}$ 可表示为：

$$f_{h,\alpha}=\frac{f_{h,0}}{k_{90}\sin^2\alpha+\cos^2\alpha} \tag{5-10}$$

式中　α——螺栓的受力方向与木纹方向间的夹角（°）；

$k_{90}=1.35+0.015d$，$f_{h,0}=0.082(1-0.01d)\rho$，其中 ρ 为木材的密度（kg/m^3）。

螺栓的塑性抗弯承载力 $M_{y,R}$ 如下式所示：

$$M_{y,R}=0.3f_u d^{2.6} \tag{5-11}$$

式中　f_u——螺栓的抗拉强度（N/mm^2）。

由此，可计算得到抗弯节点中单个螺栓在单个剪切面上的延性承载力，从而可进一步得出整个节点试件的延性承载力。

对于抗弯螺栓节点，在水平荷载、弯矩和底部钢板的支承力等外力作用下，螺栓 i 所承担的荷载可分解为水平荷载 $F_{X,i}$ 和竖向荷载 $F_{Y,i}$。由于水平荷载 $F_{X,i}$ 的存在，在胶合木构件中产生横纹拉应力，故而节点区的木材极易沿螺栓列发生劈裂破坏，竖向荷载 $F_{Y,i}$ 所产生的顺纹剪应力则会引起木材的列剪破坏。本节采用 Timoshenko 梁弹性地基模型和准非线性断裂力学模型来计算节点中木材的劈裂列剪脆性破坏承载力，通过理论分析得到木材的横纹拉应力和顺纹剪应力分布，然后采用复合型断裂准则确定抗弯节点中木材的脆性破坏承载力。

（二）节点脆性承载力

（1）横纹拉应力分布

对于抗弯螺栓节点，采用 Timoshenko 梁模型和广义的弹性地基模型，考虑地基的转动刚度，以计算木材沿螺栓列的横纹拉应力分布。在计算过程中，考虑到螺栓的销槽承压是一种局部性的作用，故将节点区分成几个部分，分别计算各部分的横纹拉应力。本节将详细叙述木材沿右侧螺栓列的横纹拉应力计算过程，假定该列螺栓的荷载作用于右侧的胶合木构件上，如图 5-29 所示。由于节点中钢填板的存在，在每次计算中仅考虑钢板一侧的部分，将该部分节点看作是一端固定另一端自由的 Timoshenko 梁弹性地基模型，如图 5-30 所示。模型中的横向荷载 F_1 和 F_2 表示该列螺栓所产生的水平力 $F_{X,i}$，同时考虑由螺栓竖向力 Y_1 和 Y_2 的偏心作用所产生的弯矩 M_1 和 M_2，其中 $M_1=hY_1/2$，$M_2=hY_2/2$，h 为梁截面的高度。根据 Timoshenko 梁广义地基模型理论，$x<L_1$ 时，可得到方程如下：

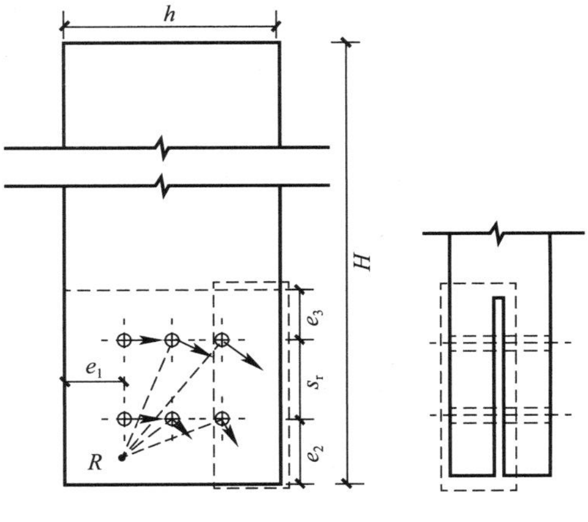

图 5-29　Timoshenko 梁模型中考虑的木构件

$$B_e\frac{d^2\theta}{dx^2}+S_e\left(\frac{dw}{dx}-\theta\right)=k_r\theta \tag{5-12}$$

$$S_e\left(\frac{d^2w}{dx^2}-\frac{d\theta}{dx}\right)=k_e w \tag{5-13}$$

$$M(x)=-B_e\frac{d\theta}{dx};\quad Q(x)=S_e\left(\frac{dw}{dx}-\theta\right) \tag{5-14}$$

式中　B_e、S_e——梁的抗弯刚度和剪切刚度；

w、θ——梁的横向位移和横截面法线的转动角度（°）；

k_e、k_r——地基的两个弹性系数；

$M(x)$、$Q(x)$——梁轴上 x 点的弯矩（N·mm）和剪力（N）。

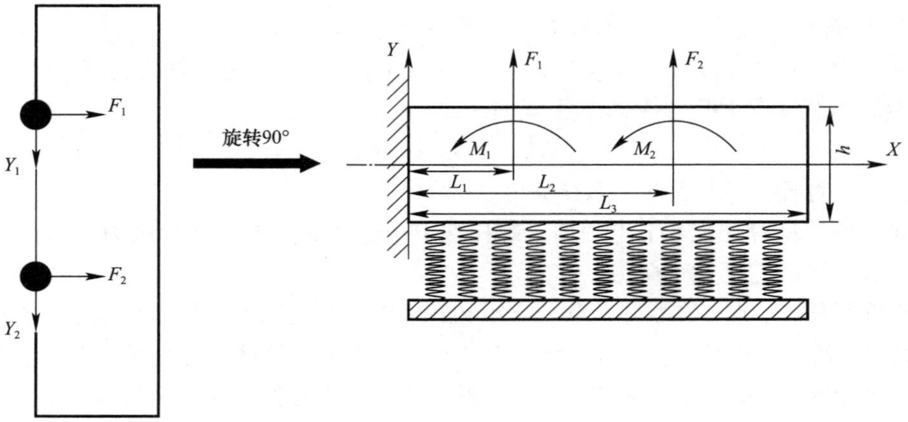

图 5-30　无初始裂缝节点右侧部分的 Timoshenko 梁地基模型

若梁的截面宽度为 b，截面高度为 h，惯性矩为 I，顺纹弹性模量为 E_1，剪切模量为 G，则梁的抗弯刚度、剪切刚度和地基弹性系数可表示为：

$$B_e = E_1 I;\quad S_e = \kappa Gbh;\quad k_r = \frac{\kappa Gbh}{2};\quad k_e = Kb \tag{5-15}$$

式中　κ——Timoshenko 梁的剪切系数；

K——地基刚度。

根据式（5-12）～式（5-15），可推导得到微分方程如下：

$$B_e \frac{d^4\varphi}{dx^4} - k' \frac{d^2\varphi}{dx^2} + k\varphi = 0 \tag{5-16}$$

式中　$k'=\dfrac{B_e k_e + S_e k_r}{S_e}$，$k=\dfrac{(S_e+k_r)k_e}{S_e}$。欧拉方程式（5-16）的通解可表示为：

$$\theta = C_1Y_1 + C_2Y_2 + C_3Y_3 + C_4Y_4 \tag{5-17}$$

式中　$C_1 \sim C_4$——未知系数，通过计算可知 $k' < \sqrt{4kB_e}$，故方程 $Y_1 \sim Y_4$ 可表示为：

$$\begin{aligned} Y_1 &= e^{\alpha x}\cos\beta x;\quad Y_2 = e^{\alpha x}\sin\beta x \\ Y_3 &= e^{-\alpha x}\cos\beta x;\quad Y_4 = e^{-\alpha x}\sin\beta x \end{aligned} \tag{5-18}$$

由此，梁横截面法线的转动角度 θ 可表示为：

$$\theta = C_1 e^{\alpha x}\cos\beta x + C_2 e^{\alpha x}\sin\beta x + C_3 e^{-\alpha x}\cos\beta x + C_4 e^{-\alpha x}\sin\beta x \tag{5-19}$$

式中，$\alpha=\sqrt{\dfrac{1}{2}\sqrt{\dfrac{k}{B_e}}+\dfrac{k'}{4B_e}}$，$\beta=\sqrt{\dfrac{1}{2}\sqrt{\dfrac{k}{B_e}}-\dfrac{k'}{4B_e}}$。由式（5-12）～式（5-19），可推导得到梁的变形和内力，以矩阵的形式表示为：

$$\begin{bmatrix} w(x) \\ \theta(x) \\ Q(x) \\ M(x) \end{bmatrix} = \begin{bmatrix} F_{11} & F_{12} & F_{13} & F_{14} \\ F_{21} & F_{22} & F_{23} & F_{24} \\ F_{31} & F_{32} & F_{33} & F_{34} \\ F_{41} & F_{42} & F_{43} & F_{44} \end{bmatrix} \begin{bmatrix} C_1 \\ C_2 \\ C_3 \\ C_4 \end{bmatrix} \tag{5-20}$$

其中，

$$F_{11}=-\frac{B_e}{k_e}[(\alpha^3-3\alpha\beta^2)Y_1+(\beta^3-3\alpha^2\beta)Y_2]+\frac{k_r}{k_e}(\alpha Y_1-\beta Y_2)$$

$$F_{12}=-\frac{B_e}{k_e}[(-\beta^3+3\alpha^2\beta)Y_1+(\alpha^3-3\alpha\beta^2)Y_2]+\frac{k_r}{k_e}(\beta Y_1+\alpha Y_2)$$

$$F_{13}=-\frac{B_e}{k_e}[(-\alpha^3+3\alpha\beta^2)Y_3+(\beta^3-3\alpha^2\beta)Y_4]+\frac{k_r}{k_e}(-\alpha Y_3-\beta Y_4)$$

$$F_{14}=-\frac{B_e}{k_e}[(-\beta^3+3\alpha^2\beta)Y_3+(-\alpha^3+3\alpha\beta^2)Y_4]+\frac{k_r}{k_e}(\beta Y_3-\alpha Y_4)$$

$$F_{21}=Y_1;\quad F_{22}=Y_2;\quad F_{23}=Y_3;\quad F_{24}=Y_4$$

$$F_{31}=-B_e[(\alpha^2-\beta^2)Y_1-2\alpha\beta Y_2]+k_rY_1$$

$$F_{32}=-B_e[2\alpha\beta Y_1+(\alpha^2-\beta^2)Y_2]+k_rY_2$$

$$F_{33}=-B_e[(\alpha^2-\beta^2)Y_3+2\alpha\beta Y_4]+k_rY_3$$

$$F_{34}=-B_e[-2\alpha\beta Y_3+(\alpha^2-\beta^2)Y_4]+k_rY_4$$

$$F_{41}=-B_e(\alpha Y_1-\beta Y_2)$$

$$F_{42}=-B_e(\beta Y_1+\alpha Y_2)$$

$$F_{43}=-B_e(-\alpha Y_3-\beta Y_4)$$

$$F_{44}=-B_e(\beta Y_3-\alpha Y_4)$$

将式（5-20）写成向量的形式，可表示为：

$$\boldsymbol{U}(x)=\boldsymbol{F}(x)\cdot\boldsymbol{C}$$

$$\boldsymbol{U}(x)=[w(x)\quad \theta(x)\quad Q(x)\quad M(x)]^{\mathrm{T}}$$

$$\boldsymbol{C}=[C_1\quad C_2\quad C_3\quad C_4]^{\mathrm{T}}\tag{5-21}$$

采用图 5-30 中 $x=0$ 处的边界条件，可将 $\boldsymbol{U}(x)$ 作如下转换：

$$\boldsymbol{C}=\boldsymbol{F}^{-1}(0)\cdot\boldsymbol{U}(0)$$

$$\boldsymbol{U}(x)=\boldsymbol{F}(x)\cdot\boldsymbol{F}^{-1}(0)\cdot\boldsymbol{U}(0)=\boldsymbol{D}(x)\cdot\boldsymbol{U}(0)$$

$$\boldsymbol{D}(x)=\boldsymbol{F}(x)\cdot\boldsymbol{F}^{-1}(0)\tag{5-22}$$

当 $x=L_1$ 时，由于该处存在的集中力和弯矩，$x=L_1^+$ 处的向量 $\boldsymbol{U}(x)$ 可表示为：

$$\boldsymbol{U}(L_1^+)=\boldsymbol{D}(L_1)\cdot\boldsymbol{U}(0)+\boldsymbol{A}(L_1)$$

$$\boldsymbol{A}(L_1)=[0\quad 0\quad -F_1\quad M_1]^{\mathrm{T}}\tag{5-23}$$

当 $L_1<x<L_2$ 时，向量 $\boldsymbol{U}(x)$ 可表示为：

$$\boldsymbol{U}(x)=\boldsymbol{D}(x)\cdot\boldsymbol{U}(0)+\boldsymbol{D}(x-L_1)\cdot\boldsymbol{A}(L_1)\tag{5-24}$$

同样，当 $x=L_2$ 时，由于该处存在的集中力和弯矩，$x=L_2^+$ 时向量 $\boldsymbol{U}(x)$ 可表示为：

$$\boldsymbol{U}(L_2^+)=\boldsymbol{D}(L_2)\cdot\boldsymbol{U}(0)+\boldsymbol{D}(L_2-L_1)\cdot\boldsymbol{A}(L_1)+\boldsymbol{A}(L_2)$$

$$\boldsymbol{A}(L_2)=[0\quad 0\quad -F_2\quad M_2]^{\mathrm{T}}\tag{5-25}$$

当 $L_2<x\leqslant L_3$ 时，向量 $\boldsymbol{U}(x)$ 可表示为：

$$\boldsymbol{U}(x)=\boldsymbol{D}(x)\cdot\boldsymbol{U}(0)+\boldsymbol{D}(x-L_1)\cdot\boldsymbol{A}(L_1)+\boldsymbol{D}(x-L_2)\cdot\boldsymbol{A}(L_2)\tag{5-26}$$

当 $x=L_3$ 时，向量 $\boldsymbol{U}(x)$ 可表示为：

$$\boldsymbol{U}(L_3)=\boldsymbol{D}(L_3)\cdot\boldsymbol{U}(0)+\boldsymbol{D}(L_3-L_1)\cdot\boldsymbol{A}(L_1)+\boldsymbol{D}(L_3-L_2)\cdot\boldsymbol{A}(L_2)\tag{5-27}$$

$x=0$ 和 $x=L_3$ 处的边界条件，可表示为：

$$w(0)=0;\quad \varphi(0)=0;\quad Q(L_3)=0;\quad M(L_3)=0 \tag{5-28}$$

由边界条件式（5-28）可求解得到式（5-19）中的未知系数 $C_1 \sim C_4$，由此可求出梁轴线上任一处的横向位移值 $w(x)$。

在 Timoshenko 梁弹性地基模型中，与梁中弹性应变相关的地基刚度可表示如下：

$$k_1=\frac{2E_{90}}{h} \tag{5-29}$$

式中 E_{90}——梁的横纹弹性模量（N/mm^2）；

h——梁的截面高度（mm）。

关于断裂层的刚度，与顺纹抗拉螺栓节点类似，采用等效的线性响应表示木材的损伤和断裂行为，将断裂层的横纹应力看作是横向变形 δ 的函数，可得到断裂层的刚度为：

$$k_f=\frac{f_t^2}{2G_c^I} \tag{5-30}$$

式中 f_t、G_c^I——表示木材实际的横纹抗拉强度和张开型断裂能，则梁轴上的横向相对位移可表示为：

$$\delta(x)=\delta_s(x)+\delta_f(x)$$

$$=\left(\frac{1}{k_1}+\frac{1}{k_f}\right)\sigma(x)=w(x) \tag{5-31}$$

式中 $w(x)$——梁的横向变形（mm），已由上述理论分析和微分方程求解得到，从而可求出梁轴线上任一处的横纹拉应力 $\sigma(x)$，如下式所示：

$$\sigma(x)=Kw(x);\quad K=\frac{k_1k_f}{k_1+k_f} \tag{5-32}$$

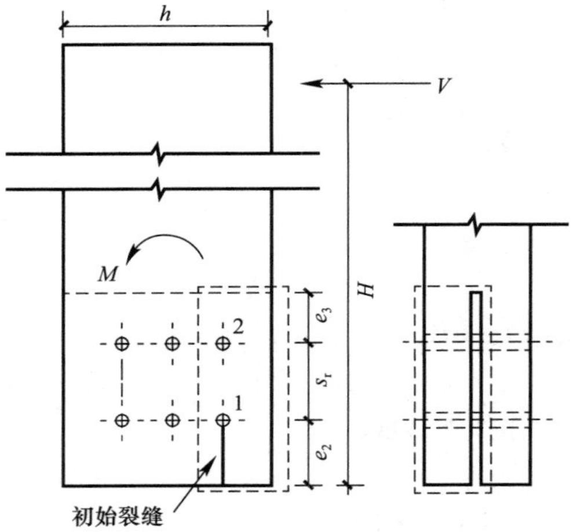

图 5-31 右侧列带初始裂缝的节点选取的分析体

对于沿右侧螺栓列开设初始裂缝的节点，在理论分析中选取的分析体如图 5-31 所示，该部分的 Timoshenko 梁模型如图 5-32 所示。

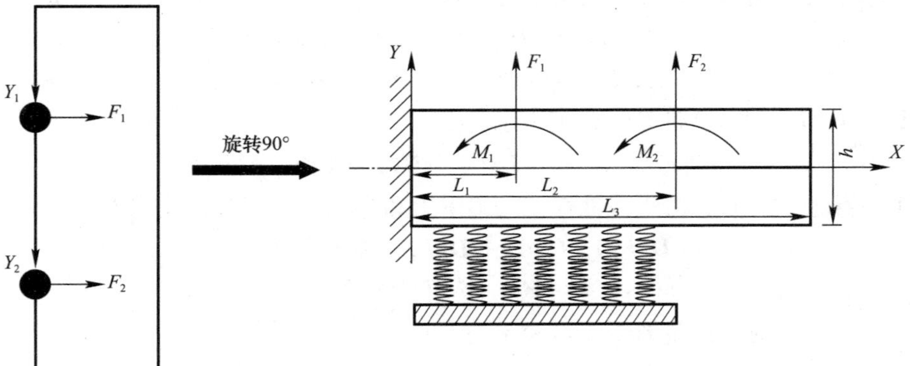

图 5-32 带初始裂缝节点的右侧部分的 Timoshenko 梁地基模型

采用图 5-32 中 $x=0$ 处的边界条件，可将 $\boldsymbol{U}(x)$ 作如下转换：

$$\boldsymbol{U}(x)=\boldsymbol{D}(x)\cdot\boldsymbol{U}(0)$$
$$\boldsymbol{D}(x)=\boldsymbol{F}(x)\cdot\boldsymbol{F}^{-1}(0) \tag{5-33}$$

当 $x=L_1$ 时，由于该处存在的集中力和弯矩，$x=L_1^+$ 处的向量 $\boldsymbol{U}(x)$ 可表示为：

$$\boldsymbol{U}(L_1^+)=\boldsymbol{D}(L_1)\cdot\boldsymbol{U}(0)+\boldsymbol{A}(L_1)$$
$$\boldsymbol{A}(L_1)=[0\quad 0\quad -F_1\quad M_1]^{\mathrm{T}} \tag{5-34}$$

当 $L_1<x<L_2$ 时，向量 $\boldsymbol{U}(x)$ 可表示为：

$$\boldsymbol{U}(x)=\boldsymbol{D}(x-L_1)\cdot\boldsymbol{U}(L_1^+) \tag{5-35}$$

将式（5-34）代入式（5-35）中，可得到向量 $\boldsymbol{U}$（x）的表示式为：

$$\boldsymbol{U}(x)=\boldsymbol{D}(x)\cdot\boldsymbol{U}(0)+\boldsymbol{D}(x-L_1)\cdot\boldsymbol{A}(L_1) \tag{5-36}$$

同样，当 $x=L_2$ 时，由于该处存在的集中力和弯矩，$x=L_2^+$ 时向量 $\boldsymbol{U}$（x）可表示为：

$$\boldsymbol{U}(L_2^+)=\boldsymbol{D}(L_2)\cdot\boldsymbol{U}(0)+\boldsymbol{D}(L_2-L_1)\cdot\boldsymbol{A}(L_1)+\boldsymbol{A}(L_2)$$
$$\boldsymbol{A}(L_2)=[0\quad 0\quad -F_2\quad M_2]^{\mathrm{T}} \tag{5-37}$$

图 5-32 中 $x=0$ 和 $x=L_2^+$ 处的边界条件，可表示为：

$$w(0)=0;\quad \varphi(0)=0;\quad Q(L_2^+)=0;\quad M(L_2^+)=0 \tag{5-38}$$

由边界条件式（5-38）可求解得到梁轴线上 $x=0\sim L_2$ 处的横向位移值 w（x），从而根据 $x=L_2^+$ 处的横向位移值和截面法线的转角值，可相应求出 $x=L_2\sim L_3$ 处的横向位移值，由此可计算得到梁轴线上任一处的横纹应力。节点区木材沿中间螺栓列的横纹应力分布可通过类似方法求出。

（2）顺纹剪应力分布

本节采用准非线性断裂力学模型来分析抗弯螺栓节点中木材的列剪破坏。所研究的抗弯节点中，右列螺栓承担的竖向荷载最大，故本节针对右下角 1 号螺栓下方的木材，给出木材列剪的详细分析过程，其分析体如图 5-33 所示。其中，木块 1 的宽度 S_1 为螺栓横向间距的一半，假定作用于木块 1 和木块 3 上的竖向荷载分别为 ηP_1 和 $(1-\eta)P_1$，其中 P_1 为 1 号螺栓所承担的竖向荷载。木块 2 的宽度为 $S_2=d\sin\varphi$，其中 d 为螺栓直径，φ 由木材和螺栓之间的摩擦确定，根据文献[19]，选取为 $\phi=30°$，则木块长度 $l=e_2-0.5d\cos\phi$，其中 e_2 为抗弯节点的螺栓端距。同时，在螺栓下方木材的两个剪切面上分别设有虚拟断裂层，如图 5-33 所示。根据三个木块和两个断裂层的本构关系，以及三个木块的受力平衡条件，可推导得出微分方程，如下式所示：

$$\frac{\mathrm{d}^4\delta_{\mathrm{I}}(x)}{\mathrm{d}x^4}-\frac{\beta}{l^2}\left(\alpha_0+\frac{2}{\alpha_1}+1\right)\frac{\mathrm{d}^2\delta_{\mathrm{I}}(x)}{\mathrm{d}x^2}+\frac{1}{2}\left(\frac{\beta}{l^2}\right)^2\left(\alpha_0+\frac{2}{\alpha_1}+\frac{2}{\alpha_1\alpha_2}\right)\delta_{\mathrm{I}}(x)=0 \tag{5-39}$$

$$\delta_{\mathrm{II}}(x)=2\left(\frac{l^2}{\beta}\right)\frac{\mathrm{d}^2\delta_{\mathrm{I}}(x)}{\mathrm{d}x^2}-\left(\frac{2}{\alpha_1}+1\right)\delta_{\mathrm{I}}(x) \tag{5-40}$$

式中　$\delta_{\mathrm{I}}(x)$、$\delta_{\mathrm{II}}(x)$——两个断裂层相邻木块间的相对位移（mm）；

$$\alpha_1=\frac{2S_1}{S_2},\quad \alpha_2=\frac{2S_3}{S_2},\quad \alpha_0=\frac{\alpha_1-\alpha_2}{\alpha_1\alpha_2},\quad \beta=\frac{2\Gamma l^2}{ES_2}$$

S_1、S_2、S_3——三个木块的宽度（mm）；

E——木材的顺纹弹性模量（$\mathrm{N/mm^2}$）；

Γ——断裂层的剪切刚度（N/mm）。

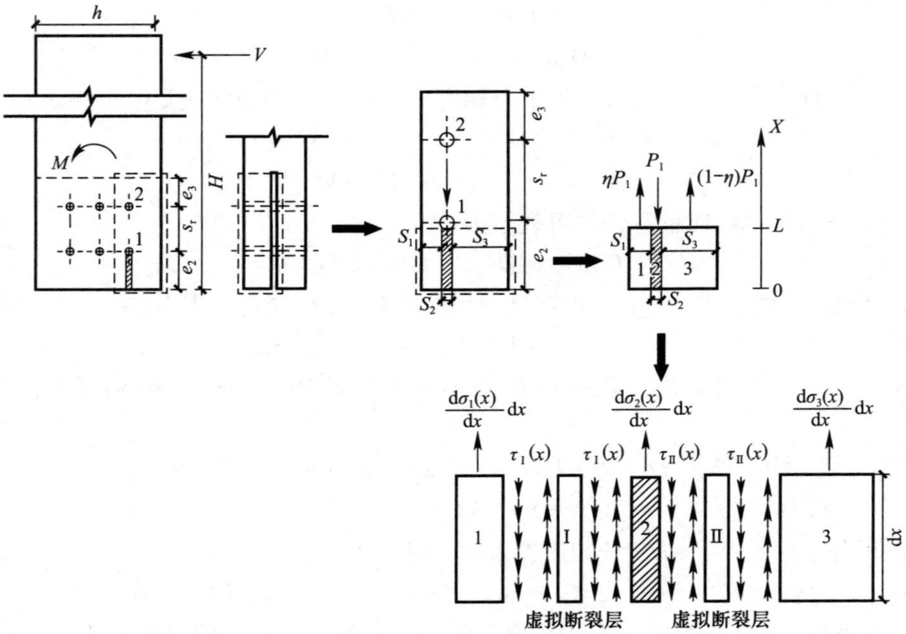

图 5-33　右下角螺栓下方木材列剪的分析体和平衡状态

作为一个欧拉方程，式（5-39）的通解可表示为：

$$\delta_{\mathrm{I}}(x)=A\mathrm{e}^{m_1\frac{x}{l}}+B\mathrm{e}^{-m_1\frac{x}{l}}+C\mathrm{e}^{m_2\frac{x}{l}}+D\mathrm{e}^{-m_2\frac{x}{l}} \tag{5-41}$$

根据式（5-40）和式（5-41），可以得到方程如下：

$$\delta_{\mathrm{II}}(x)=k_1(A\mathrm{e}^{m_1\frac{x}{l}}+B\mathrm{e}^{-m_1\frac{x}{l}})+k_2(C\mathrm{e}^{m_2\frac{x}{l}}+D\mathrm{e}^{-m_2\frac{x}{l}}) \tag{5-42}$$

式中，$k_1=\alpha_0+\sqrt{\alpha_0^2+1}$，$k_2=\alpha_0-\sqrt{\alpha_0^2+1}$，$m_1=\sqrt{\beta}\sqrt{\frac{1}{\alpha_1}+\frac{1}{2}(1+k_1)}$，$m_2=\sqrt{\beta}\sqrt{\frac{1}{\alpha_1}+\frac{1}{2}(1+k_2)}$。式（5-41）和式（5-42）中的系数 A、B、C 和 D 可由 $x=0$ 和 $x=l$ 处的边界条件计算得到。木块 1、木块 2 和木块 3 在 $x=0$ 和 $x=l$ 处的轴向应变如下式所示：

$$\begin{aligned}&x=0:\varepsilon_1=0,\quad \varepsilon_2=0,\quad \varepsilon_3=0\\&x=l:\varepsilon_1=\frac{\eta P_1}{ES_1t},\quad \varepsilon_2=-\frac{P_1}{ES_2t},\quad \varepsilon_3=\frac{(1-\eta)P_1}{ES_3t}\end{aligned} \tag{5-43}$$

木块的轴向应变由轴向位移微分得到，故由式（5-43）可以求出式（5-41）和式（5-42）中的四个未知系数。假定木块 1 和木块 3 的轴向应力相等，则荷载比例 η 可由下式得到：

$$\frac{\eta P_1}{S_1}=\frac{(1-\eta)P_1}{S_3} \tag{5-44}$$

抗弯节点中虚拟断裂层的刚度与材料的抗剪强度 f_{v} 和滑开型裂缝的断裂能 $G_{\mathrm{c}}^{\mathrm{II}}$ 有关，可表示为：

$$\Gamma=\frac{f_{\mathrm{v}}^2}{2G_{\mathrm{c}}^{\mathrm{II}}} \tag{5-45}$$

通过边界条件式（5-43）确定出未知系数 A、B、C 和 D 之后，可由式（5-41）和式（5-42），得到两断裂层上的顺纹剪应力为：

$$\tau_{\mathrm{I}}(x)=\Gamma(Ae^{m_1\frac{x}{l}}+Be^{-m_1\frac{x}{l}}+Ce^{m_2\frac{x}{l}}+De^{-m_2\frac{x}{l}}) \tag{5-46}$$

$$\tau_{\mathrm{II}}(x)=\Gamma[k_1(Ae^{m_1\frac{x}{l}}+Be^{-m_1\frac{x}{l}})+k_2(Ce^{m_2\frac{x}{l}}+De^{-m_2\frac{x}{l}})] \tag{5-47}$$

将两断裂层中顺纹剪应力的较大值代入到复合型断裂准则中，以确定螺栓节点中木材的脆性破坏承载力。

(3) 复合型断裂准则

采用平均应力的二次方程作为断裂准则，确定抗弯螺栓节点中木材的脆性破坏承载力，如下式所示：

$$\left[\frac{\bar{\sigma}}{f_{\mathrm{t}}}\right]^2+\left[\frac{\bar{\tau}}{f_{\mathrm{v}}}\right]^2=1 \tag{5-48}$$

式中，$\bar{\sigma}$ 和 $\bar{\tau}$ 分别为预测开裂路径上横纹拉应力 σ 和顺纹剪应力 τ 的平均值，平均应力计算长度 x_0 与材料性能（如木材的刚度、强度和断裂能等）有关，同时与复合模式比 k 有关，$k=\bar{\tau}/\bar{\sigma}$。采用商业软件 MATLAB 中的迭代计算方法，确定平均应力的大小，并代入复合型断裂准则式（5-48）中可以得到节点中木材的脆性破坏承载力。

（三）抗弯螺栓节点承载力验证

将螺栓节点极限承载力的解析解和试验值列于表 5-5 中。

抗弯螺栓节点极限承载力解析解和试验值的对比　　表 5-5

承载力 \ 节点编号	节点 1-无裂缝	节点 1-L-B	节点 1-L-T	节点 1-LR-B
试验值	21.35	21.99	19.91	19.21
解析解	23.09	23.09	23.09	20.69
承载力 \ 节点编号	节点 2-无裂缝	节点 2-L-M	节点 2-M-M	节点 2-LR-M
试验值	21.83	20.82	22.22	19.22
解析解	24.59	24.59	24.59	21.70

从理论计算过程中可以得出，对于无初始裂缝的节点 1 和节点 2，其中间和右侧部分均以螺栓屈服为主要破坏模式，在节点的胶合木构件上开设初始裂缝后，初始裂缝的扩展延伸和木材的劈裂列剪脆性破坏相较于螺栓屈服提前发生，与试验现象较为吻合。从表 5-5 中可以看出，抗弯螺栓节点的极限承载力解析解大于试验结果，该理论模型未考虑左列螺栓的屈服和左侧木材的开裂等破坏模式，故沿左侧螺栓列开设初始裂缝时，该理论方法无法考虑初始裂缝的影响，误差相对较大。沿中间或右侧螺栓列开设初始裂缝时，节点 1 和节点 2 的极限承载力估测最大误差分别在 8%和 13%左右。造成理论解与试验值差异的因素主要有：其一，从试验现象中可看出，节点受压侧木材在加载过程中会出现压溃现象，但理论计算过程中未考虑木材压溃对节点极限承载力所造成的影响；其二，螺栓发生弯曲变形后，会在胶合木构件的厚度方向产生不均匀的应力分布，可能会导致木材脆性破坏的发生。在理论计算中，假定某螺栓发生屈服后，额外荷载由其他螺栓继续承担，但未考虑由木材脆性破坏造成的节点承载力下降，故节点极限承载力的理论值大于试验值；其三，理论模型的复合型断裂准则中包含了木材的强度值，该强度值由第二章的材性试验得到，由于木材材料性能的变异性，和螺栓节点中横纹拉应力和顺纹剪应力的相互作用，材性试验结果无法真实反映螺栓节点中的材料性能。

三、计算算例

假定螺栓 i 发生屈服或周边木材发生破坏时，该螺栓不能继续承担额外的荷载。螺栓 i 的承载力为上述理论分析得到的式（5-9）和式（5-48）中的较小值。从螺栓节点的抗弯试验中可以看出，节点受压侧的左列螺栓无弯曲现象，在理论分析中不考虑受压侧木材的压溃现象，将节点中间和右侧的螺栓或周边木材完全破坏时的外力荷载定义为抗弯节点的极限承载力，其计算过程如流程图 5-34 所示。首先确定节点转动中心的高度，得到各螺

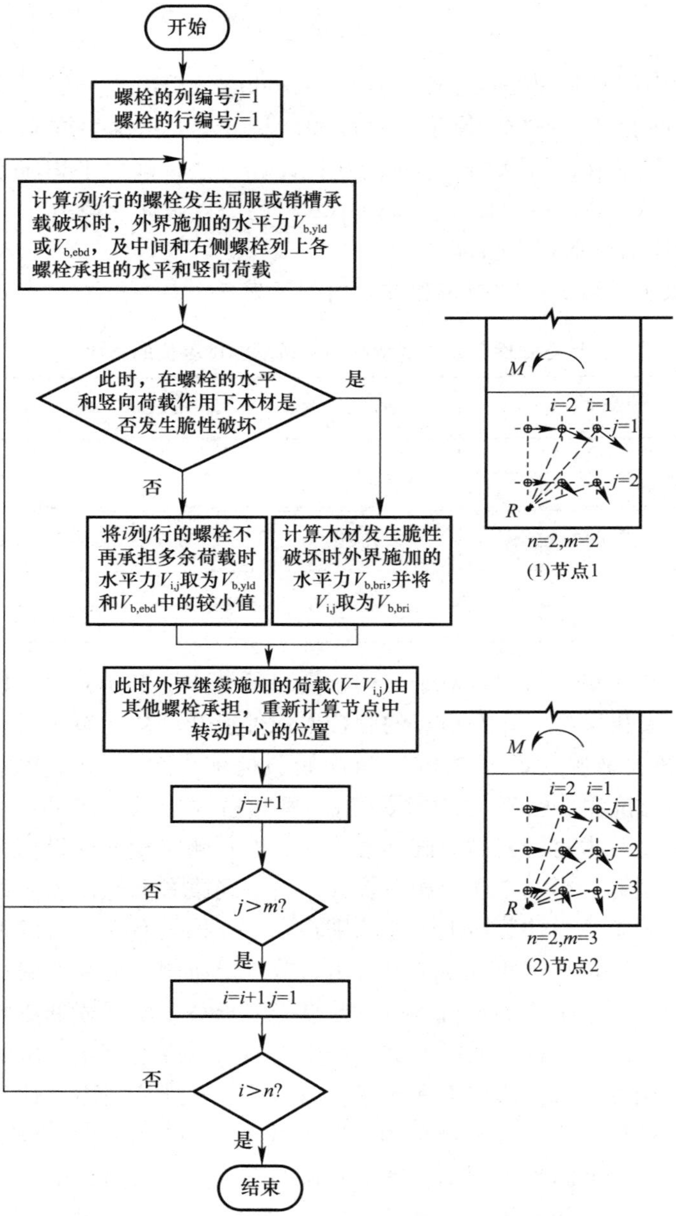

图 5-34　抗弯螺栓节点极限承载力计算流程图

栓的荷载分布。随后确定节点中受力最大的螺栓发生屈服时其他螺栓所承担的荷载，根据Timoshenko梁弹性地基模型和准非线性断裂力学模型，判断在该荷载作用下节点中间或右侧的木材是否发生脆性破坏。若木材尚未发生脆性破坏，则加载过程中受力最大的螺栓所承担的荷载即为螺栓的屈服承载力；若木材发生了脆性破坏，此时该列螺栓尚未达到屈服状态，亦不能继续承担额外荷载。之后需重新计算抗弯螺栓节点的转动中心位置，再进行新一轮的计算，直到中间和右侧螺栓均不能承担额外荷载，将此时的外力荷载定义为抗弯螺栓节点的极限承载力。

鉴于求解过程较为复杂，本节将给出无初始裂缝的节点1极限承载力的详细求解过程，其他节点的极限承载力可通过类似方法求解得到。该节点的几何布置图和外力作用下的受力图如图5-35所示。对比承压区木材的最大压应力 f_c 与木材的顺纹抗压强度 $f_{c,0}$，可得出等式如下：

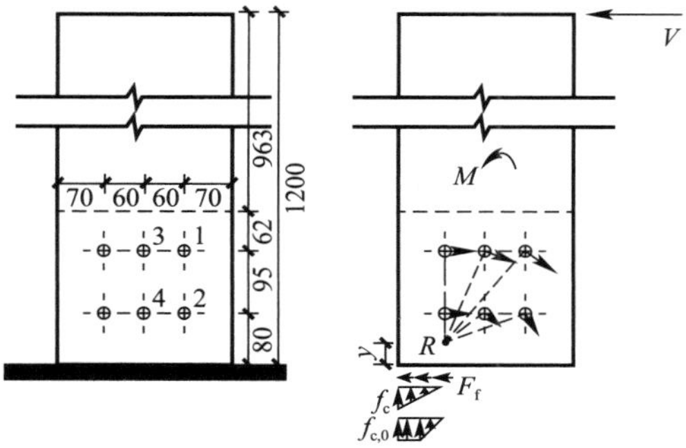

图5-35　无初始裂缝的节点1受力分布图

$$M_b=\begin{cases}f_c\leqslant f_{c,0}\text{ 时：}\\ V(H-y)-\dfrac{1}{3}f_c e_1^2 t-\dfrac{1}{2}\nu f_c e_1 t y\\ f_c>f_{c,0}\text{ 时：}\\ V(H-y)-\dfrac{1}{2}(1-\beta^2)f_{c,0}e_1^2 t-\dfrac{1}{3}\beta^2 f_{c,0}e_1^2 t-\left(1-\dfrac{1}{2}\beta\right)\nu f_{c,0}e_1 t y\end{cases}\tag{5-49}$$

式中　H——加载点到胶合木试件底面的距离（1200mm）；

y——转动中心到胶合木试件底面的距离；

M_b——螺栓所承担的弯矩；

V——外部施加的水平荷载；

e_1——受压区总长度（70mm）；

t——节点区胶合木试件的厚度（119mm）；

ν——木材与钢板间的摩擦系数（0.2）；

β——承压区线弹性段的长度与总长度的比值。

由式（5-7）、式（5-8），可得出等式如下：

$$X=\frac{M_b\sum y_i}{\sum r_i^2}=\begin{cases}V+\dfrac{1}{2}\nu f_c e_1 t & f_c\leqslant f_{c,0}\\ V+\left(1-\dfrac{1}{2}\beta\right)\nu f_{c,0}e_1 t & f_c>f_{c,0}\end{cases}\tag{5-50}$$

式中　X——各螺栓在弯矩 M_b 作用下的水平力之和；

y_i——螺栓 i 到转动中心的竖向距离；

r_i——螺栓 i 到转动中心的距离。该节点各螺栓到转动中心的竖向距离之和 $\sum y_i=(80-y)\times3+(175-y)\times3=765-6y$，到转动中心的距离平方之和为：$\sum r_i^2=[(80-y)^2+(175-y)^2]\times3+(60^2+120^2)\times2=6y^2-1530y+147075$。同理，可以得到各螺栓在弯矩 M_b 作用下的竖向力之和 Y 为：

$$Y=\frac{M_b\sum x_i}{\sum r_i^2}=\begin{cases}\frac{1}{2}f_c e_1 t & f_c\leqslant f_{c,0}\\ \left(1-\frac{1}{2}\beta\right)f_{c,0}e_1 t & f_c>f_{c,0}\end{cases} \tag{5-51}$$

式中 x_i——螺栓 i 到转动中心的水平距离；

r_i——螺栓 i 到节点转动中心的距离，各螺栓到转动中心的水平距离之和 $\sum x_i=360\text{mm}$。将式（5-50）除以式（5-51），得到等式如下：

$$\frac{765-6y}{360}=\begin{cases}\left(V+\frac{1}{2}\nu f_c e_1 t\right)\Big/\left(\frac{1}{2}f_c e_1 t\right) & f_c\leqslant f_{c,0}\\ \left(V+\left(1-\frac{1}{2}\beta\right)\nu f_{c,0}e_1 t\right)\Big/\left(\left(1-\frac{1}{2}\beta\right)f_{c,0}e_1 t\right) & f_c>f_{c,0}\end{cases} \tag{5-52}$$

由式（5-52）可得到，$f_c\leqslant f_{c,0}$ 时，$f_c=\frac{120V}{(231-2y)\times35\times119}$，代入式（5-51）中可得 $M_b=\frac{1}{2}f_c e_1 t\frac{\sum r_i^2}{360}=\frac{120\times\sum r_i^2\times V}{(231-2y)\times360}$，代入式（5-49），等式两边同时除以 V，即可得到关于转动中心高度 y 的等式，从而可以求出转动中心高度 y 的值。$f_c>f_{c,0}$ 时，同理可求出转动中心高度 y 的值。对于无初始裂缝的节点 1，无螺栓屈服时，转动中心高度 y 等于 103.8mm。

从图 5-36 中可以看出，节点中右上角 1 号螺栓承担的荷载最大。由式（5-9）可知，该螺栓发生屈服或周边木材发生销槽承压破坏时的承载力与该螺栓的受力方向有关，对于 1 号螺栓，若其受力方向与木纹间的夹角为 α，则其正弦和余弦可表示为，$\sin\alpha=\frac{175-y}{\sqrt{(175-y)^2+120^2}}$，$\cos\alpha=\frac{120}{\sqrt{(175-y)^2+120^2}}$，求出节点的转动中心高度 y 之后，通过式（5-9），即可得到该螺栓的屈服承载力为 32.69kN。右上角螺栓发生屈服时，外力荷载 V 为 16.5kN，木材承压区的最大应力 f_c 为 20.25N/mm^2，小于木材的顺纹抗压强度。

计算木材沿右侧螺栓列发生劈裂列剪脆性破坏时的承载力，并与右上角螺栓的屈服承载力进行对比，以判断木材脆性破坏和螺栓屈服的先后顺序。节点右侧木材的 Timoshenko 梁弹性地基模型如图 5-36 所示，假定右上角螺栓单剪面上承担的水平荷载为 F_1，由式（5-44）可得，该螺栓传递到右侧木材的竖向荷载为 $\frac{F_1\cos\alpha}{\sin\alpha}\times\frac{66}{(66+26)}=1.21F_1$，故而可得由螺栓竖向荷载的偏心作用所产生的弯矩 $M_1=0.61F_1h$。

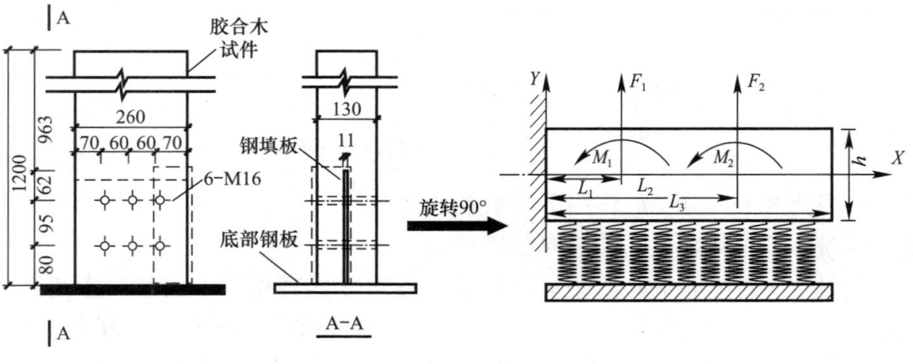

图 5-36　无初始裂缝的节点 1 右侧螺栓对应的 Timoshenko 梁弹性地基模型

由式（5-18），可求出式（5-20）中的向量矩阵 $\boldsymbol{F}(0)^{-1}$ 为：

$$\boldsymbol{F}(0)^{-1}=\begin{bmatrix} 2.6E\text{-}3 & 0.5 & -1.5E\text{-}22 & -2.0E\text{-}9 \\ -5.2E\text{-}3 & -0.1 & -1.8E\text{-}7 & -5.3E\text{-}10 \\ -2.6E\text{-}3 & 0.5 & -1.5E\text{-}22 & 2.0E\text{-}9 \\ -5.2E\text{-}3 & 0.1 & 1.8E\text{-}7 & -5.3E\text{-}10 \end{bmatrix}$$

代入式（5-22）中，即可求出 $\boldsymbol{D}(x)$ 中的各元素为：

$$D_{11}=0.5Y_1+0.1Y_2+0.5Y_3-0.1Y_4$$
$$D_{12}=20.0Y_1+40.0Y_2-20.0Y_3+40.0Y_4$$
$$D_{13}=1.6E\text{-}5Y_1-4.0E\text{-}6Y_2-1.6E\text{-}5Y_3-4.0E\text{-}6Y_4$$
$$D_{14}=-9.0E\text{-}8Y_1-1.8E\text{-}7Y_2+1.8E\text{-}7Y_4$$
$$D_{21}=2.6E\text{-}3Y_1-5.2E\text{-}3Y_2-2.6E\text{-}3Y_3-5.2E\text{-}3Y_4$$
$$D_{22}=0.5Y_1-0.1Y_2+0.5Y_3+0.1Y_4$$
$$D_{23}=-1.5E\text{-}22Y_1-1.8E\text{-}7Y_2-1.5E\text{-}22Y_3+1.8E\text{-}7Y_4$$
$$D_{24}=-2.0E\text{-}9Y_1-5.3E\text{-}10Y_2+2.0E\text{-}9Y-5.3E\text{-}10Y_4$$
$$D_{31}=12658Y_1+10064Y_2-12658Y_3+10064Y_4$$
$$D_{32}=1416127Y_2-1416127Y_4$$
$$D_{33}=0.5Y_1+0.1Y_2+0.5Y_3-0.1Y_4$$
$$D_{34}=2.6E\text{-}3Y_1-5.2E\text{-}3Y_2-2.6E\text{-}3Y-5.2E\text{-}3Y_4$$
$$D_{41}=1416127Y_2-1416127Y_4$$
$$D_{42}=-97067068Y_1+77179838Y_2+97067068Y_3+77179838Y_4$$
$$D_{43}=20Y_1+40Y_2+20Y_3-40Y_4$$
$$D_{44}=0.5Y_1-0.1Y_2+0.5Y+0.1Y_4$$

由式（5-20）～式（5-27），可得到图 5-37 中 Timoshenko 梁轴线上任一点处的变形转角和剪力弯矩的表达式，通过代入边界条件式（5-28），即可求出系数矩阵 $\boldsymbol{C}$，如下式所示：

$$\boldsymbol{C}=[7.3E\text{-}8F_1 \quad -3.8E\text{-}8F_1 \quad -7.3E\text{-}8F_1 \quad 7.6E\text{-}8F_1]^{\mathrm{T}}$$

由于节点中右上角 1 号螺栓承担的荷载最大，故而计算 $L_1<x<L_2$ 区段的横纹拉应力分布，从而通过复合型断裂准则求出木材的脆性破坏承载力。由式（5-23）可知，$L_1<x<L_2$ 时，向量 $\boldsymbol{U}(x)$ 可表示为 $\boldsymbol{U}(x)=\boldsymbol{D}(x)\cdot\boldsymbol{U}(0)+\boldsymbol{D}(x-L_1)\cdot A(L_1)$，Timoshenko 梁上的横纹位移为：

$$\begin{aligned}w(x)=&\,8.0E\text{-}6F_1Y_1(x)+5.3E\text{-}6F_1Y_2(x)-5.0E\text{-}6F_1Y_3(x)-7.8E\text{-}6F_1Y_4(x)\\&-2E\text{-}5F_1Y_1(x\text{-}62)-4E\text{-}6F_1Y_2(x\text{-}62)+1.6E\text{-}5F_1Y_3(x\text{-}62)+1.2E\text{-}5F_1Y_4(x\text{-}62)\end{aligned}$$

由式（5-32），可计算得到 $L_1<x<L_2$ 时木材的横纹拉应力为：

$$\begin{aligned}\sigma(x)=&\,6.0E\text{-}5F_1Y_1(x)+4.0E\text{-}5F_1Y_2(x)-4.0E\text{-}5F_1Y_3(x)-5.8E\text{-}5F_1Y_4(x)\\&-1E\text{-}4F_1Y_1(x\text{-}62)-3E\text{-}5F_1Y_2(x\text{-}62)+1.2E\text{-}4F_1Y_3(x\text{-}62)+8.9E\text{-}5F_1Y_4(x\text{-}62)\end{aligned}$$

对于右上角螺栓下方木材的列剪破坏，其分析体及相应的平衡条件如图 5-37 所示。木块 1、木块 2 和木块 3 在 $x=0$ 和 $x=l$ 处的轴向应变如下式所示：

$$x=0\text{ 处，}\quad \varepsilon_1=\frac{\eta P_2}{Es_1t},\quad \varepsilon_2=0,\quad \varepsilon_3=\frac{(1-\eta)P_2}{Es_3t}$$

$$x = l \text{ 处}, \quad \varepsilon_1 = \frac{\eta(P_1 + P_2)}{Es_1 t}, \quad \varepsilon_2 = \frac{-P_1}{Es_2 t}, \quad \varepsilon_3 = \frac{(1-\eta)(P_1 + P_2)}{Es_3 t} \tag{5-53}$$

式中 P_1——右上角螺栓承担的竖向荷载；

P_2——右下角螺栓承担的竖向荷载。

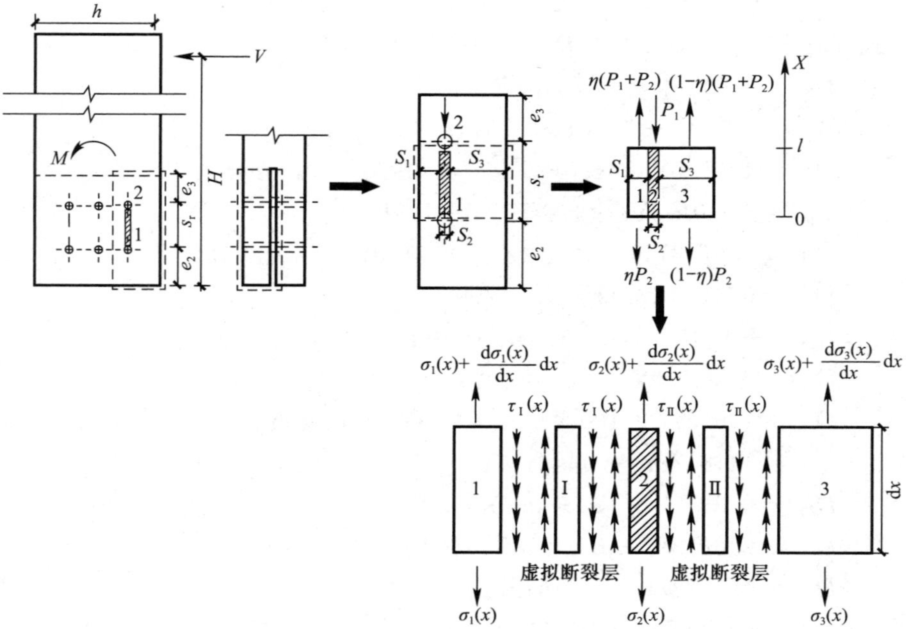

图 5-37 无初始裂缝的节点 1 中右上角螺栓下方木材的列剪破坏分析模型

在该节点中，假定右上角螺栓承担的水平荷载为 F_1，则可得出 $\eta P_2 = 0.47F_1$，$\eta(P_1+P_2)=0.94F_1$，$(1-\eta)P_2=1.21F_1$，$(1-\eta)(P_1+P_2)=2.42F_1$。

根据式（5-41）和式（5-42），可得如下方程：

$$\delta_1 - \delta_2 = Ae^{m_1\frac{x}{l}} + Be^{-m_1\frac{x}{l}} + Ce^{m_2\frac{x}{l}} + De^{-m_2\frac{x}{l}}$$

$$\delta_3 - \delta_2 = k_1(Ae^{m_1\frac{x}{l}} + Be^{-m_1\frac{x}{l}}) + k_2(Ce^{m_2\frac{x}{l}} + De^{-m_2\frac{x}{l}}) \tag{5-54}$$

对式（5-54）进行微分，可得到：

$$\varepsilon_1 - \varepsilon_2 = A\frac{m_1}{l}e^{m_1\frac{x}{l}} - B\frac{m_1}{l}e^{-m_1\frac{x}{l}} + C\frac{m_2}{l}e^{m_2\frac{x}{l}} - D\frac{m_2}{l}e^{-m_2\frac{x}{l}}$$

$$\varepsilon_3 - \varepsilon_2 = k_1\frac{m_1}{l}(Ae^{m_1\frac{x}{l}} - Be^{-m_1\frac{x}{l}}) + k_2\frac{m_2}{l}(Ce^{m_2\frac{x}{l}} - De^{-m_2\frac{x}{l}}) \tag{5-55}$$

由式（5-53）中提供的边界条件，即可算出式（5-55）中的四个未知系数，如下式所示：

$A = 1.5E\text{-}6F_1$； $B = 4.1E\text{-}7F_1$； $C = -1.3E\text{-}6F_1$； $D = -1.1E\text{-}6F_1$

由式（5-45）～式（5-47），可以求出右上角螺栓下方木材的顺纹剪应力分布，如下式所示：

$$\tau_{I}(x) = 4.5E\text{-}5F_1e^{2.8E\text{-}2x} + 1.2E\text{-}5F_1e^{-2.8E\text{-}2x} - 3.9E\text{-}5F_1e^{8.7E\text{-}3x} - 3.4E\text{-}5F_1e^{-8.7E\text{-}3x}$$

$$\tau_{II}(x) = 4.1E\text{-}5F_1e^{2.8E\text{-}2x} + 1.1E\text{-}5F_1e^{-2.8E\text{-}2x} + 4.3E\text{-}5F_1e^{8.7E\text{-}3x} + 3.7E\text{-}5F_1e^{8.7E\text{-}3x}$$

考虑到分析中 Timoshenko 梁弹性地基模型的横坐标轴正方向与图 5-37 中的坐标轴方

向相反，在采用复合型断裂准则时，需保持两者坐标轴方向一致，故将顺纹剪应力分布的表达式改写如下：

$$\tau_{\mathrm{I}}(x)=4.5E\text{-}5F_1\mathrm{e}^{2.8E\text{-}2(l-x)}+1.2E\text{-}5F_1\mathrm{e}^{-2.8E\text{-}2(l-x)}-3.9E\text{-}5F_1\mathrm{e}^{8.7E\text{-}3(l-x)}-3.4E\text{-}5F_1\mathrm{e}^{-8.7E\text{-}3(l-x)}$$

$$\tau_{\mathrm{II}}(x)=4.1E\text{-}5F_1\mathrm{e}^{2.8E\text{-}2(l-x)}+1.1E\text{-}5F_1\mathrm{e}^{-2.8E\text{-}2(l-x)}+4.3E\text{-}5F_1\mathrm{e}^{8.7E\text{-}3(l-x)}+3.7E\text{-}5F_1\mathrm{e}^{-8.7E\text{-}3(l-x)}$$

同时，为了保证两者坐标轴原点的位置一致，将原点设于右上角螺栓处，则横纹拉应力分布的表达式改写如下：

$$\begin{aligned}\sigma(x)=&\ 6.0E\text{-}5F_1Y_1(x+62)+4.0E\text{-}5F_1Y_2(x+62)-4.0E\text{-}5F_1Y_3(x+62)\\&-5.8E\text{-}5F_1Y_4(x+62)-1E\text{-}4F_1Y_1(x)-3E\text{-}5F_1Y_2(x)+1.2E\text{-}4F_1Y_3(x)+8.9E\text{-}5F_1Y_4(x)\end{aligned}$$

由式（5-48），采用复合型断裂准则，通过 MATLAB 迭代程序，可求得平均应力的计算长度 x_0 为 21.72mm。在该计算长度范围内，Timoshenko 梁的横纹拉应力平均值为：$\bar{\sigma}=1.465E\text{-}4F_1$；顺纹剪应力的平均值为：$\bar{\tau}=3.989E\text{-}4F_1$，故而可计算得到满足复合型断裂准则时右上角螺栓单剪面上承担的水平荷载 $F_1=11242\mathrm{N}=11.24\mathrm{kN}$。该螺栓的屈服承载力为 32.69kN，螺栓屈服时单剪面上承担的水平荷载为 $32.69/2\times\sin\alpha=8.34\mathrm{kN}$，小于木材发生脆性破坏时的水平荷载 F_1，故右上角螺栓的屈服先于右侧木材脆性破坏的发生，将其屈服荷载作为该螺栓的极限承载力，此时外部施加的水平荷载 V 为 16.5kN。继续施加水平荷载 V，额外增加的荷载 ΔV 由剩下的螺栓来承担，故需重新计算节点转动中心的高度 y。与第一次计算类似，由式（5-49）～式（5-51），可计算得到右上角螺栓屈服之后的转动中心高度 y 为 99.29mm。

与右上角螺栓类似，确定转动中心的高度之后，通过式（5-9），即可求出右下角螺栓的屈服承载力为 37.35kN。右下角螺栓发生屈服时，水平荷载 V 为 18.90kN，木材受压区的最大应力 f_c 为 $23.39\mathrm{N/mm^2}$，小于木材的顺纹抗压强度。

右上角螺栓屈服之后，需重新计算木材沿右侧螺栓列发生劈裂列剪脆性破坏时的承载力，并与右下角螺栓的屈服承载力进行对比，以判断木材脆性破坏和右下角螺栓屈服的先后顺序。在 Timoshenko 梁弹性地基模型中，右上角螺栓承担的水平荷载 F_1 为 8.34kN，由螺栓竖向荷载的偏心作用所产生的弯矩 $M_1=0.61F_1h=0.356\mathrm{kN\cdot m}$。根据式（5-18），可求出式（5-20）中的向量矩阵 $\boldsymbol{F}(0)^{-1}$ 和 $\boldsymbol{D}(x)$。继而可由式（5-20）～式（5-27）得到 Timoshenko 梁轴线上任一处的变形转角和剪力弯矩的表达式，代入边界条件式（5-28）中，即可求出系数矩阵 $\boldsymbol{C}$ 如下式所示：

$$\boldsymbol{C}=\begin{bmatrix}3.0E\text{-}4+ & -6.3E\text{-}4+ & -3.0E\text{-}4- & 7.8E\text{-}4-\\3.8E\text{-}9P_2 & 8.6E\text{-}9P_2 & 3.8E\text{-}9P_2 & 6.6E\text{-}9P_2\end{bmatrix}^{\mathrm{T}}$$

由式（5-24）可计算得到 $L_1<x<L_2$ 时 Timoshenko 梁的横向位移，向量 $\boldsymbol{U}(x)$ 可表示为 $\boldsymbol{U}(x)=\boldsymbol{D}(x)\cdot\boldsymbol{U}(0)+\boldsymbol{D}(x-L_1)\cdot A(L_1)$，通过计算得出：

$$\begin{aligned}w(x)=&\ (7.3E\text{-}2-4.8E\text{-}7P_2)Y_1(x)+(1.2E\text{-}2+5.1E\text{-}7P_2)Y_2(x)\\&+(-6.0E\text{-}2+6.4E\text{-}7P_2)Y_3(x)+(-4.3E\text{-}2-1.8E\text{-}7P_2)Y_4(x)\\&-1.6E\text{-}1Y_1(x\text{-}62)-3.2E\text{-}2Y_2(x\text{-}62)+1.3E\text{-}1Y_3(x\text{-}62)+9.9E\text{-}2Y_4(x\text{-}62)\end{aligned}$$

由式（5-32），可计算得到 $L_1<x<L_2$ 时木材的横纹拉应力为：

$$\begin{aligned}\sigma(x)=&\ (5.4E\text{-}1-3.6E\text{-}6P_2)Y_1(x)+(8.6E\text{-}2+3.8E\text{-}6P_2)Y_2(x)\\&+(-4.5E\text{-}1+4.8E\text{-}6P_2)Y_3(x)+(-3.2E\text{-}1-1.3E\text{-}6P_2)Y_4(x)\\&-1.2Y_1(x\text{-}62)-2.4E\text{-}1Y_2(x\text{-}62)+9.7E\text{-}1Y_3(x\text{-}62)+7.4E\text{-}1Y_4(x\text{-}62)\end{aligned}$$

由式（5-26），可计算得到 $L_2<x<L_3$ 时 Timoshenko 梁的横向位移为：

$$\begin{aligned}w(x)=&(7.3E\text{-}2-4.8E\text{-}7P_2)Y_1(x)+(1.2E\text{-}2+5.1E\text{-}7P_2)Y_2(x)\\&+(-6.0E\text{-}2+6.4E\text{-}7P_2)Y_3(x)+(-4.3E\text{-}2-1.8E\text{-}7P_2)Y_4(x)\\&-1.6E\text{-}1Y_1(x\text{-}62)-3.2E\text{-}2Y_2(x\text{-}62)+1.3E\text{-}1Y_3(x\text{-}62)+9.9E\text{-}2Y_4(x\text{-}62)\\&-2E\text{-}6P_2Y_1(x\text{-}157)-5E\text{-}6P_2Y_2(x\text{-}157)+4.6E\text{-}6P_2Y_4(x\text{-}157)\end{aligned}$$

由式（5-32），可计算得到 $L_2<x<L_3$ 时木材的横纹拉应力为：

$$\begin{aligned}\sigma(x)=&(5.4E\text{-}1-3.6E\text{-}6P_2)Y_1(x)+(8.6E\text{-}2+3.8E\text{-}6P_2)Y_2(x)\\&+(-4.5E\text{-}1+4.8E\text{-}6P_2)Y_3(x)+(-3.2E\text{-}1-1.3E\text{-}6P_2)Y_4(x)\\&-1.2Y_1(x\text{-}62)-2.4E\text{-}1Y_2(x\text{-}62)+9.7E\text{-}1Y_3(x\text{-}62)+7.4E\text{-}1Y_4(x\text{-}62)\\&-2E\text{-}5P_2Y_1(x\text{-}157)-3E\text{-}5P_2Y_2(x\text{-}157)+3.5E\text{-}5P_2Y_4(x\text{-}157)\end{aligned}$$

对于节点中右上角螺栓下方木材的列剪破坏。木块 1、木块 2 和木块 3 在 $x=0$ 和 $x=l$ 处的轴向应变如式（5-53）所示，式中右上角螺栓单剪面上承担的竖向荷载 P_1 为 14.12kN，$\eta P_2=0.28P_2$，$\eta(P_1+P_2)=3936+0.28P_2$，$(1-\eta)P_2=0.72P_2$，$(1-\eta)(P_1+P_2)=10121+0.72P_2$。

由式（5-53）～式（5-55），可计算得出式（5-55）中的四个未知系数，如下式所示：

$$A=1.2E\text{-}2+6.0E\text{-}8P_2;\quad B=1.2E\text{-}2-6.0E\text{-}7P_2;$$

$$C=-1.1E\text{-}2-3.4E\text{-}8P_2;\quad D=-1.1E\text{-}2+6.9E\text{-}8P_2$$

由式（5-46）和式（5-47），可以求出右上角螺栓下方木材的顺纹剪应力分布，如下式所示：

$$\begin{aligned}\tau_{\mathrm{I}}(x)=&(3.5E\text{-}1+1.8E\text{-}6P_2)\mathrm{e}^{2.8E\text{-}2x}+(3.5E\text{-}1-1.8E\text{-}5P_2)\mathrm{e}^{-2.8E\text{-}2x}\\&+(-3.1E\text{-}1-1.0E\text{-}6P_2)\mathrm{e}^{8.7E\text{-}3x}+(-3.1E\text{-}1+2.0E\text{-}6P_2)\mathrm{e}^{-8.7E\text{-}3x}\end{aligned}$$

$$\begin{aligned}\tau_{\mathrm{II}}(x)=&(3.2E\text{-}1+1.6E\text{-}6P_2)\mathrm{e}^{2.8E\text{-}2x}+(3.2E\text{-}1-1.6E\text{-}5P_2)\mathrm{e}^{-2.8E\text{-}2x}\\&+(3.4E\text{-}1+1.1E\text{-}6P_2)_1\mathrm{e}^{8.7E\text{-}3x}+(3.4E\text{-}1-2.2E\text{-}6P_2)\mathrm{e}^{-8.7E\text{-}3x}\end{aligned}$$

由式（5-41）～式（5-43），可求出右下角螺栓下方木材的顺纹剪应力分布，如下式所示：

$$\tau_{\mathrm{I}}(x)=3.1E\text{-}5P_2\mathrm{e}^{2.8E\text{-}2x}+3.1E\text{-}5P_2\mathrm{e}^{-2.8E\text{-}2x}-2.5E\text{-}5P_2\mathrm{e}^{8.7E\text{-}3x}-2.5E\text{-}5P_2\mathrm{e}^{-8.7E\text{-}3x}$$

$$\tau_{\mathrm{II}}(x)=2.9E\text{-}5P_2\mathrm{e}^{2.8E\text{-}2x}+2.9E\text{-}5P_2\mathrm{e}^{-2.8E\text{-}2x}+2.7E\text{-}5P_2\mathrm{e}^{8.7E\text{-}3x}+2.7E\text{-}5P_2\mathrm{e}^{-8.7E\text{-}3x}$$

采用复合型断裂准则，通过 MATLAB 迭代程序，可求得右上角螺栓下方木材的平均应力计算长度 x_0 为 21.63mm，满足复合型断裂准则时右下角螺栓单剪面上承担的竖向荷载 P_2 远超过其屈服荷载。右下角螺栓下方木材的平均应力计算长度 x_0 为 21.67mm，由式（5-48）计算得到满足复合型断裂准则时右下角螺栓单剪面承担的竖向荷载 $P_2=$ 21.17kN，大于螺栓的屈服荷载，故将其屈服荷载作为右下角螺栓的极限承载力，此时外部施加的水平荷载 V 为 18.90kN。

同理，采用上述方法进行中间螺栓列承载力的计算，右列螺栓屈服之后，转动中心的高度 y 变为 115.7mm。通过式（5-9），求出中间列上排螺栓的屈服承载力为 28.83kN。该螺栓发生屈服时，通过公式计算得到的木材受压区的最大应力 f_c 为 24.77N/mm^2，小于木材的顺纹抗压强度，此时外部施加的水平荷载 V 为 19.46kN。采用上述同种方法，计算木材沿中间螺栓列发生劈裂列剪脆性破坏时的承载力，此时中间列上排螺栓单剪面上承担的竖向荷载为 16.904kN，大于螺栓的屈服承载力。

中间列上排螺栓屈服之后，转动中心的高度 y 变为 103.45mm。通过式（5-9），求出该螺栓的屈服承载力为35.0kN。螺栓屈服时，假设 $f_c \leqslant f_{c,0}$，通过公式计算得到木材承压区的最大应力 f_c 为28.13N/mm²，大于木材的顺纹抗压强度，故假设不成立。采用 $f_c > f_{c,0}$ 对应的公式重新进行计算，求出承压区线弹性段的长度与总长度的比值 β 为0.88，此时外部施加的水平荷载 V 为22.06kN。采用上述同种方法，计算中间列下排螺栓下方木材的劈裂列剪脆性破坏承载力，此时中间列下排螺栓单剪面承担的竖向荷载为23.14kN，大于螺栓的屈服承载力。最终得到的水平荷载 V 为22.06kN，节点区弯矩为23.09kN·m。采取类似方法计算其他节点的极限承载力。

参考文献

[1] 陈旭. 胶合木梁中温度与湿度应力的研究 [D]. 哈尔滨：哈尔滨工业大学，2008.

[2] Pousette A，Sandberg K. Glulam beams and columns after 5 years exposure to outdoor climate [C]. 2nd International Conference of Timber Bridges，2013.

[3] Sjödin J. Strength and Moisture Aspects of Steel-Timber Dowel Joints in Glulam Structures [D]. Sweden：Växjö University，2008.

[4] APA-The Engineered Wood Association and Engineered Wood Systems. Evaluation of check size in glued laminated timber beams（No. EWS R475E）[S]. Washington，US，2007.

[5] AITC-American Institute of Timber Construction. Evaluation of checks in structural glued laminated timbers（AITC Technical Note 18）[S]. Colorado，US，2011.

[6] Sjödin J. Steel-to-timber dowel joints：Influence of moisture induced stresses [D]. Sweden：Växjö University，2006.

[7] Sjödin J，Serrano E. A numerical study of the effects of stresses induced by moisture gradients in steel-timber dowel joints [J]. Holzforschung，2006，60（6）.

[8] Sjödin J，Serrano E. An experimental study of the effects of moisture variations and gradients in the joint area in steel-timber dowel joints [J]. Holzforschung，2008，62（2）：243-247.

[9] 中华人民共和国住房和城乡建设部. 胶合木结构技术规范 GB/T 50708—2012 [S]. 北京：中国建筑工业出版社，2012.

[10] ASTM. Standard test methods for small clear specimens of timber（D143-09）[S]. West Conshohocken，PA：American Society of Mechanical Engineers，2000.

[11] Muñoz W，Mohammad M，Salenikovich A，et al. Determination of yield point and ductility of timber assemblies：in search for a harmonised approach [J]. Engineered Wood Products Association，2008.

[12] Johansen K W. Theory of timber connections [M]. Zurich，Switzerland：International Association for Bridge and Structural Engineering Publications，1949.

[13] CSA. Engineering design in wood（O86-09）[S]. Toronto，Canada：Canadian Standards Association，2009.

[14] Jorissen A J M. Double shear timber connections with dowel type fasteners [D]. Delft University Press Delft，The Netherlands，1998.

[15] Jensen J L. Quasi-non-linear fracture mechanics analysis of splitting failure in simply supported beams loaded perpendicular to grain by dowel joints [J]. Journal of Wood Science，2005，51（6）：577-582.

[16] Qiao P，Wang J，Davalos J F. Tapered beam on elastic foundation model for compliance rate change

of TDCB specimen [J]. Engineering Fracture Mechanics, 2003, 70 (2): 339-353.

[17] Jensen J, Koizumi A, Sasaki T, et al. Axially loaded glued-in hardwood dowels [J]. Wood Science and Technology, 2001, 35 (1): 73-83.

[18] Jensen J L, Quenneville P. Fracture mechanics analysis of row shear failure in dowelled timber connections [J]. Wood Science and Technology, 2009, 44 (4): 639-653.

[19] Jensen J L, Quenneville P. Fracture mechanics analysis of row shear failure in dowelled timber connections: asymmetric case [J]. Materials and Structures, 2011, 44 (1): 351-360.

[20] Jensen J L, Girhammar U A, Quenneville P. Brittle failure in timber connections loaded parallel to the grain [J]. Proceedings of the Institution of Civil Engineers-Structures and Buildings, 2015, 168 (10): 760-770.

[21] Xu B H, Bouchaïr A, Racher P. Mechanical Behavior and Modeling of Dowelled Steel-to-Timber Moment-Resisting Connections [J]. Journal of Structural Engineering, 2015, 141 (6): 04014165.

[22] CEN. Eurocode 5-Design of timber structures (EN 1995-1-1) [S]. Brussels, Belgium: European Committee for Standardization, 2004a.

第六章　连接节点的加强措施

木结构建筑具有良好的抗震性能，且木材自然生长，具有天然环保之属性，是绿色建筑的首选建筑材料。胶合木材料由于避免了木材的天然缺陷且不受截面尺寸限制，在梁柱结构体系中得到了广泛应用。然而，由于木材本身材性特征，胶合木结构中很难做到“强节点弱构件”，尤其是梁柱节点在弯矩作用下受力状态复杂，易发生劈裂等脆性破坏，影响整体结构的稳定性和可靠性。

第一节　光圆螺杆加强

一、加强原理

胶合木结构螺栓连接易发生脆性破坏的根本原因在于木材本身横纹抗拉强度和顺纹抗剪强度较低，采用光圆螺杆对节点进行横纹加强，可有效承担木材中的横纹拉应力和顺纹剪应力，从而达到限制、减缓木材开裂的目的[1]。

光圆螺杆如图 6-1 所示。光圆螺杆加强节点如图 6-2 所示。

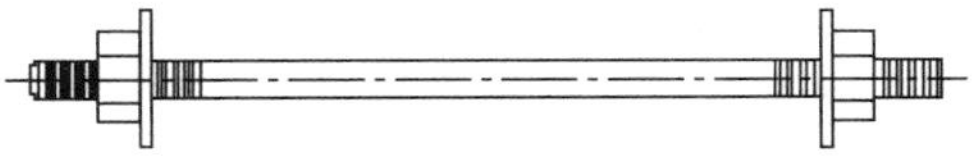

图 6-1　光圆螺杆示意图

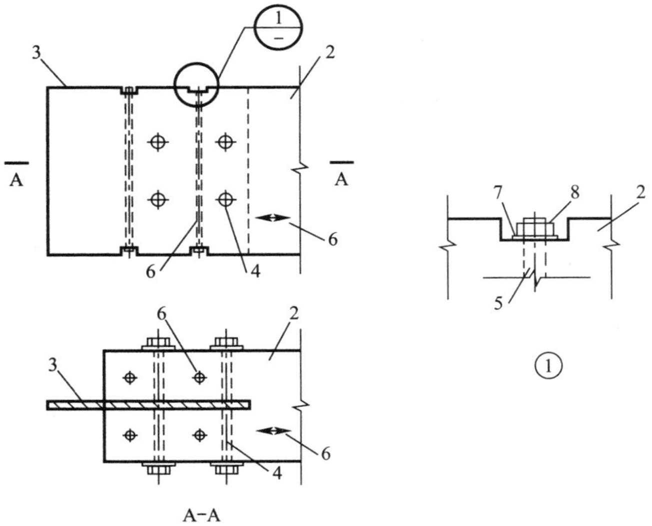

图 6-2　光圆螺杆加强节点示意图

1—沉头孔；2—木构件；3—钢填板；4—螺栓；5—光圆螺杆；6—木纹方向；7—垫片；8—螺母

光圆螺杆加强节点是在普通节点的基础上，采用光圆螺杆对木构件进行横纹加强。光圆螺杆仅在螺杆两端部分有螺纹，用于旋紧螺母，穿过木构件的杆身部分光圆。木构件在工厂加工时进行预钻孔，安装时螺杆穿过木构件中的预钻孔，两端通过垫片和螺母锚固在木构件两侧，螺杆轴线与木纹方向和螺栓轴线均为正交。当对外观有要求时，可在木梁上设沉头孔，将垫片和螺母埋入孔中，以减小对构件外观的影响。当木材开裂时，光圆螺杆可承担开裂缝上的剪力，同时由于螺母和垫片的钳制作用，还能夹紧木材以限制裂缝的扩展。

二、试验研究

针对 5 个普通胶合木螺栓连接梁柱节点和 5 个光圆螺杆加强节点进行了单调和低周往复加载试验，考察了胶合木螺栓连接梁柱节点在有、无光圆螺杆加强时的力学性能，研究了光圆螺杆加强对节点刚度、延性、承载力、破坏模式和抗震性能的影响，验证了采用光圆螺杆对节点加强的有效性。

（一）试验试件

试件共 2 组，编号分别为 N 和 S，其中试件 N 为普通钢填板螺栓连接梁柱节点，试件 S 为在节点 N 的基础上采用光圆螺杆对节点进行横纹加强，设计简图如图 6-3 所示。每组节点各有 5 个试件，3 个用于单调加载、2 个用于低周往复加载。试验试件参数如表 6-1 所示。

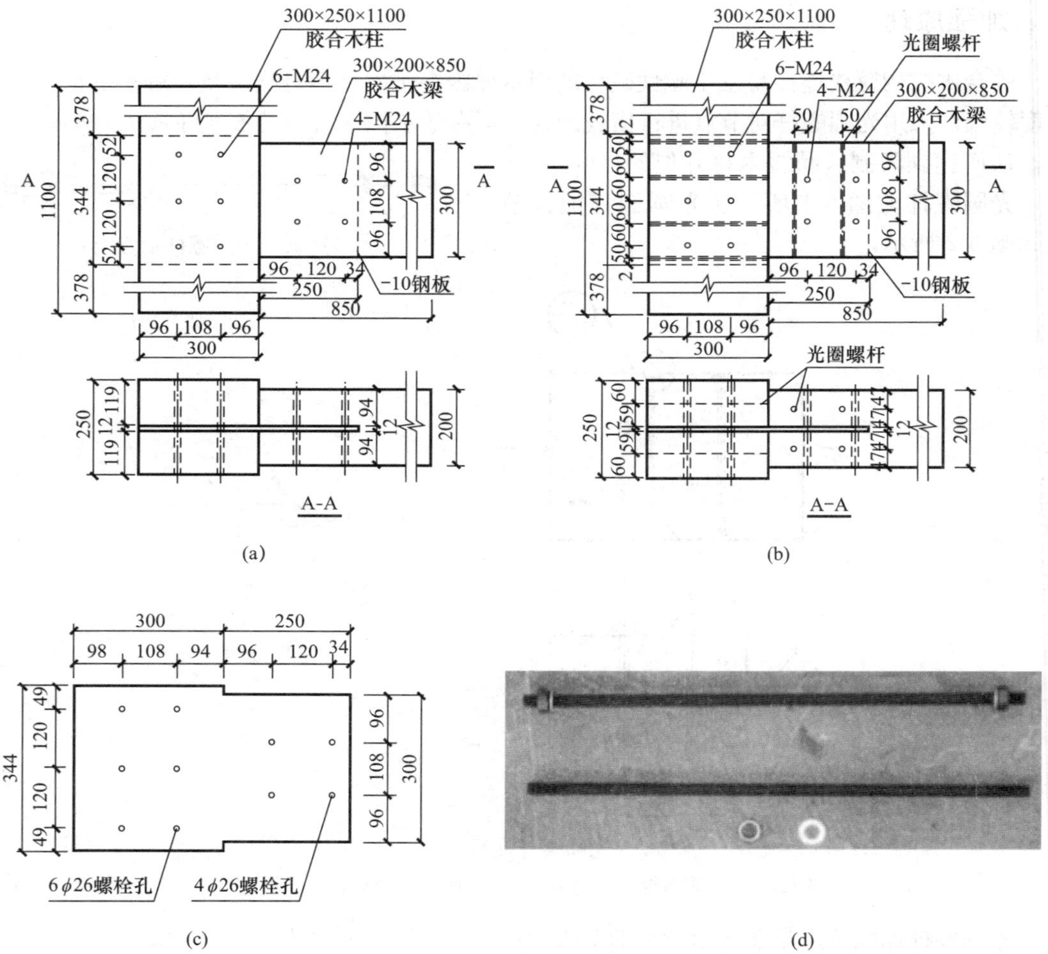

图 6-3　构件示意图

（a）普通节点 S；（b）加强节点 N；（c）钢板尺寸示意图；（d）光圆螺杆以及垫片图

试验试件参数　　表 6-1

螺栓类型	直径（mm）	梁横纹方向		梁顺纹方向	
		螺栓间距（mm）	螺栓端距（mm）	螺栓间距（mm）	螺栓端距（mm）
M24	24	108	96（4d）	120（5d）	96（4d）

	截面尺寸（mm）	构件长度（mm）	螺栓布置
梁	300×200	850	2 行 2 列（4-M24）
柱	300×250	1100	3 行 2 列（6-M24）

	螺栓	光圆螺杆
紧固件直径（mm）	24	10
预钻孔直径（mm）	26	12
材料等级	8.8 级普通螺栓	4.8 级普通螺杆

注：1. 光圆螺杆采用 M10 平垫片（内径 11mm，外径 20mm，厚度 10mm）；
2. 木梁未设沉头孔，螺母垫片外露；
3. 木构件采用胶合木；
4. 钢填板采用 Q235B 钢板（厚度 10mm）；
5. 螺栓间距、边距按照《胶合木结构技术规范》GB/T 50708—2012 取小值。

（二）试验设备

加载装置采用双通道电液伺服加载系统，水平作动器加载头变形范围为±250mm，能够施加的大荷载为±300kN。为了方便加载，试验中将节点旋转 90°，胶合木柱水平固定于加载台座上，通过作动器在梁端施加水平荷载。节点的转角通过设置在木梁侧面不同高度处的位移计采集的水平位移计算得到。其中 D1 用于测量梁顶水平位移；D2、D3 位于木梁螺栓群形心处，分别布置在钢板两侧取平均值；D7 和 D2、D3 共同用于测量木梁的转角；D4、D5 固定在钢填板上，高度分别对应于梁的上排螺栓和螺栓群形心处，用于测量钢填板的转角；D6 位于木柱端部，用于测量节点的整体水平位移。加载装置和测点布置、试件安装完成图如图 6-4、图 6-5 所示。

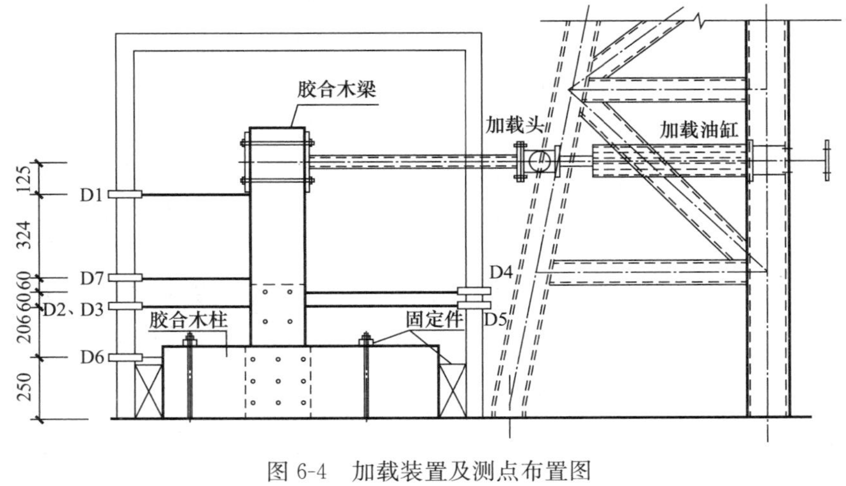

图 6-4　加载装置及测点布置图

（三）加载制度

试验中采用的加载制度分别为单调加载和低周往复加载。其中，单调加载参考美国试验标准 ASTM D1761-88，采用单向匀速位移控制，加载过程分为预加载和正式加载两个阶段。低周往复加载参考美国试验标准 ASTM E2126-11，采用 CUREE 加载制度。

图 6-5 试件安装完成图

(四) 试验现象

由于试验加载时将梁柱节点旋转了 90°放置，为了便于描述试验现象，分别以通过螺栓群中心的两正交轴线为分界，将木梁和 4 个螺栓分为受拉侧和受压侧，以及远柱端和近柱端，如图 6-6 所示。

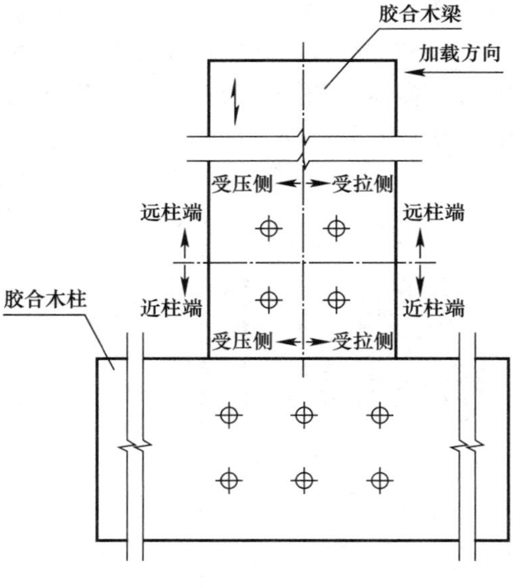

图 6-6 梁上螺栓安装位置示意图

(1) 普通节点 N

① 单调加载试验

在加载初期，节点处于弹性阶段，除初始滑移外无明显变形；随着变形增大，可听到木材之间的错动声和挤压声，木柱的挤压侧逐渐出现局部承压破坏，如图 6-7 (a) 所示。当节点转角达到 4.4°左右时，3 个试件先后于受拉侧近柱端螺栓下方发生开裂，裂缝从梁与柱的接触端启裂并迅速扩展至近柱端螺栓孔处（图 6-7b)，裂缝出现突然且伴随较大声响；随着变形的进一步增大，裂缝逐渐变宽并沿受拉侧螺栓列轴线向远柱端发展（图 6-7c)，直至贯穿全梁，在受拉侧螺栓列处形成一条主贯通裂缝，如图 6-7 (d) 所示，节点破坏较突然。

试验后将试件剖开发现：木梁、柱上的螺栓均无明显变形，基本保持刚直；木构件受拉侧螺栓孔处出现了轻微的木材销槽承压变形，而受压侧螺栓孔销槽承压变形不明显；钢板无明显整体变形和螺栓孔挤压变形，如图 6-7 (e) 所示。同时由于受压侧梁柱之间的挤压作用，柱上挤压区出现了局部压溃，如图 6-7 (f) 所示。可见，普通节点 N 的破坏模式为木梁的劈裂破坏，即脆性破坏，破坏时转角约为 6.5° (0.11rad)。

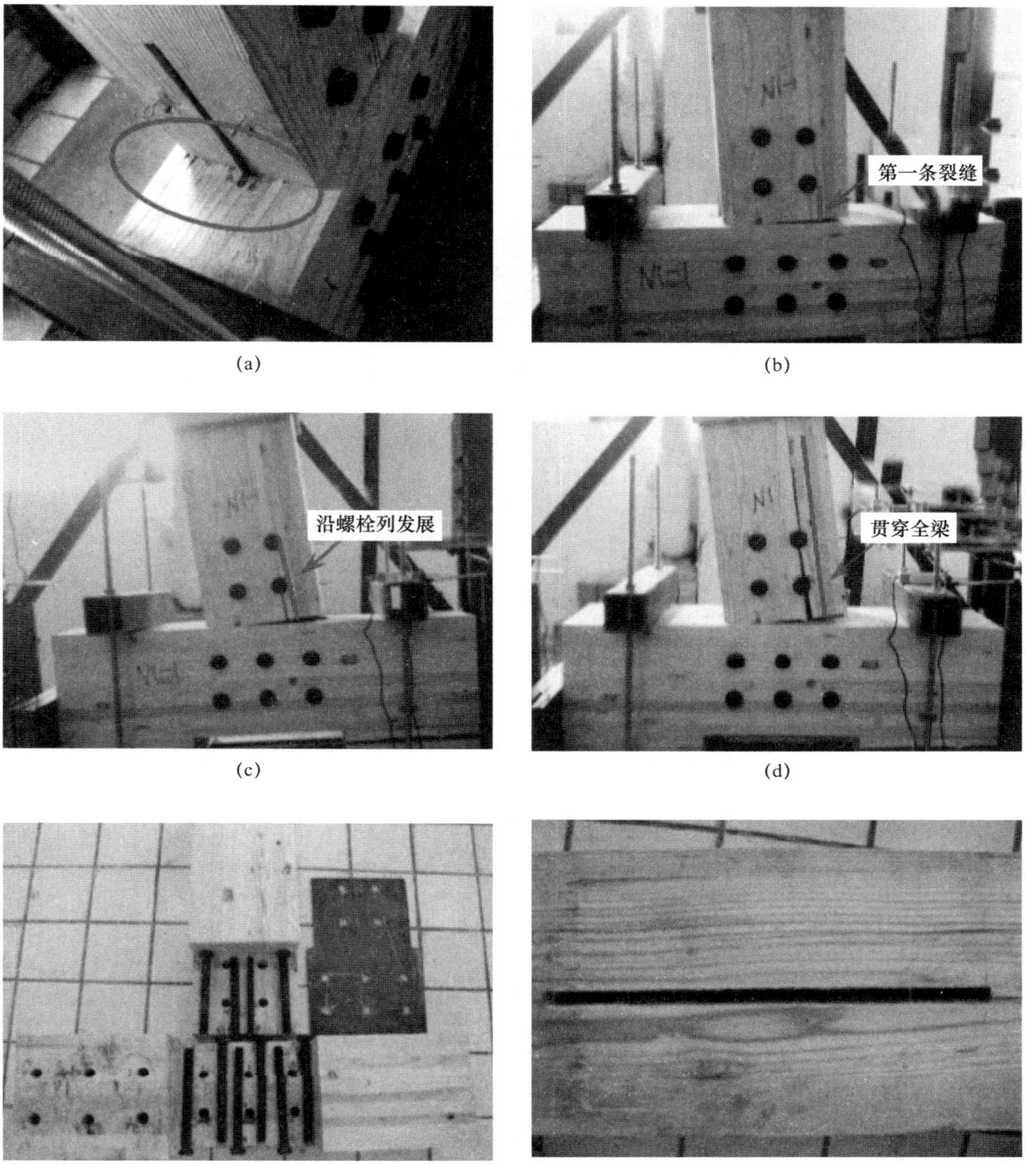

(a)　(b)　(c)　(d)　(e)　(f)

图 6-7　普通节点 N 单向加载试验现象图

(a) 柱局部承压破坏；(b) 第一条裂缝；(c) 裂缝沿受拉侧螺栓列轴线发展；(d) 裂缝贯穿全梁；(e) 螺栓和螺栓孔变形（右侧为受拉侧）；(f) 木柱局部压溃（左侧为挤压侧）

② 往复加载试验

由于往复加载试验中荷载方向交替变化，节点两侧试验现象和破坏形态基本一致。对于普通节点 N，当加载头位移幅值达到 0.4Δ 时，节点无明显开裂，间或可听到木材错动和挤压的声音；当加载头位移幅值达到 0.7Δ 时，在梁受拉侧近柱端螺栓下方出现劈裂裂缝，裂缝从梁与柱的接触端启裂并迅速扩展至近柱端螺栓孔处；当加载头位移幅值达到 1.0Δ 时，劈裂裂缝贯穿整个受拉侧螺栓列，且受拉侧螺栓列下方木材出现列剪破坏；当加载头位移幅值达到 1.5Δ 时，劈裂裂缝越过受拉侧顶排螺栓向梁远柱端发展，直至贯穿全梁，节点破坏如图 6-8（a）所示。试验后拆开试件发现梁、柱上螺栓均无明显变形，梁、柱受拉侧螺栓孔出现轻微销槽承压变形，柱上中间一列螺栓孔无明显变形，钢板无明显变形，如图 6-8（b）所示；木柱两侧挤压区均出现局部压溃，如图 6-8（c）所示。

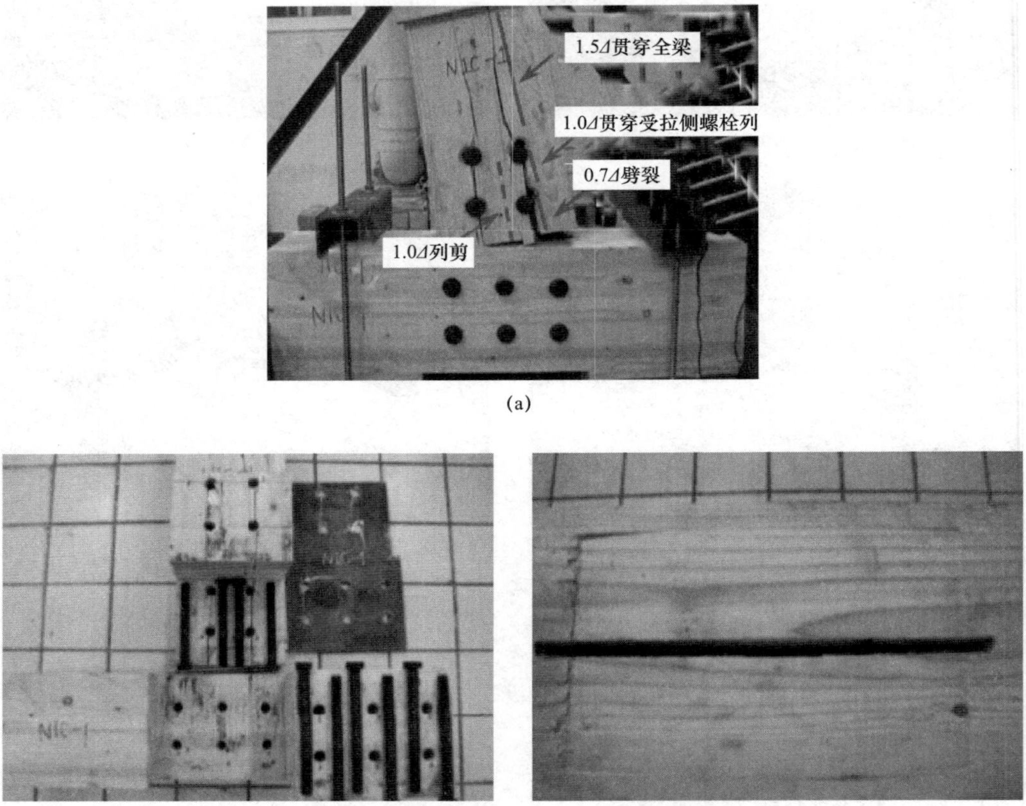

(a)

(b)　　(c)

图 6-8　普通节点 N 往复加载试验现象图

（a）木梁开裂；（b）螺栓和螺栓孔变形；（c）木柱局部压溃

（2）光圆螺杆加强节点 S

① 单调加载试验

和普通节点 N 类似，在加载初期，光圆螺杆加强节点处于弹性阶段，但是由于柱上沉头孔的削弱作用，柱上挤压区较早出现劈裂，发生了挤压破坏，如图 6-9（a）所示；随着变形增大，节点出现初始微裂缝，当木梁节点区转角达到 5.2°左右时，3 个试件先后在受拉侧螺栓列处出现第一条裂缝，由于光圆螺杆的加强作用，裂缝未向上发展；随着变形的增大，光圆螺杆孔周木材在垫片的挤压下发生了局部劈裂，如图 6-9（b）所示，受压侧出现劈裂裂缝和梁的顺纹剪切裂缝，同时受拉侧出现列剪破坏，如图 6-9（c）所示。可以看出，不同于节点 N 破坏时的一条主贯通裂缝，节点 S 破坏时裂缝多且细小。

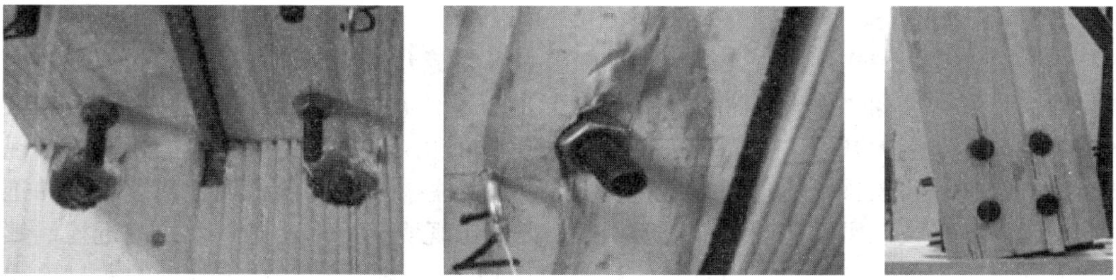

(a)　　(b)　　(c)

图 6-9　光圆螺杆加强节点 S 破坏过程

(a) 柱局部承压破坏；(b) 光圆螺杆孔周木材劈裂；(c) 木材开裂

试验后将试件剖开（图 6-10）发现：木梁、柱上的螺栓均无明显变形，基本保持刚直；木构件受拉侧螺栓孔处及受压侧上排螺栓孔处均出现了明显的木材销槽承压变形；钢板无明显整体变形和螺栓孔挤压变形。同时由于受压侧梁柱之间的挤压作用，柱上挤压区出现了局部压溃。可见，采用光圆螺杆加强后节点的破坏模式由纯脆性破坏转变为脆性破坏和塑性破坏共同存在的混合破坏模式。节点 S 破坏时光圆螺杆未发生明显变形，但是由于螺杆垫片下方木材出现了明显的局部承压破坏（局部承压变形约为 9～11mm）（图 6-11），导致光圆螺杆的拉结作用失效。

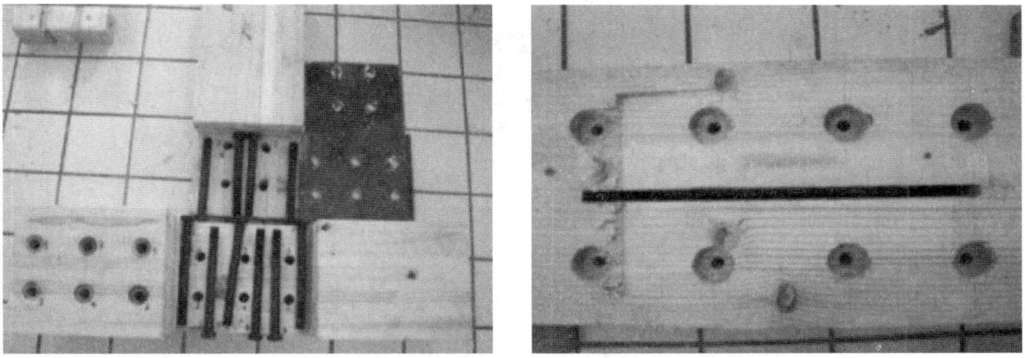

(a)　　(b)

图 6-10　光圆螺杆加强节点 S 单向加载试验现象图

(a) 螺栓和螺栓孔变形（右侧为受拉侧）；(b) 木柱局部压溃（左侧为挤压侧）

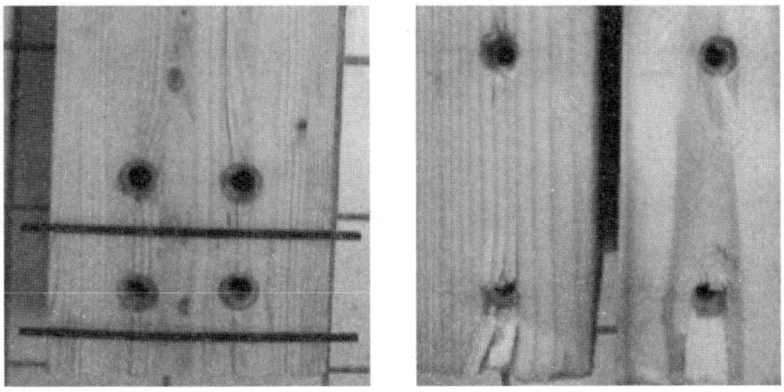

(a)　　(b)

图 6-11　光圆螺杆连接的配合模式

(a) 光圆螺杆变形；(b) 局部承压破坏

② 往复加载试验

在低周往复荷载作用下，光圆螺杆加强节点 S 裂缝开展较单调加载试验更充分，两列螺栓处均出现劈裂和列剪破坏（图 6-12a）。当加载头位移幅值达到 0.3Δ 时，柱挤压区出现局部压溃，节点无开裂；当加载头位移幅值达到 1.0Δ 时，沿受拉侧螺栓列轴线出现贯通裂缝；当加载头位移幅值达到 1.5Δ 时，受拉侧远柱端螺栓上方出现劈裂裂缝，并迅速向上发展，几乎裂至梁远柱端端部，但承载力并未出现明显下降，此外受拉侧近柱端螺栓列下方木材出现列剪破坏；当加载头位移幅值达到 2.0Δ 时，远柱端螺栓处的木材出现了梁的弯曲断裂破坏，节点破坏。试验后拆开试件发现梁上远柱端螺栓发生了弯曲变形，螺栓孔出现明显销槽承压变形，钢板无明显变形；木柱两侧挤压区均出现局部压溃（图 6-12b、图 6-12c）。

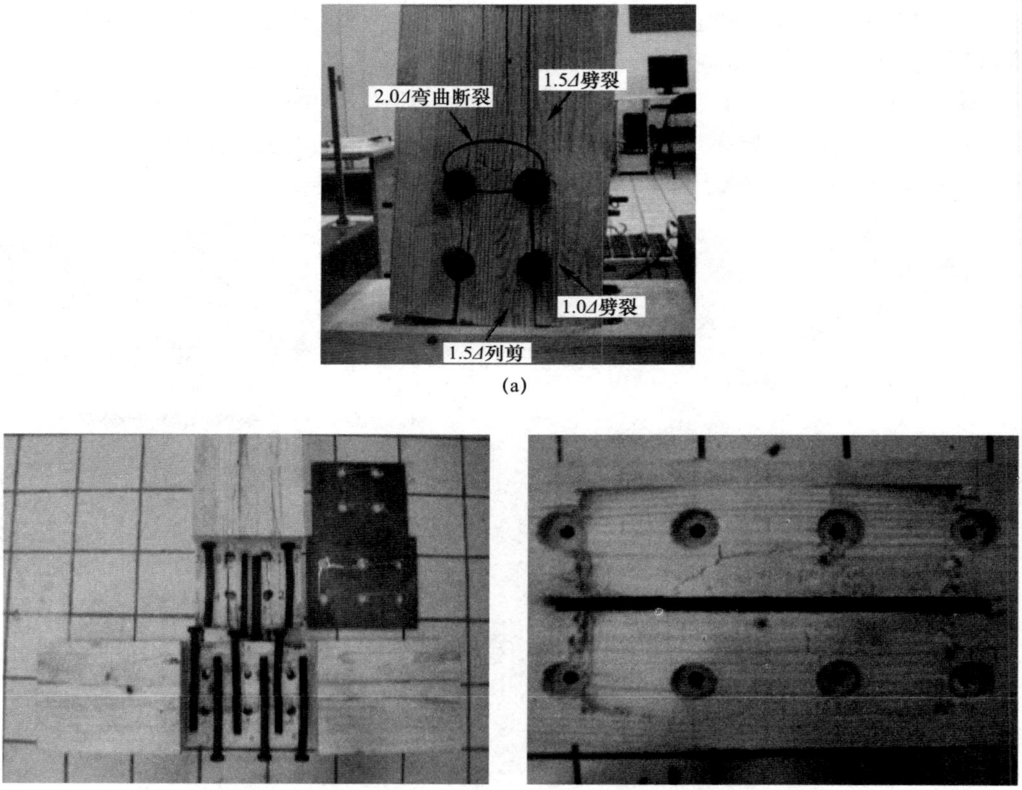

(a)

(b) (c)

图 6-12 节点 S 往复加载破坏模式

（a）木梁开裂；（b）螺栓和螺栓孔变形；（c）木柱局部压溃

（五）试验结果分析

（1）单调加载试验结果分析

本试验中的试件，皆是梁上节点域弱于柱上节点域，节点承载性能由梁节点域控制。分析时选取梁上节点域为研究对象，假定梁上螺栓群形心处为转动中心，因试验过程中钢板无明显变形，可认为梁上螺栓群形心即为钢板上螺栓孔群形心，则梁上节点区转角即为木梁相对于钢板的转角，因此节点所承受的弯矩和转角可按式（6-1）～式（6-4）进行计算，最终得到构件的弯矩-转角曲线。

$$M = F \times H \tag{6-1}$$

$$\theta = \theta_{BS} = \theta_{BC} - \theta_{SC} \tag{6-2}$$

$$\theta_{BC} = \left(\arctan \frac{S_7 - (S_2 + S_3)/2}{0.12}\right) \times \frac{180}{\pi} \tag{6-3}$$

$$\theta_{SC} = \left(\arctan \frac{S_4 - S_5}{0.06}\right) \times \frac{180}{\pi} \tag{6-4}$$

式中　F——加载头施加的水平力；

H——加载点至木梁螺栓群形心的高度；

θ——木梁相对于梁上螺栓群形心的转角；

θ_{BS}——木梁相对于钢填板的转角；

θ_{BC}——木梁相对于木柱的转角；

θ_{SC}——钢填板相对于木柱的转角；各转角如图 6-13 所示；

S_7、S_2、S_3、S_4、S_5——位移计 D_7、D_2、D_3、D_4 和 D_5 测得的水平位移。

从节点 N 和节点 S 的弯矩-转角曲线（图 6-14、图 6-15）可以看出：

采用光圆螺杆加强后节点的极限承载提高了 24%，极限转角提高了 27.6%，这是由于光圆螺杆的拉结作用限制了裂缝的发展，使得木孔的销槽承压强度和螺栓的抗弯强度得到利用，节点塑性得以发展，从而提高了节点极限承载力和极限转角；采用光圆螺杆加强后节点的初始刚度提高了 12%。这是由于光圆螺杆的存在使得孔周木材得以加强，因此初始刚度得以提高。

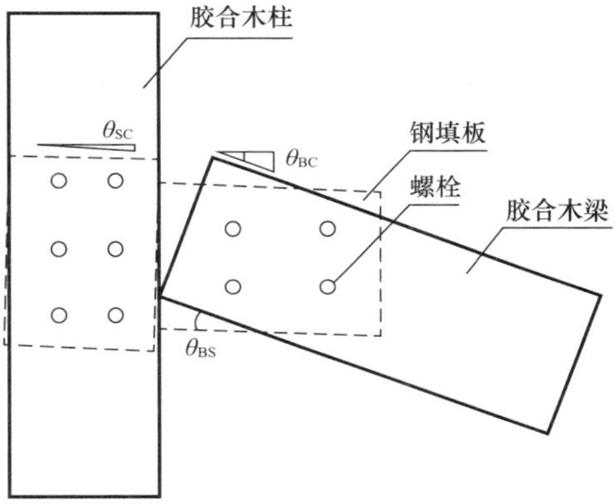

图 6-13　梁柱节点转角示意图

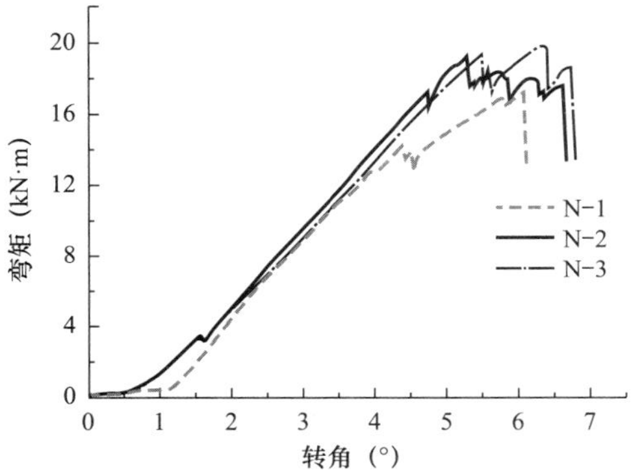

图 6-14　节点 N 弯矩-转角曲线

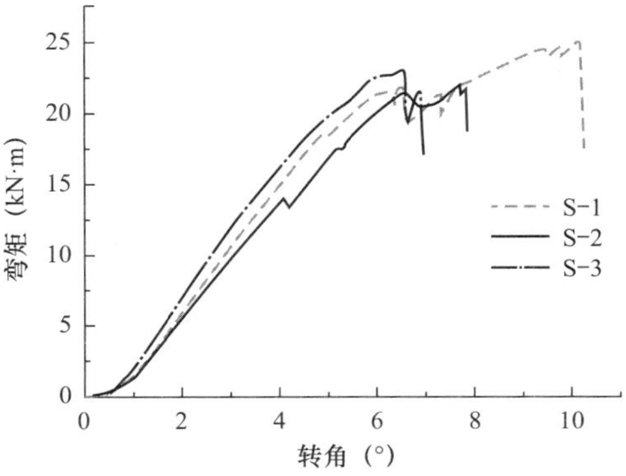

图 6-15　节点 S 弯矩-转角曲线

从图 6-16 可以看出：在加载初期，两组节点的弯矩-转角曲线基本呈线性关系，试件处于弹性变形阶段；当转角大约为 4.4°时，普通节点 N 的 3 个试件先后出现劈裂裂缝，荷载在各螺栓之间进行重新分配，弯矩-转角曲线出现锯齿状波动，节点无法稳定承载；随

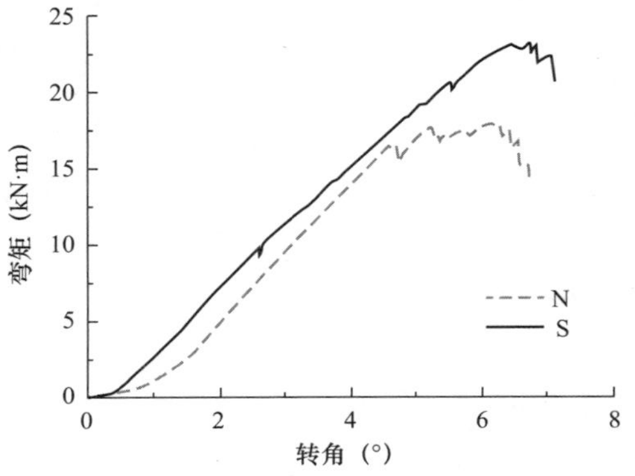

图 6-16　平均弯矩-转角曲线

着裂缝的发展节点承载力迅速下降至极限承载力的 80％以下，节点破坏。而加强节点 S 由于光圆螺杆的拉结作用，开裂迟于节点 N，且开裂（转角约为 5.2°）后节点承载力未出现明显波动，仍可稳定承载，直到螺杆垫片下方的木材出现局部承压破坏，光圆螺杆拉结作用失效，无法限制裂缝的发展，节点逐渐破坏。

（2）低周往复加载试验结果分析

在低周往复加载试验中，节点 N 和节点 S 的水平控制位移 Δ 根据单调加载极限水平位移的 60％确定，分别取为 60mm 和 100mm。其中节点 N 的两个试件在 1.5Δ 主循环时即发生明显破坏，故未进行主循环幅值为 2.0Δ 的循环加载。

（六）节点特性分析

（1）滞回曲线

滞回曲线是进行抗震设计的重要依据。普通胶合木梁柱节点和光圆螺杆加强节点在低周往复荷载作用下的平均 M-θ 滞回曲线如图 6-17 所示。

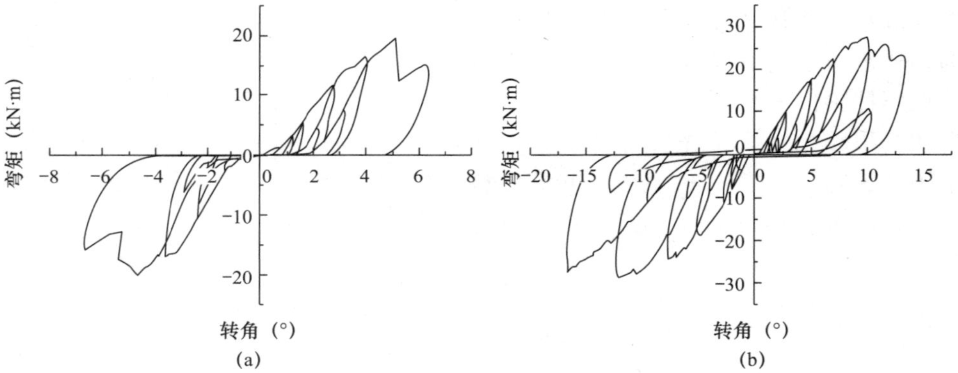

图 6-17　两组节点平均 M-θ 滞回曲线

（a）节点 N；（b）节点 S

从图 6-17 可以看出：

① 各组试件滞回曲线有明显的捏缩现象，表现为反 S 形。这是因为螺栓孔和螺栓之间，以及梁和柱之间存在间隙，这些间隙会在加载初期引起初始滑移；其次，随着荷载的不断增大，螺栓孔周以及梁柱之间挤压塑性变形增大，使得滑移的影响越来越明显。

② 随着循环次数的增加，各组节点滞回曲线逐渐倾向于位移轴，曲线斜率减小，表明试件出现了刚度退化，反映了构件损伤累积的影响。

③ 对比普通节点和加强节点发现，节点 N 在后一个主循环中承载力突然下降至极限承载力的 80％以下，节点破坏突然；而节点 S 的后一级主循环峰值和前一级主循环峰值相比下降较轻微，表现出了良好的延性和抗震性能。

（2）骨架曲线

骨架曲线取 M-θ 滞回曲线（图 6-18）各级加载主循环的峰值点的连线，可直观地反映出试件的屈服、极限承载能力以及加载过程中弯矩转角的相对变化，其和滞回曲线合称恢复力曲线，是研究非弹性地震反应的重要参数。两组试件的平均骨架曲线如图 6-18 所示。

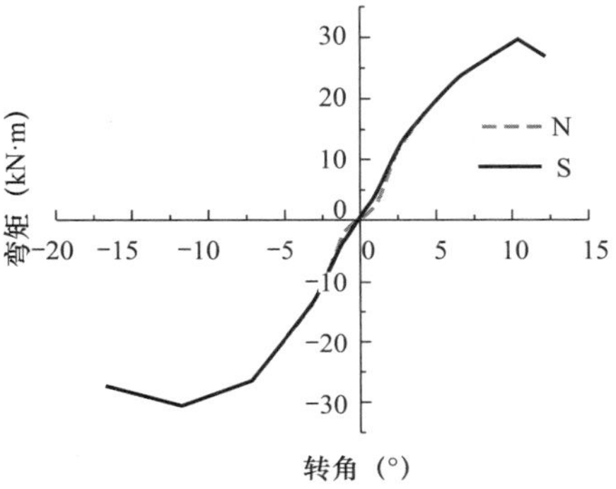

图 6-18　骨架曲线

从图 6-18 可以看出：

两组节点骨架曲线近似关于原点对称。在低周往复荷载作用下，节点 N 的骨架曲线只有弹性阶段，这与节点破坏为脆性破坏相吻合；而节点 S 的骨架曲线表现出明显的三折线特征，即经历了弹性、屈服、极限破坏三个阶段，且三个阶段刚度退化明显。两组试件在弹性阶段曲线基本重合，光圆螺杆加强节点初始刚度略高于普通节点，加强节点骨架曲线的峰值点约为普通节点的 1.44 倍，这与单调加载的弯矩-转角曲线相吻合。可见采用光圆螺杆加强后节点极限承载力得到了明显提高。

（3）刚度退化

在低周反复试验中，当螺栓孔周发生塑性挤压变形或木材开裂后，随着变形的增大，节点转动刚度逐步退化。本节中各主循环的有效刚度用其割线刚度来表示，K_i 的定义如式（6-5）所示。

$$K_i = \frac{|+M_i| + |-M_i|}{|+\theta_i| + |-\theta_i|} \tag{6-5}$$

式中　$+M_i$——第 i 次循环正向弯矩峰值；

$-M_i$——第 i 次循环反向弯矩峰值；

$+\theta_i$——第 i 次循环正向弯矩峰值对应的转角；

$-\theta_i$——第 i 次循环反向弯矩峰值对应的转角。

两组节点的刚度退化曲线如图 6-19 所示。

从图 6-19 可以看出：

① 在加载初期，两组节点处于弹性阶段，割线刚度呈上升趋势，由于节点存在初始滑移，初始刚度较小，且由于制作、安装等误差的存在，初始滑移存在较大的随机性，因此各组节点的初始刚度相差也较大；随着弯矩和转角的增大，初始滑移对割线刚度的影响逐渐减小，割线刚度逐渐增加。在加载后期，随着木材的开裂、螺栓和木孔塑性变形的发生，节点刚度开始退化。

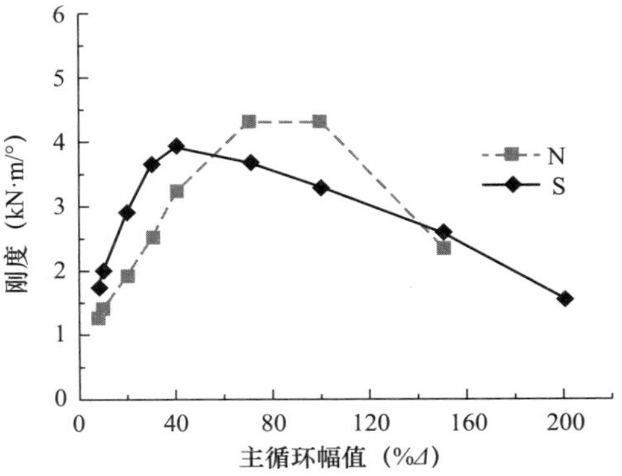

图 6-19　节点刚度退化曲线

② 对比两组试件可以发现，节点 N 是在后一个主循环 150%Δ 时才出现刚度退化，且退化速率较快，这是因为节点 N 在整个加载过程中

基本处于弹性阶段，其破坏是由贯通裂缝的突然出现引起的，从而在后一个主循环中出现了刚度的突然退化；光圆螺杆加强节点 S 是在 40%Δ 以后刚度开始逐步退化，这是因为光圆螺杆延缓、限制了裂缝的发展，使得节点的破坏由贯通裂缝的突然出现转变为木材微裂缝和塑性变形等损伤逐渐累积的过程，刚度退化较为平缓。

（4）耗能能力

试件的耗能性能一般用荷载-位移滞回曲线所包围的图形面积来衡量，滞回曲线越饱满，则试件的耗能能力越强，其抗震性能越好。此外，等效黏滞阻尼系数 h_e 也是判别构件耗能能力重要指标之一。h_e 的计算如式（6-6）所示，式中各部分所代表的含义如图 6-20 所示。

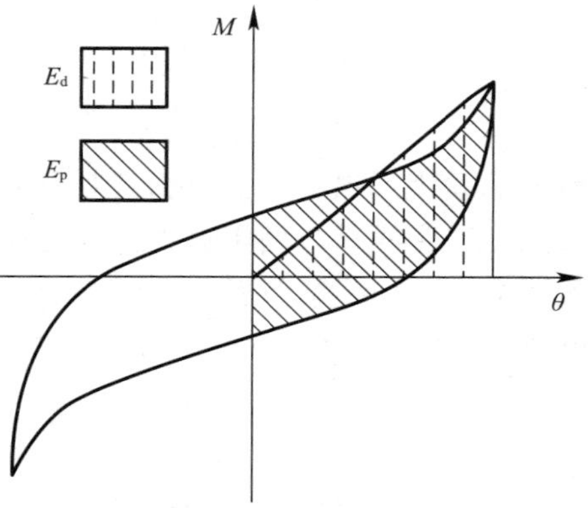

图 6-20　等效黏滞阻尼系数计算示意图

$$h_e = \frac{E_d}{2\pi E_p} \tag{6-6}$$

两组节点各级主循环的等效黏滞阻尼系数和累计耗能如表 6-2 所示。可以看出，在加载初期，两组节点均处于弹性阶段，等效黏滞阻尼系数和累计耗能较小；随着变形的增大，等效黏滞阻尼系数和累计耗能呈非线性增长。在整个加载过程中，加强节点 S 的等效黏滞阻尼系数高于普通节点 N，且其总耗能为普通节点 N 总耗能的 4.36 倍，可见采用光圆螺杆对节点进行加强可显著提高节点的耗能能力。

等效黏滞阻尼系数和累计耗能　　表 6-2

主循环幅值 Δ	等效黏滞阻尼系数 h_e		累计耗能（kJ）	
	N	S	N	S
0.2	0.056	0.065	0.006	0.067
0.3	0.051	0.064	0.008	0.137
0.4	0.060	0.060	0.015	0.283
0.7	0.072	0.092	0.744	1.665
1.0	0.076	0.093	1.814	4.341
1.5	0.126	0.114	4.373	10.528
2.0	—	0.131	—	19.053

（七）试验结论

针对胶合木结构螺栓连接节点易发生脆性破坏的问题，可采用光圆螺杆对节点进行横纹加强。对普通胶合木螺栓连接梁柱节点和光圆螺杆加强胶合木螺栓连接梁柱节点进行了单调和低周往复加载试验，研究了采用光圆螺杆横纹加强对节点破坏模式、初始刚度、承载力、延性和耗能能力等的影响，得到了如下结论：

（1）普通节点裂缝出现较早且发展迅速，其破坏时只有一条主贯通裂缝，破坏较突然，破坏模式为劈裂破坏，破坏时转角约为 6.5°（0.11rad）；采用光圆螺杆对节点进行横纹加强后，有效地延缓、限制了木材的开裂，节点破坏模式由脆性破坏转变为螺栓弯曲破坏和木孔销槽承压破坏，破坏时转角约为 8.32°（0.15rad）。

（2）采用光圆螺杆加强后，节点的初始刚度提高 12%，单调荷载作用下的极限承载力提高 24%，极限转角提高 27.6%；往复荷载作用下的极限承载力提高 44%，节点总耗能提高了 336%；节点延性和抗震性能得到了明显提高。

(3) 采用光圆螺杆加强后，各节点之间极限承载力和初始刚度的偏差减小，节点性能相较于未加强节点较稳定。光圆螺杆加强作用失效是由垫片下方木材局部承压变形引起的，螺杆本身无明显变形。

三、加强效果

采用光圆螺杆对节点进行加强后，节点破坏时应力水平高于普通节点，而裂缝发展速度和裂缝宽度均低于普通节点，有效地延缓了裂缝出现和发展，提高了裂缝出现后承载性能的稳定性，节点破坏模式由劈裂等脆性破坏转变为销槽承压破坏和螺栓弯曲破坏。

通过普通节点和光圆螺杆加强节点的单调和往复加载试验对比发现，采用光圆螺杆加强后，节点的初始刚度提高 12%，单调荷载作用下的极限承载力提高 24%，极限转角提高 27.6%；往复荷载作用下的极限承载力提高 44%，节点总耗能提高了 336%；节点延性和抗震性能得到了明显提高。此外，采用光圆螺杆加强后，相同工况下节点的极限承载力和初始刚度的偏差减小。

光圆螺杆加强作用失效是由垫片下方木材局部承压变形引起的，螺杆本身无明显变形。光圆螺杆布置间距及垫片外径对节点初始刚度无明显影响。

采用光圆螺杆加强节点后，节点开裂时的横纹拉应力大幅提高（约 20%），而横纹拉应力是木材开裂的主要原因。因此光圆螺杆加强节点可承受更高的横纹拉应力，从而延缓了裂缝的出现和发展。光圆螺杆加强节点开裂前压应力最大值相比普通节点提高 50%，因此加强节点在开裂前可承受更大的弯矩。在开裂前光圆螺杆加强节点的销槽承压应力最大值相比普通节点提高 30%，因此加强后节点的木材销槽承压强度利用更加充分。

除此之外，光圆螺杆加强还可以限制裂缝宽度和发展速度，在相同的转角时，光圆螺杆加强节点关键处裂缝宽度均小于普通节点，且裂缝宽度随转角增大的速率相对普通节点较低。如图 6-21 所示。

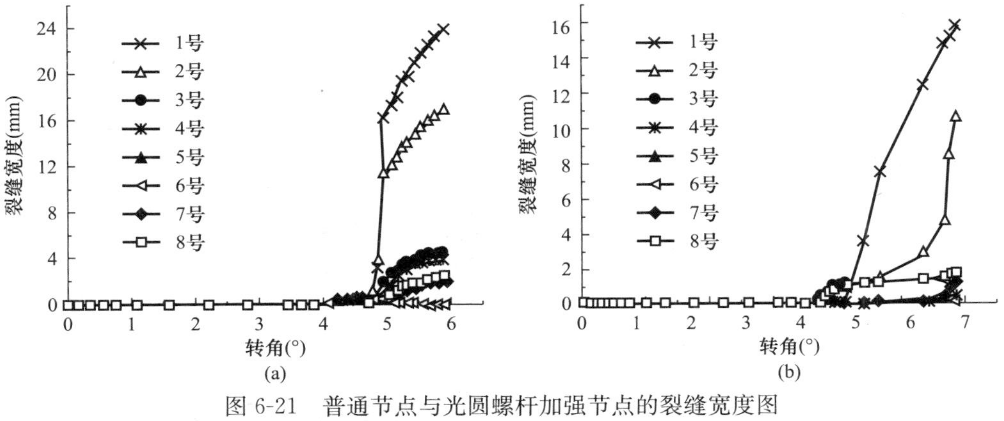

图 6-21　普通节点与光圆螺杆加强节点的裂缝宽度图

(a) 普通节点；(b) 光圆螺杆加强节点

四、加强效果的影响因素

对于光圆螺杆加强节点而言，其对裂缝的限制作用是通过垫片与木材之间的挤压作用实现的，而垫片与木材之间的挤压作用大小取决于垫片面积和木材横纹承压强度。其中木材横纹承压强度与所选用材料有关，垫片面积由垫片内径和外径决定。内径一般比螺杆直径大1mm，而螺杆直径对加强效果影响较小。此外，光圆螺杆的布置间距对增强效果也有影响。

（1）光圆螺杆布置间距

研究布置间距分别为 $3.5d'$、$4d'$、$4.5d'$、$5d'$、$5.5d'$、$6d'$ 时节点的弯矩转角曲线（图 6-22），发现布置间距对节点的初始刚度无明显影响，当布置间距较小时，光圆螺杆所承受的拉力较大，垫片下方的木材易出现局部承压破坏，导致光圆螺杆加强失效；当布置间距较大时，光圆螺杆远离节点薄弱区域，难于发挥作用。当布置间距在 $4d'$～$5d'$ 时，节点极限承载力明显高于其他布置间距下的极限承载力。因此选择合理的布置间距可以保证光圆螺杆的增强效果。

（2）光圆螺杆垫片外径

研究不同垫片外径（20mm、30mm、40mm、50mm、60mm）对节点性能的影响可得（图 6-23），垫片外径对节点初始刚度无明显影响；当垫片外径＞50mm 时，节点的极限承载力基本相同，垫片外径变化对节点承载力无明显影响；当垫片外径≤50mm 时，节点极限承载力随着垫片外径增大而增大，垫片外径从 20mm 增大到 50mm 时，节点极限承载力提高 52％。因此选用合适垫片外径可以避免木材局部承压的过早出现，继而保证垫片与木材之间的挤压作用，发挥光圆螺杆的增强作用。

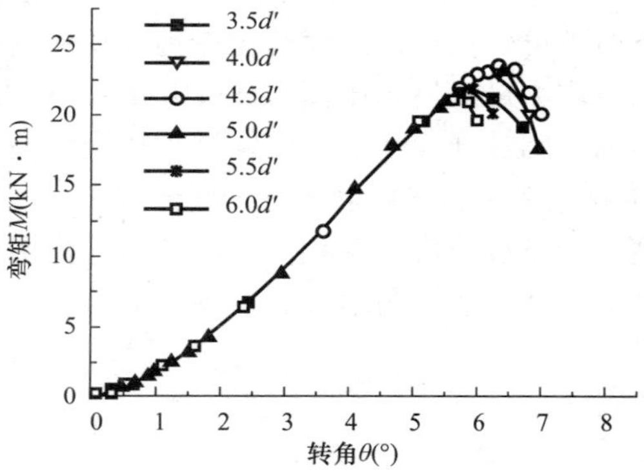

图 6-22　不同光圆螺杆布置间距下光圆螺杆加强节点的弯矩-转角图

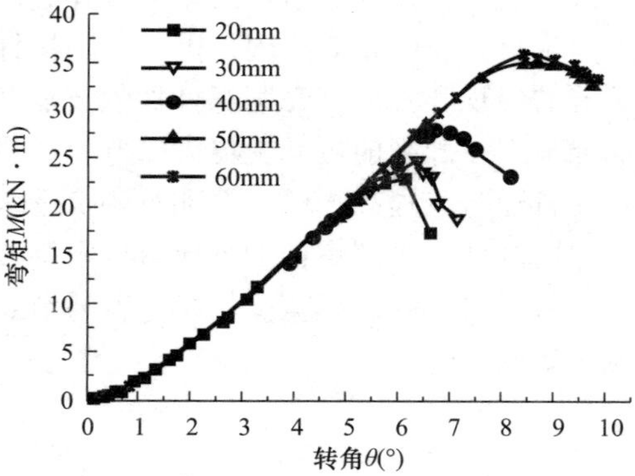

图 6-23　不同光圆螺杆垫片外径下光圆螺杆加强节点的弯矩-转角图

第二节　自攻螺钉加强

一、加强原理

传统的木结构连接用自攻螺钉通常较短，螺丝杆仅部分有螺纹，且强度较低，多用于家具中，难于用于结构构件的加强。随着加工工艺的发展，国外已出现带有自攻钻头的新型自攻螺钉（Self-tapping screw），其直径可达 14mm，长度可超过 1500mm，新型自攻螺钉沿螺杆全长套制螺纹，从而有效增强了螺纹与木材之间的咬合，提高了自攻螺钉与木材的共同工作性能。不同规格的全螺纹自攻螺钉如图 6-24 所示。

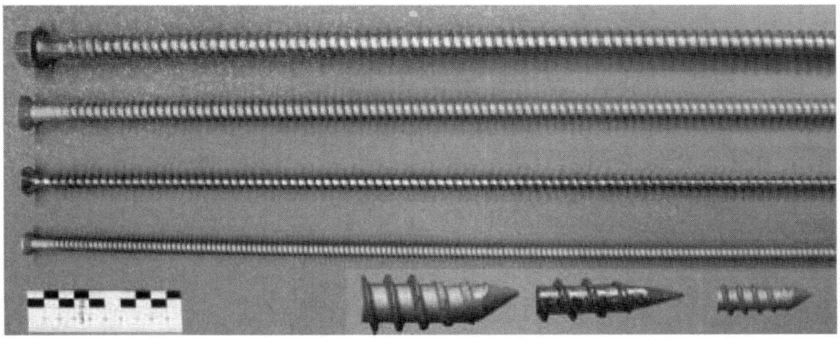

图 6-24　自攻螺钉图

自攻螺钉加强仅需在垂直木纹方向和连接件轴向的方向、靠近连接件的位置打入自攻螺钉。横纹自攻螺钉加强可通过有效传递木构件的横纹拉应力和承受顺纹剪应力来减轻和延缓顺纹劈裂裂缝的发展。自攻螺钉还可以在大变形时提高木材的销槽承压强度，使节点中各组件的强度得到充分利用。此外，自攻螺钉加强后的节点裂缝出现较晚、数量少、发展缓慢，节点延性得到明显改善。在往复荷载作用下，自攻螺钉可以改进节点在大变形或是大震下继续承载的能力，提升结构的抗震性能。因此，自攻螺钉的应用已从单纯的连接件扩展为梁、柱构件及节点的加固，甚至是带裂缝构件的修复[1]。

自攻螺钉对节点的加强作用主要是通过自攻螺钉与木材之间的粘结作用实现的，而自攻螺钉与木材之间的粘结受自攻螺钉布置间距、直径和个数等参数的影响。当自攻螺钉个数较少、直径和布置间距较小时，自攻螺钉易出现滑移破坏和弯曲变形；当布置间距较小时甚至会出现自攻螺钉的剪切断裂破坏。

自攻螺钉加强节点（图 6-25）的主要破坏模式为销槽承压破坏和螺栓弯曲破坏，且自攻螺钉个数越多、直径和布置间距越大，越不易发生自攻螺钉的滑移破坏，裂缝出现越迟，裂缝发展越缓慢，节点破坏时裂缝宽度越小，螺栓弯曲变形越明显，破坏模式由单纯的销槽承压破坏转变为销槽承压破坏和螺栓“一铰”弯曲破坏共同存在的混合破坏模式。

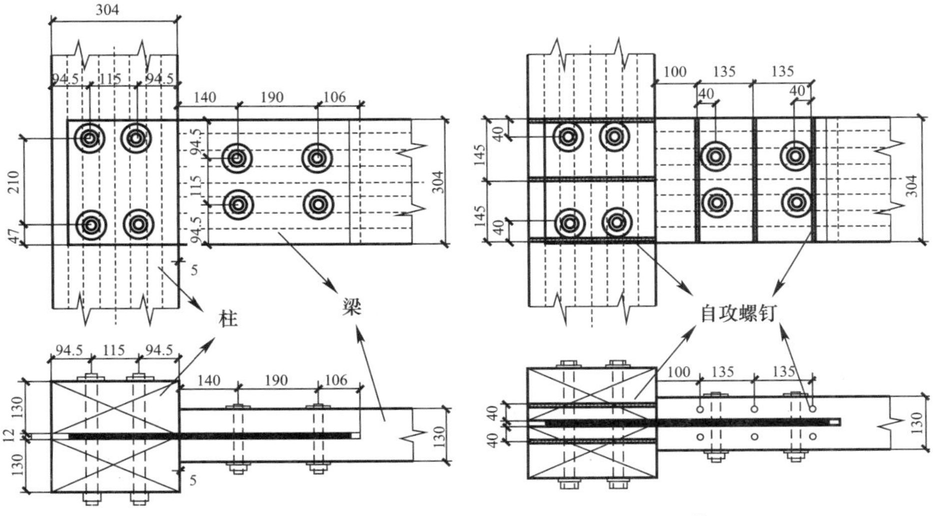

图 6-25　自攻螺钉节点加强构造图

（a）未加强；（b）加强后

自攻螺钉增强节点开裂前，横纹拉应力通过粘结作用传递给自攻螺钉；增强节点开裂时，开裂面上的木材无法承受横纹拉应力，横纹拉应力全部由自攻螺钉承担，故自攻螺钉所受的拔力迅速增大，随后自攻螺钉所受拔力和横纹拉应力形成新的动态平衡，自攻螺钉所受拔力随变形增大平稳增长，直到自攻螺钉达到极限抗拔承载力，发生滑移破坏。适当增大布置间距可以减缓滑移破坏的发生，是由于距离螺栓越近，横纹拉应力水平越高，自攻螺钉所受的极限抗拔力越大，越易发生滑移。

二、试验研究

螺栓连接是现代梁柱式木结构中应用最广泛的连接形式。但是由于木材易开裂的特性，导致螺栓连接存在延性差的缺点，当节点抗弯时不利影响更加明显。目前，改善节点延性最简单直接的方法就是采用大量小直径的螺栓。该试验通过 4 组梁柱节点在单调和往复荷载作用下的抗弯试验，得到了节点的强度、刚度、延性和滞回性能。

（一）试验试件

试验主要材料包括胶合木、螺栓、钢插板和国产方头自攻螺钉等。木构件由北美云杉-松-冷杉的规格材胶合而成，规格材的材质等级为Ⅲ。。木梁截面尺寸均为 280mm×180mm，长 850mm；木柱截面尺寸均为 280mm×230mm，长 1200mm；木构件开槽宽 12mm。螺栓采用 6.8 级、M14 的普通螺栓，用于梁、柱构件的螺栓分别长 210mm、260mm，螺纹段长度均为 100mm。钢板厚 10mm，材质等级为 Q235B。木构件和钢板上的螺栓孔直径均为 16mm。国产方头自攻螺钉（图 6-26）直径 8mm、长 130mm，外六角，螺纹段长 85mm，从木构件两侧垂直木纹方向和螺栓轴向打入。需要注意的是：国产方头自攻螺钉打入时需要在木构件上做引孔和沉头处理。

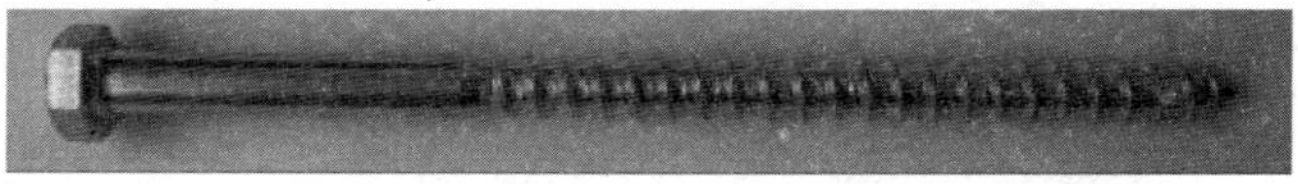

图 6-26 国产方头自攻螺钉示意图

试验选取常用的 T 形梁柱节点作为研究对象，20 个试件分为 4 组（图 6-27）：N2 组、N3 组、S2 组和 S3 组，每组 5 个，3 个用于单调加载（编号 M），2 个用于往复加载（编号 C）。构件编号含义为：N 表示普通节点，S 表示自攻螺钉加强节点；数字 2 和 3 分别表示梁上螺栓排数为 2 排和 3 排（例如 NM2 表示：梁上螺栓排数为 2 排的普通节点，用于单调加载）。自攻螺钉的定位尺寸如图 6-28 所示，钢插板的尺寸如图 6-29 所示。

（二）试验设备

加载装置为双通道电液伺服加载系统，水平作动器变形范围为±250mm，能够施加的最大荷载为±300kN。为便于加载，将木柱水平固定于加载梁上，通过作动器在梁端施加水平荷载。木梁相对木柱的转角通过设置在木梁侧面不同高度处的位移计采集的水平位移计算得到：其中 1 号位移计位于加载点高度处；2、3 号位移计位于木梁螺栓群形心处，并布置在钢板两侧取平均值。钢板侧面也采用同样的方法，在对应最上和最下排螺栓高度处分别放置 4 号和 5 号位移计，用来计算钢插板相对木柱的转角。6 号位移计位于木柱端部，用于监测节点的整体位移。由于实际设计和分析中通常假设节点位于梁柱轴线交点处，因

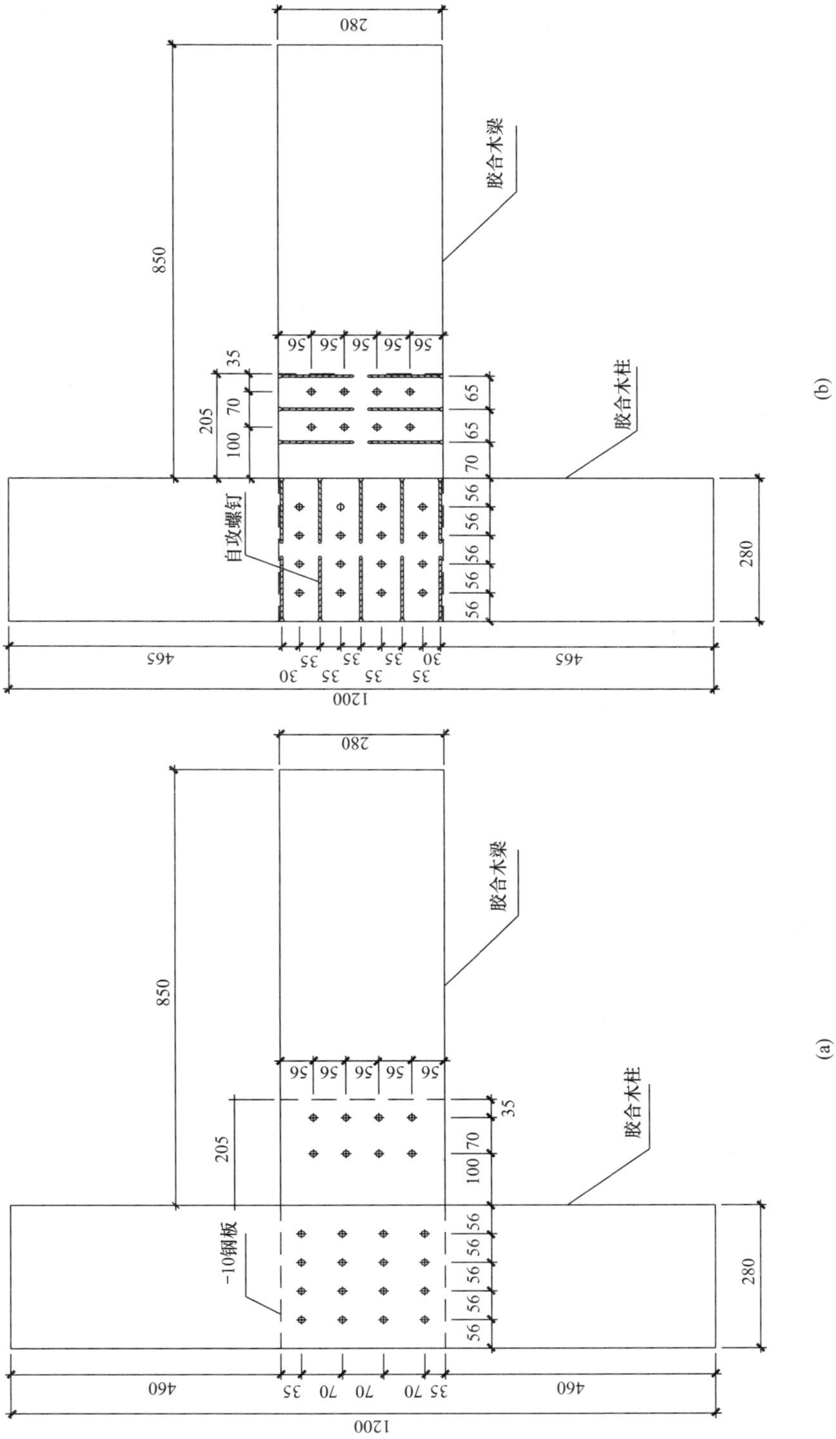

图6-27　节点尺寸与分组（一）
(a)N2组;(b)S2组

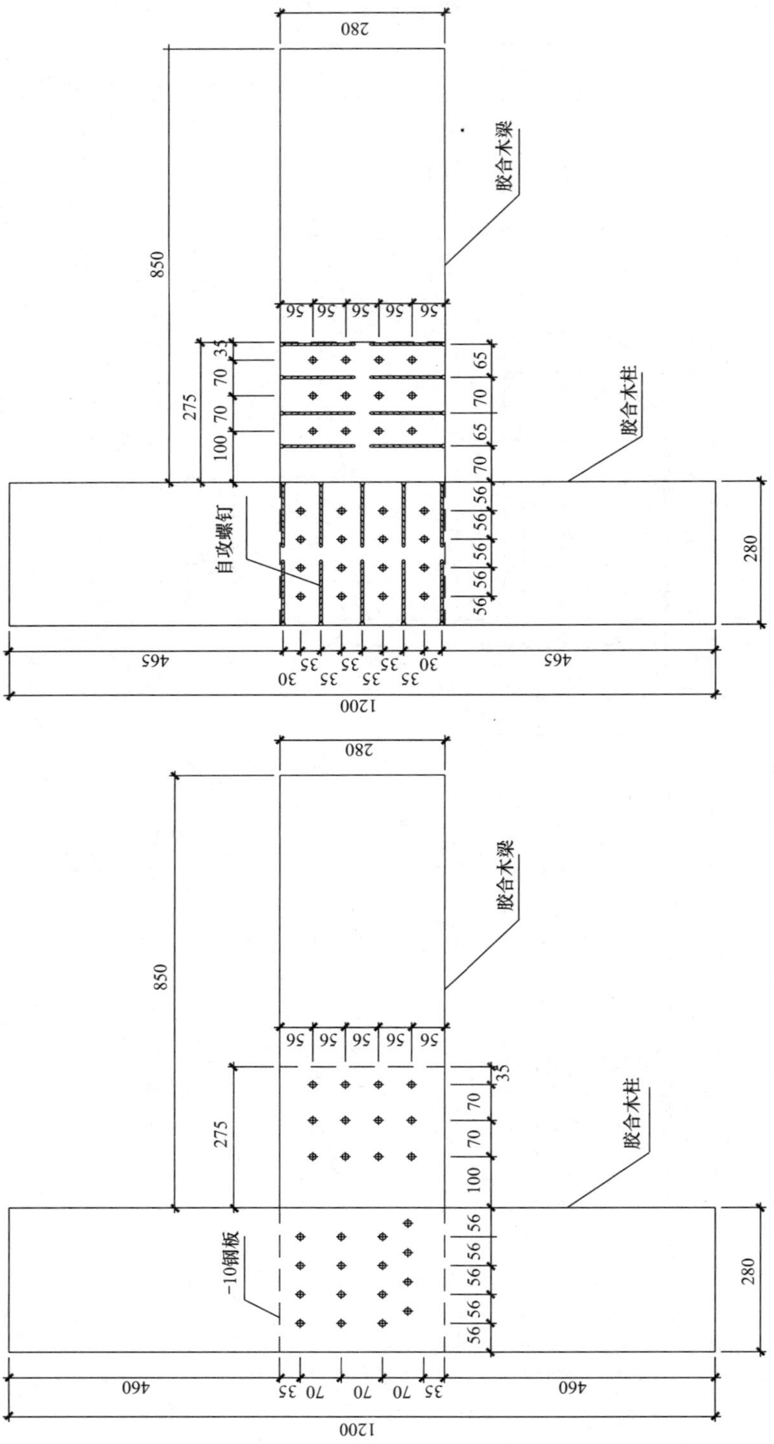

图6-27 节点尺寸与分组（二）

(c)N3组;(d)S3组

此假定转动中心位于木柱螺栓群形心处，木梁相对木柱的弯矩和转角可分别按式（6-7）、式（6-8）近似计算，得到节点的弯矩-转角曲线。

$$M = F \times (H + 0.280/2) \tag{6-7}$$

式中　F——加载头的水平力；

H——测点 1 到木梁端部的高度。

$$\theta = \tan^{-1}\frac{S_1 - (S_2 + S_3)/2}{H - 0.135(\text{or } 0.170)} \times \frac{180}{\pi} \tag{6-8}$$

式中　S_1、S_2、S_3——1、2、3 号位移计的水平位移，0.135 用于两排螺栓，0.170 用于 3 排螺栓。

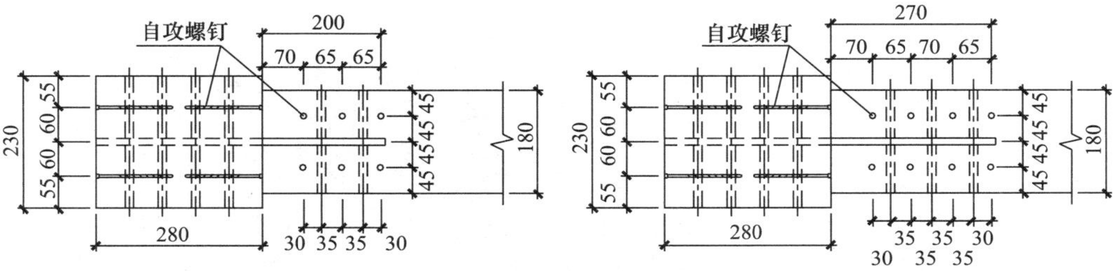

(a)　　(b)

图 6-28　自攻螺钉定位尺寸

（a）S2 组；（b）S3 组

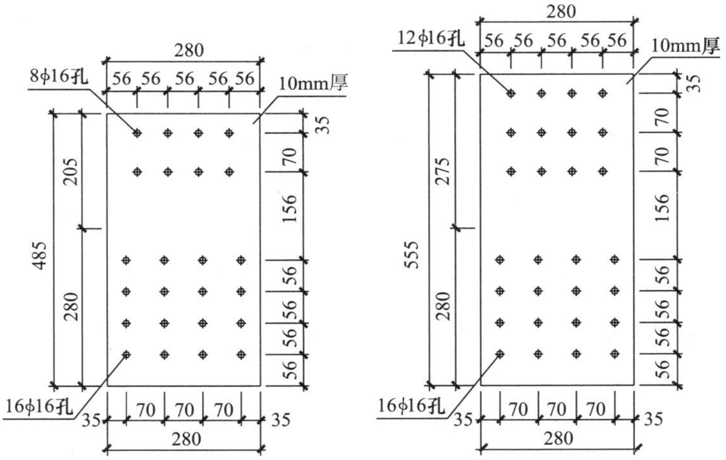

(a)　　(b)

图 6-29　钢插板尺寸

（a）N2 和 S2 组；（b）N3 和 S3 组

（三）加载制度

参照美国规范 ASTM D1761 和 ASTM E2126，单调和往复加载均采用位移控制。对于单调加载，整个加载过程共分为两个阶段（预加载和正式加载）；对于往复加载，选取 CUREE 加载制度。

（四）试验现象

（1）NM2 组节点

试验开始后断续出现由于组件之间的错动和木梁柱之间挤压造成的噼噼啪啪声。由于螺栓与木孔的销槽承压与木纹存在夹角，承压力沿横纹方向的分力使木材横纹受拉，当梁柱相对转角达到 6°左右时，木梁节点区的横纹拉应力超过木材的横纹抗拉强度，因此开始逐渐出现裂缝。这些裂缝通常首先在木梁翘起侧外排螺栓处出现，同时挤压侧外排螺栓处也出现裂缝；个别构件也存在翘起侧内排螺栓处较早出现裂缝的情况，挤压侧内排螺栓处几乎没有明显裂缝出现。节点处的木材首先从螺栓孔附近开裂，随变形加大沿木纹向木梁与柱接触端逐渐扩展。最终，由横纹受拉和顺纹受剪共同作用导致的裂缝主要为顺纹劈裂，伴随少量的列剪切破坏模式，如图 6-30（a）所示。

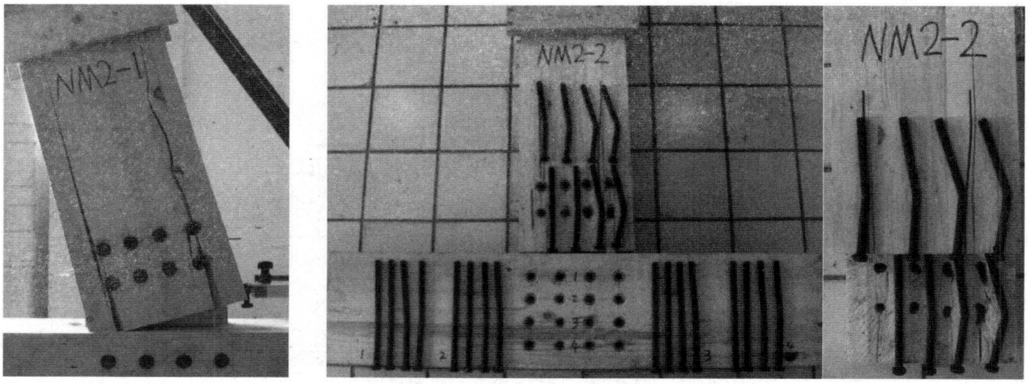

(a) (b)

图 6-30　NM2 组节点开裂情况及螺栓、木孔变形情况

（a）开裂情况；（b）螺栓和木孔变形情况

将节点拆分后可以发现（图 6-30b）：木柱上的螺栓变形很小；木梁上的螺栓出现了明显的弯曲变形，在与钢板的承压处出现了一个塑性铰，塑性铰以外的部分基本刚直，可以认为出现了“一铰屈服”的破坏模式。同时由于螺栓的弯曲变形，孔洞周围的木材出现了承压破坏。但应注意到，木梁翘起侧和挤压侧的螺栓弯曲程度和木孔的承压变形程度并不相同，翘起侧的变形更加明显。因为木梁翘起侧受力相对较大，而在受压侧，梁柱之间的承压分担了部分荷载。由于该承压作用导致了木柱的横纹受压，所以在梁柱挤压处，木柱上出现了局部压溃，如图 6-31 所示。

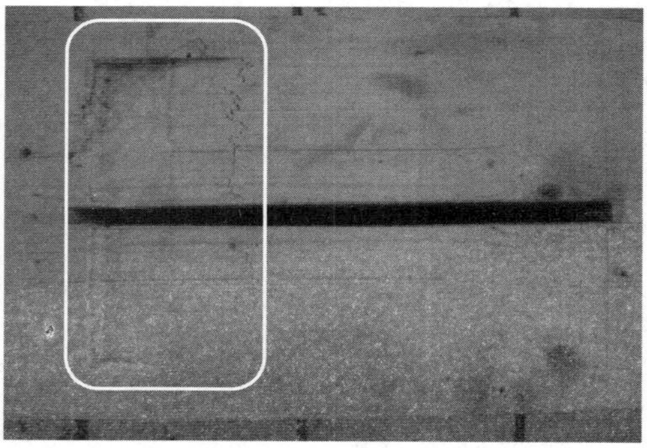

图 6-31　NM2 组节点梁柱挤压处木柱局部压溃

（2）NC2 组节点

NC2 组节点的木梁在位移峰值为 1.5Δ 的主循环开始出现裂缝，其开裂情况、螺栓弯曲与木孔承压变形分别如图 6-32（a）、（b）所示。通过与 NM2 组的对比可以看出，往复加载节点的破坏更加彻底，同时螺栓的弯曲程度与木孔的承压破坏在木梁两侧都相差不大。从图 6-32（a）还可看出：当试验结束，加载头回到初始位置后，木梁柱之间存在约 5～10mm 的间隙（木梁柱在组装完成后基本不存在间隙）。这是因为在往复荷载作用下，木梁两侧分别与木柱承压，导致木梁有从木柱上拔离的趋势，这也导致木柱与木梁相接处的两侧都出现了局部压溃，见图 6-33。其余现象与 NM2 组节点类似，不再重复。

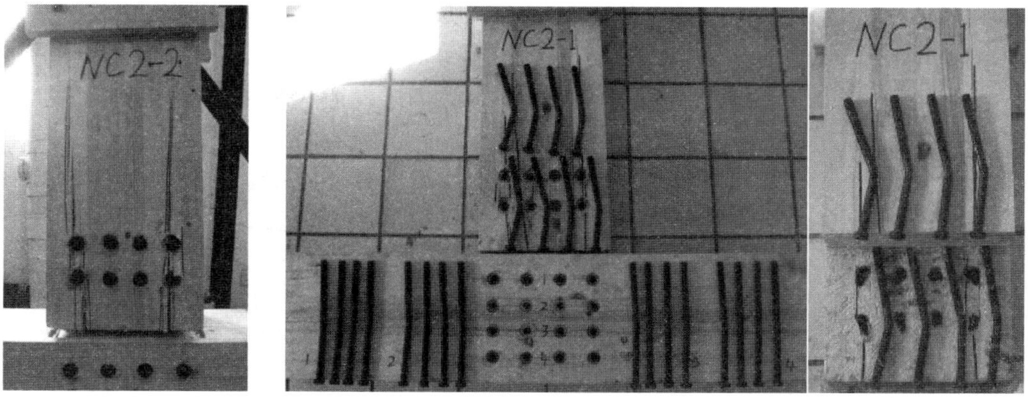

(a)　　　　(b)

图 6-32　NC2 组节点开裂情况及螺栓、木孔变形情况
(a) 开裂情况；(b) 螺栓和木孔变形情况

(3) SM2 组节点

当梁柱相对转角达到 9°时，由于 SM2 组木梁节点区处的横纹拉应力达到自攻螺钉所能传递的最大值，因此木梁在翘起侧和挤压侧外排螺栓处开始出现劈裂裂缝。这些裂缝首先向木梁与木柱接触端扩展，而裂缝的反方向扩展不明显。整个过程中，由于自攻螺钉的加强作用，内侧螺栓处横纹拉应力相对较小，因此几乎没有裂缝出现，而且与 NM2 组节点相比，外侧螺栓处的裂缝宽度减小、发展也十分缓慢，木材易开裂的现象得到明显改善。最终，SM2 组节点的开裂情况如图 6-34 (a) 所示。SM2 组节点的螺栓弯曲与木孔承压变形、木柱的局部压溃情况分别如图 6-34 (b) 和图 6-35 所示，与 NM2 组节点类似，不再赘述。

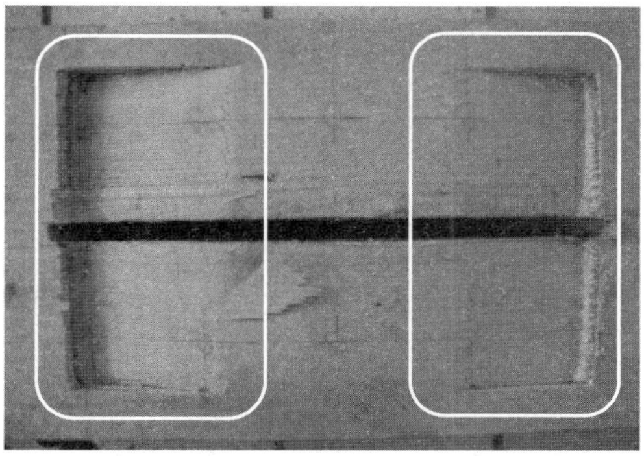
图 6-33　NC2 组节点梁柱挤压处木柱局部压溃

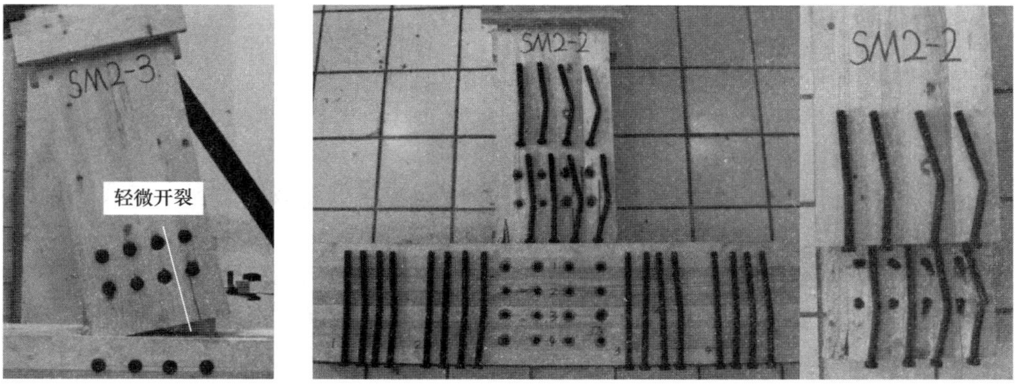

(a)　　　　(b)

图 6-34　SM2 组节点开裂情况及螺栓、木孔变形情况
(a) 开裂情况；(b) 螺栓和木孔变形情况

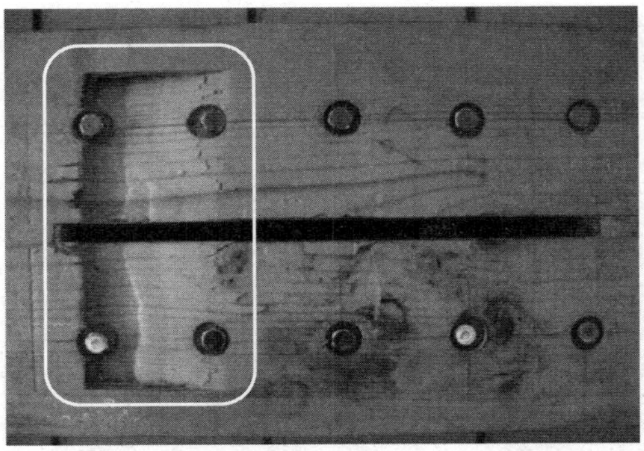

图 6-35　SM2 组节点梁柱挤压处木柱局部压溃

从图 6-36（a）、（b）可以看出：在木梁挤压侧，自攻螺钉压入木材的趋势并不明显；而木梁翘起侧，靠近端部的自攻螺钉有明显压入木材的趋势。这也是由于木梁柱间的承压力分担了部分荷载，从而木梁挤压侧的螺栓和自攻螺钉受力相对较小，而翘起侧自攻螺钉承受了较大的横纹拉应力。从图 6-36（c）可以看出：自攻螺钉几乎没有变形，因为自攻螺钉的主要作用是通过传递木纤维中的横纹拉应力和顺纹剪应力来减轻和延缓木材开裂，在螺栓的作用力和木材中的顺纹剪应力下，自攻螺钉自身通常不会产生明显变形。

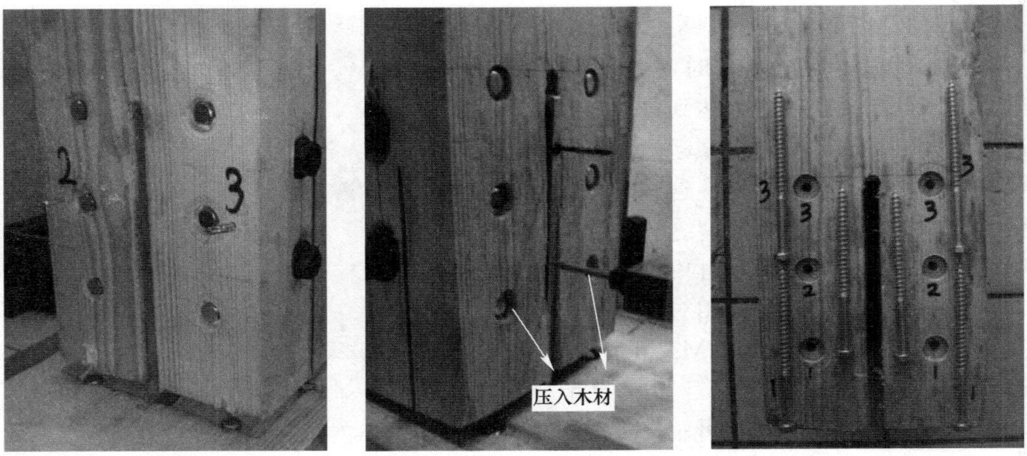

(a)　　(b)　　(c)

图 6-36　SM2 组节点自攻螺钉相对木梁变形及自攻螺钉自身变形情况

（a）挤压侧；（b）翘起侧；（c）自攻螺钉变形

（4）SC2 组节点

SC2 组节点的木梁在位移峰值为 1.5Δ 的主循环开始出现裂缝，其开裂情况、螺栓弯曲与木孔承压变形分别如图 6-37（a）、（b）所示。与 SM2 组节点相比，SC2 组节点的破坏相对严重，且个别节点内排螺栓处也出现了劈裂破坏。最终破坏形态，在螺栓至木梁端部基本为顺纹劈裂破坏，而沿木纹方向的两个螺栓之间以列剪切破坏为主，这与单调加载有所不同，因为顺纹方向两个螺栓间的木材在往复荷载作用下由于自攻螺钉的限制作用，承压作用更加均匀，导致最终产生列剪切破坏。与 NC2 组节点相比，自攻螺钉加强后的 SC2 组节点的破坏程度有所改善。其余现象类似，不再赘述。

从图 6-38 试验前后自攻螺钉相对木梁表面的位置对比可以看出：随变形增大，由于自攻螺钉承受的横纹拉应力和顺纹剪应力逐渐增大，因此有明显压入木材的趋势。其余现象与 SM2 组节点类似，不再赘述。

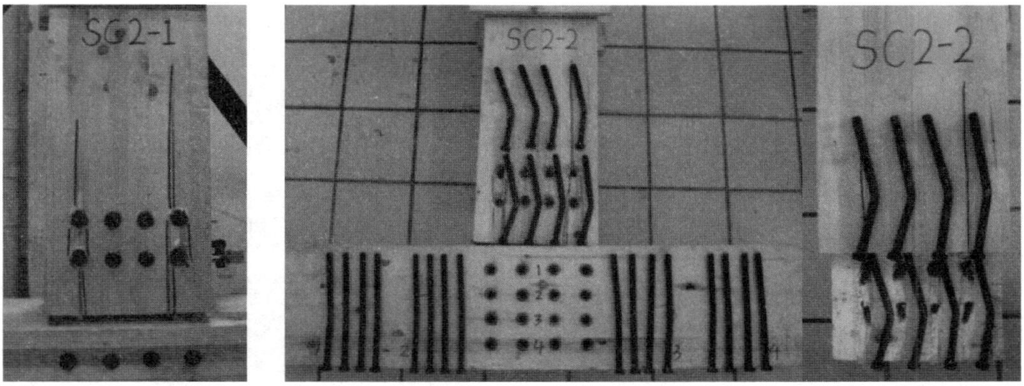

(a)　　(b)

图 6-37　SC2 组节点开裂情况及螺栓、木孔变形情况

(a) 开裂情况；(b) 螺栓和木孔变形情况

（5）NM3 组节点

当梁柱相对转角达到 8°左右时，NM3 组节点的木梁上开始出现裂缝，其开裂情况、螺栓弯曲与木孔承压变形分别如图 6-39（a）、(b) 所示。与 NM2 组节点相比，随着螺栓数量的增加，NM3 组的开裂有所延缓；另外，在木梁翘起侧最上排螺栓处，由于 NM3 组节点梁上螺栓排数增多，对木梁和钢板的相对变形约束作用增强，导致木梁中该处的拉应力接近强度极限，因此木梁还呈现出沿横截面方向受弯断裂的破坏趋势。其余现象类似，不再赘述。

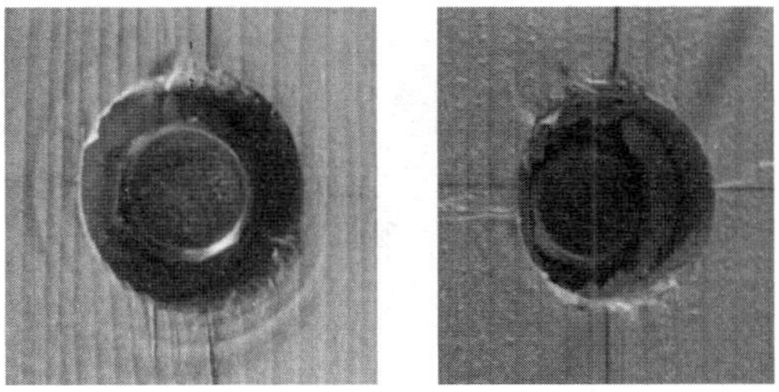

(a)　　(b)

图 6-38　SC2 组节点试验前后自攻螺钉相对木梁表面位置图

(a) 试验前；(b) 试验后

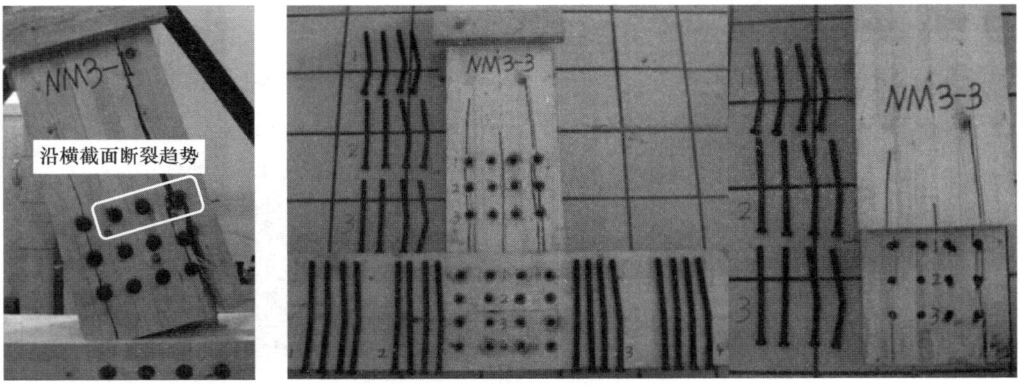

(a)　　(b)

图 6-39　NM3 组节点开裂情况及螺栓、木孔变形情况

(a) 开裂情况；(b) 螺栓和木孔变形情况

（6）NC3 组节点

NC3 组节点的木梁在位移峰值为 1.5Δ 的主循环开始出现裂缝，其开裂情况、螺栓弯曲与木孔承压变形分别如图 6-40（a）、(b) 所示。与 NM3 组节点相比，NC3 组节点木梁

上内侧螺栓处的木材也基本全部开裂，因为当外侧木材开裂后，内侧螺栓还可提供较大的残余承载力，随着变形加大，内侧螺栓附近的木材横纹拉应力也达到横纹抗拉强度；同时，最上排螺栓处都出现了比单调加载更加明显的沿横截面受弯断裂的现象，这点与 NC2 组节点相比大不相同，主要原因是 3 排螺栓对节点区的约束作用明显增强，在往复荷载作用下，极限承载力得到提高的同时，木梁承受了较高的弯曲应力，达到了最上排螺栓处木材的净截面承载力。其余现象与 NM3 或是 NC2 组节点类似，不再重复。

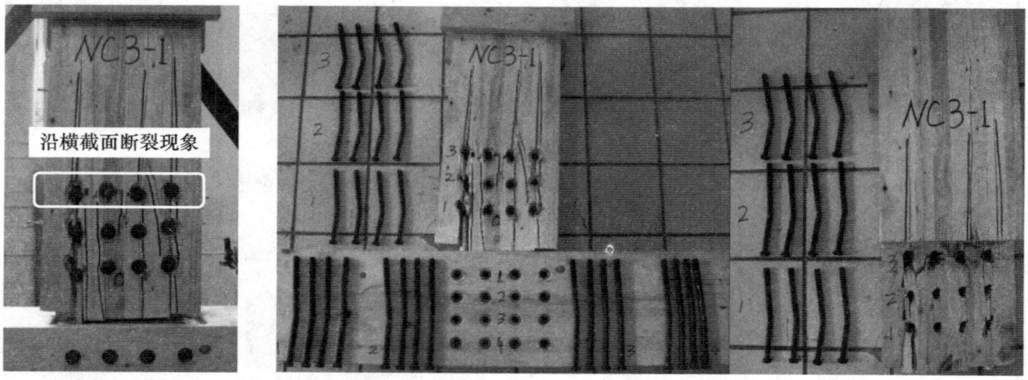

(a) (b)

图 6-40 NC3 组节点开裂情况及螺栓、木孔变形情况

（a）开裂情况；（b）螺栓和木孔变形情况

（7）SM3 组节点

当梁柱相对转角达到 10°时，SM3 组节点的木梁在翘起侧的外侧螺栓处开始出现轻微的劈裂裂缝。整个过程中，裂缝表现为轻微的顺纹劈裂，如图 6-41（a）所示。与 NM3 组节点相比，SM3 组节点的裂缝发展明显变缓、裂缝宽度明显减小，而且自攻螺钉加强后的节点没有出现任何净截面受弯断裂的现象，可见自攻螺钉在有效限制木材开裂的同时，对提高木材的承载力也是有贡献的。SM3 组节点的螺栓弯曲与木孔承压变形、自攻螺钉变形情况分别如图 6-41（b）和图 6-42 所示，与 SM2 组节点类似，不再重复。

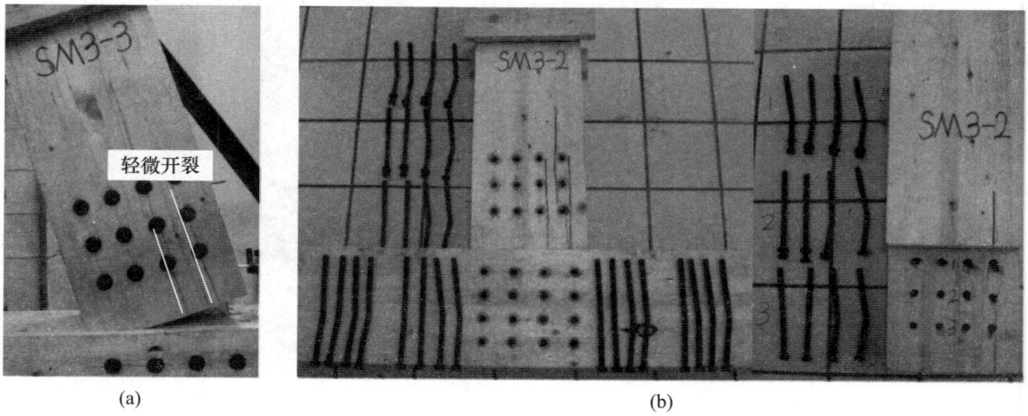

(a) (b)

图 6-41 SM3 组节点开裂情况及螺栓、木孔变形情况

（a）开裂情况；（b）螺栓和木孔变形情况

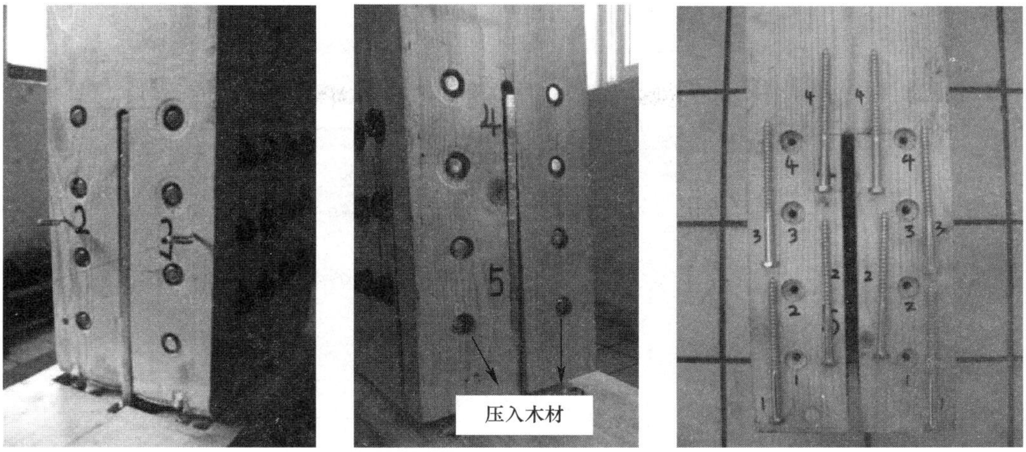

(a)　(b)　(c)

图 6-42　SM3 组节点自攻螺钉相对木梁变形及自攻螺钉自身变形情况

（a）挤压侧；（b）翘起侧；（c）自攻螺钉变形

（8）SC3 组节点

SC3 组的木梁在位移峰值为 1.5Δ 的主循环开始出现裂缝，其开裂情况、螺栓弯曲与木孔承压变形分别如图 6-43（a）、（b）所示。与 SM3 组相比，SC3 组木梁开裂更明显，内侧螺栓处也出现了劈裂破坏。与 NC3 组节点相比，自攻螺钉加强后 SC3 组节点的破坏程度得到明显改善，且没有发生净截面受弯断裂的现象。

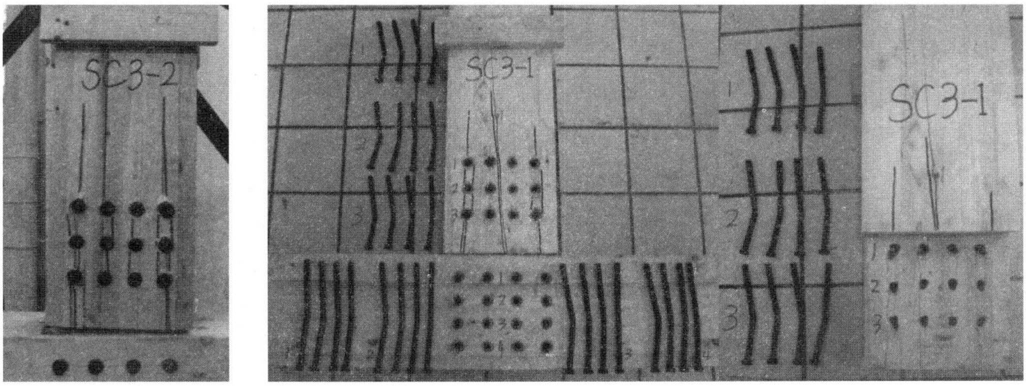

(a)　(b)

图 6-43　SC3 组节点开裂情况及螺栓、木孔变形情况

（a）开裂情况；（b）螺栓和木孔变形情况

（9）钢板变形

从图 6-44 与图 6-45 可以看出：钢板整体没有视觉上的明显变形，只在受力较大的螺栓孔处，出现了轻微的局部挤压变形。

整个节点在梁端部集中力作用下，外力通过木梁与螺栓的销槽承压传给梁上螺栓群，然后经由钢板传给柱上螺栓群，之后通过螺栓与木柱的销槽承压传给木柱，最后传给固定装置。整个过程中，不同位置处的木材和螺栓的受力情况存在较大差别；并且在不同的加载阶段，随着变形的加大和木材开裂，产生应力重分布，相同位置的木材和螺栓的受力大小和方向也在不断改变，导致节点中各组件的受力较为复杂。但对于钢板而言，其作为传力过程的中间路径，受力过程中表现为刚体转动，因此可忽略钢板对整体受力的影响。

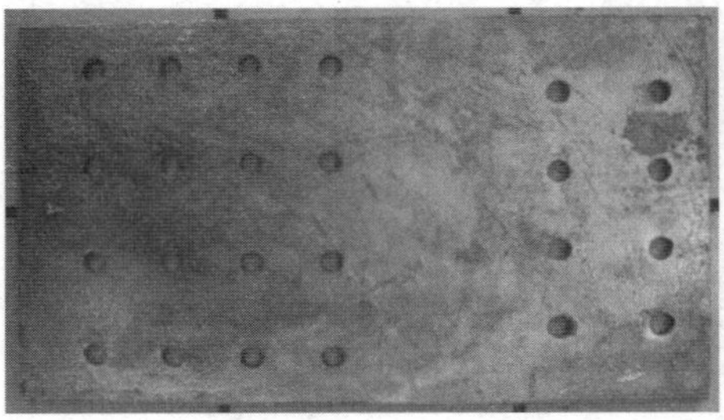

(a)

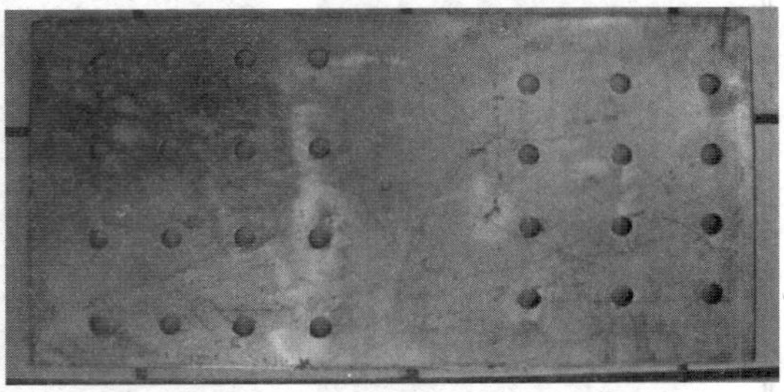

(b)

图 6-44　钢板整体变形情况

(a) 梁上 2 排螺栓；(b) 梁上 3 排螺栓

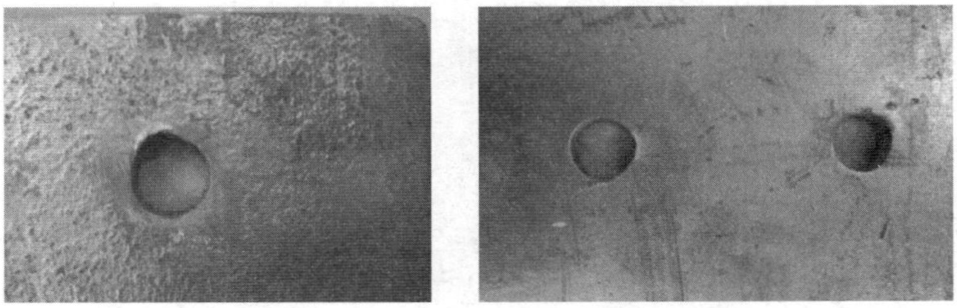

图 6-45　钢板螺栓孔局部承压变形

（五）试验结果分析

（1）单调加载结果分析

根据 Y&K 方法的原理，计算得到表 6-3 中 4 组节点单调加载参数的结果，数据均为每组试验中 3 个试件结果的平均值。从各组试件参数计算结果的对比可以看出：

单调加载参数计算结果对比　　**表 6-3**

分组	屈服		极值		破坏		刚度	延性
	M_y(kN·m)	θ_y(°)	M_p(kN·m)	θ_p(°)	M_f(kN·m)	θ_f(°)	K_e(kN·m/°)	μ
NM2	17.58	3.85	30.14	8.13	22.07	9.78	5.86	2.55
SM2	18.03	4.06	32.7	10.44	31.25	12.18	5.76	3.00
NM3	22.23	4.21	38.28	8.64	34.59	12.29	6.66	2.92
SM3	27.79	4.48	42.15	8.64	＞49.8	＞14.9	7.62	＞3.34

通过增加螺栓数量，可以使得节点各方面的特性得到提升，其中抗弯刚度的提高尤为明显，因为螺栓连接节点的承载力与螺栓数量直接相关；节点刚度与螺栓的布置方式有关；随着螺栓数量的增大，木材的劈裂现象有所延缓，并且节点在开裂后因其仍保持更大的残余承载力，故而节点的延性有所增长；自攻螺钉加强对刚度的提升作用有限，因为该试验中的自攻螺钉打入位置离螺栓相对较远，无法有效克服孔洞间隙导致初始滑移这种弊端；由于自攻螺钉通过传递木构件中的横纹拉应力和承受顺纹剪应力，有效减轻和延缓了木材的开裂，因此节点的延性和后期承载力都得到了明显的提升，在承载力没有显著下降

的情况下可以继续承受较大的变形，减少由节点破坏引起的结构体系的失效。

对比 NM3 组与 NM2 组，M_y、M_p 和 M_f 分别提升了 26.45%、27.01%、56.73%；弹性刚度 K_e 提升了 13.65%；延性提升了 14.51%。对比 SM2 组与 NM2 组，M_y、M_p 和 M_f 分别提升了 2.56%、8.49%、41.59%；弹性刚度 K_e 没有明显变化；延性提升了 17.65%。对比 SM3 组与 NM3 组，M_y 和 M_p 分别提升了 25.01%、10.11%；弹性刚度 K_e 分别提升了 14.41%；SM3 组具有非常好的延性。

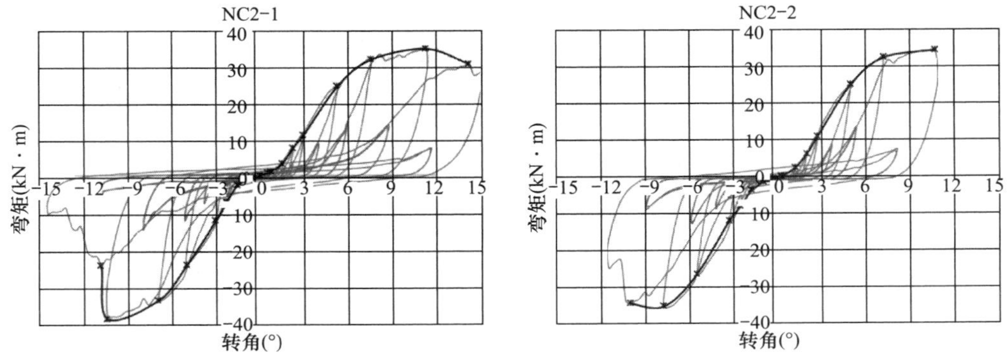

(a)

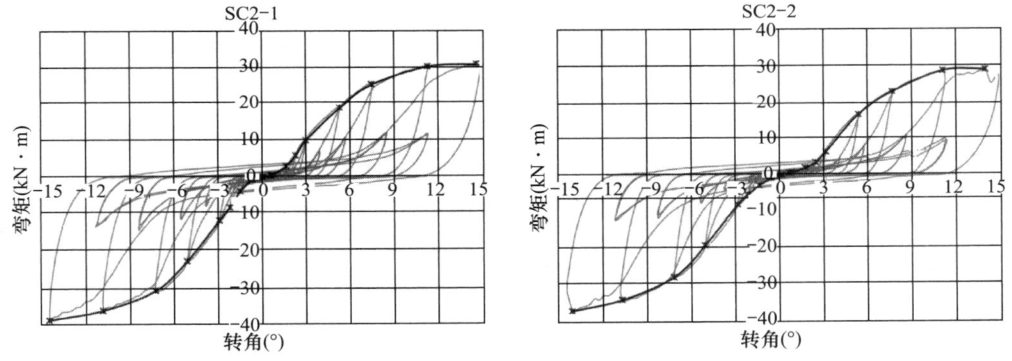

(b)

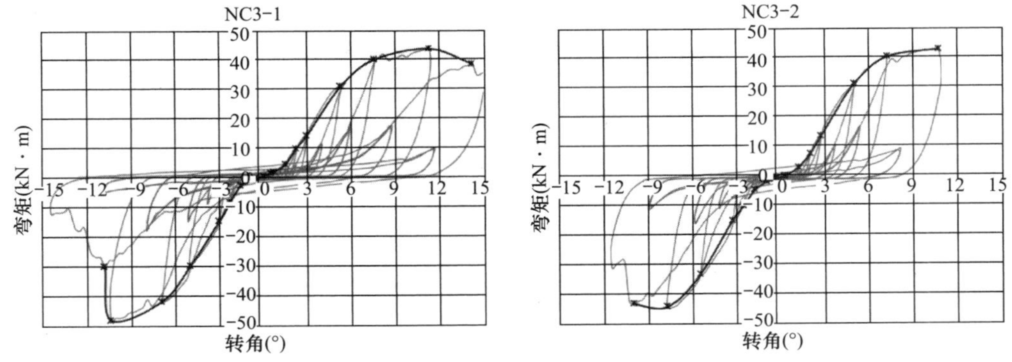

(c)

图 6-46　各组节点滞回曲线与骨架曲线（一）

(a) NC2 组；(b) SC2 组；(c) NC3 组

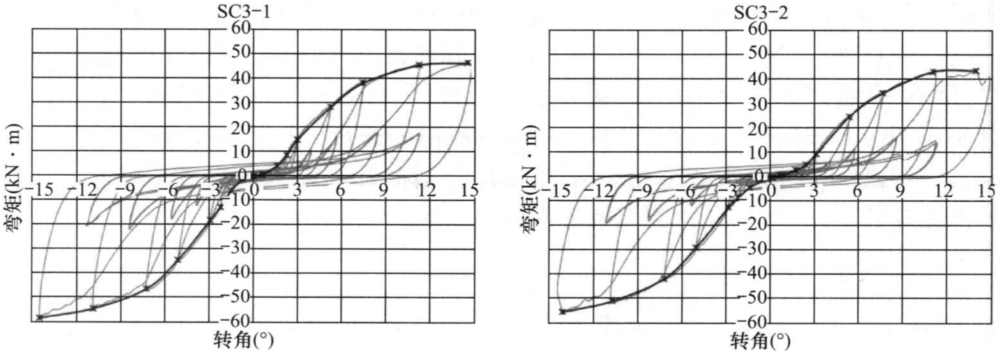

(d)

图 6-46　各组节点滞回曲线与骨架曲线（二）

（d）SC3 组

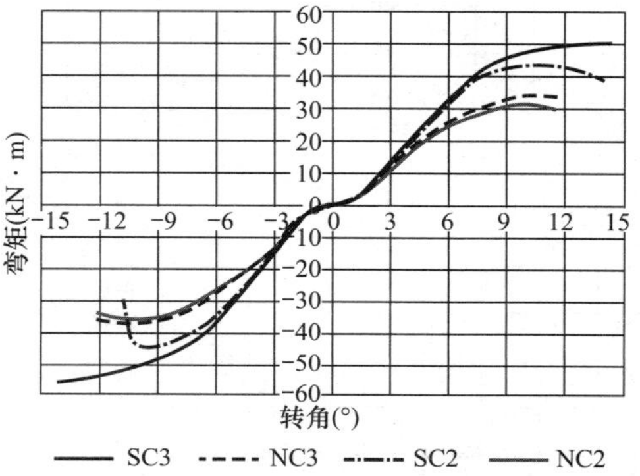

图 6-47　各组节点往复加载平均骨架曲线对比

（2）往复加载结果分析

各组节点滞回曲线与骨架曲线如图 6-46 所示，各组节点往复加载平均骨架曲线对比如图 6-47 所示。各组节点割线刚度 K_i 和等效黏滞阻尼系数 ε_{eq} 的计算结果及变化趋势见表 6-4、表 6-5 和图 6-48。忽略小变形时初始滑移导致的受力不确定性以及可能的制作、安装误差，因此只列出了 0.2Δ～2.0Δ 主循环的计算结果进行对比。从图 6-48 可以看出，各组节点的刚度和耗能具有相似的变化规律。

在主循环为 0.2Δ～0.4Δ 的区间，其刚度呈线性增长的趋势、耗能能力处于较低的水平，表明节点从克服初始间隙到螺栓与孔壁充分接触仍处于弹性阶段，主要通过构件间的摩擦等进行少量的耗能；在 0.4Δ～0.7Δ 的区间，刚度保持线性增长、耗能开始明显增长，因为此时木材的承压开始逐渐出现不可恢复的塑性变形，但螺栓仍基本刚直；在 0.7Δ～1.0Δ 的区间，刚度开始缓慢衰退、耗能能力稳定

往复加载主循环割线刚度 K_i 计算结果对比　　**表 6-4**

位移（Δ%）	20	30	40	70	100	150	200
NC2	1.602	2.575	3.534	4.467	4.328	3.532	2.797
SC2	2.165	3.315	3.985	4.615	4.444	3.855	2.854
NC3	2.469	3.810	4.693	5.633	5.400	4.184	2.724
SC3	2.794	3.812	4.612	5.567	5.405	4.403	3.551

往复加载主循环等效黏滞阻尼系数 ε_{eq} 计算结果对比　　**表 6-5**

位移（Δ%）	20	30	40	70	100	150	200
NC2	0.089	0.077	0.069	0.092	0.096	0.123	0.126
SC2	0.093	0.088	0.077	0.105	0.098	0.127	0.127
NC3	0.076	0.079	0.072	0.101	0.103	0.133	0.134
SC3	0.095	0.082	0.075	0.107	0.109	0.143	0.152

在中等水平，表明孔洞处的木材已出现不可忽视的塑性变形和微裂缝等损伤累积，同时螺栓开始出现轻微的塑性弯曲变形；在 1.0Δ～1.5Δ 的区间，刚度迅速退化，而耗能再次快速增长，原因是木材的损伤继续加大同时木材劈裂开始出现，螺栓的塑性变形不可忽略；在 1.5Δ～2.0Δ 的区间，刚度持续退化、耗能稳定在较高的水平，因为木材和螺栓在出现大量塑性变形的同时，裂缝不断出现、扩展。

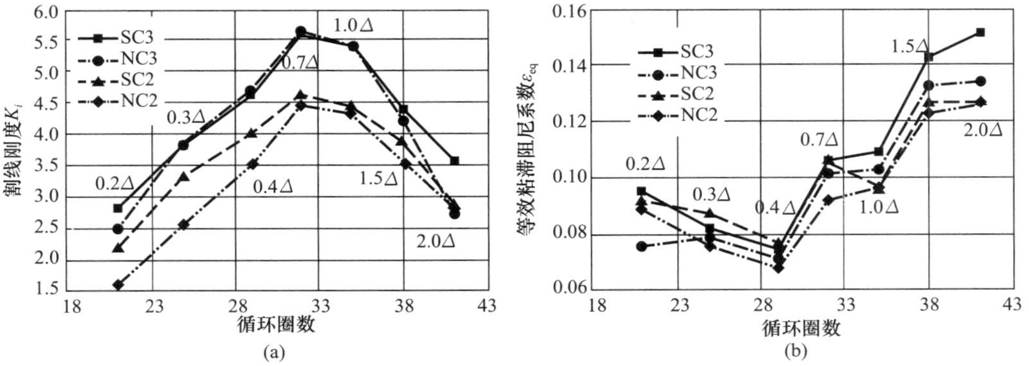

图 6-48　割线刚度 K_i 和等效黏滞阻尼系数 ε_{eq} 变化趋势图

(a) K_i；(b) ε_{eq}

（六）试验结论

通过 4 组节点试验结果的对比，可以得到以下主要结论：

未加强的螺栓连接节点的裂缝出现较早，由横纹受拉和顺纹受剪共同作用导致的裂缝主要为顺纹劈裂，伴随少量的列剪切破坏模式，具有较明显的脆性破坏特征。节点的抗弯承载力随裂缝的出现和扩展逐渐衰退。

自攻螺钉加强后的节点裂缝出现较晚、数量少、发展缓慢，使节点延性提升 15%以上，而刚度没有明显变化。当梁上螺栓排数由 2 排增加到 3 排时，节点的极限抗弯强度提升了 25%以上，弹性刚度和延性都提升了 10%以上。各组试件的滞回曲线都存在明显的捏缩现象，主要归咎于螺栓处的孔洞间隙以及螺栓与孔洞周围木材的局部承压使木孔产生了不可恢复的塑性变形。

自攻螺钉通过有效传递木构件的横纹拉应力和承受顺纹剪应力来减轻和延缓开裂，达到提高延性的目的；同时，在大变形时自攻螺钉可以增大销槽承压强度，使螺栓强度也得到充分发挥，从而提高节点极限强度，因此其加强作用在大变形时得到了明显的体现。但是应注意到，试验采用的国产自攻螺钉在端部没有螺纹，因此一定程度上会减弱其限制开裂的加强作用，使裂缝倾向于出现在木构件对应自攻螺钉无螺纹处。

三、加强效果

采用自攻螺钉加强的节点破坏转角约为 15.24°～19.75°（0.266～0.345rad）。自攻螺钉加强节点裂缝是由横纹拉应力和顺纹剪应力共同作用引起的，其中横纹拉应力起主导作用。自攻螺钉加强节点开裂时，其开裂处的横纹拉应力几乎为横纹抗拉强度的 2～3 倍，自攻螺钉有效地承担了裂缝处的横纹拉应力，使得加强后的木材可以承受更大的横纹拉应力，相当于增强了木材的横纹抗拉强度，从而延缓木材开裂；自攻螺钉个数越多、直径和布置间距越大，裂缝出现越迟，发展越缓慢，节点破坏时裂缝宽度越小，且自攻螺钉越不易发生滑移破坏。

随着自攻螺钉个数增加、直径增大，节点的承载力、破坏转角和延性系数提高；自攻螺钉布置间距的变化对节点在单调荷载作用下的承载力和延性系数影响不明显；而节点在往复荷载作用下时，随着自攻螺钉布置间距的减小，节点承载力降低；随着自攻螺钉个数的增加、直径和布置间距的增大，节点总耗能增大；随着自攻螺钉个数和布置间距的减小，节点等效黏滞阻尼系数增大；自攻螺钉直径变化对等效黏滞阻尼系数无明显影响。

四、加强效果的影响因素

（一）自攻螺钉布置间距的影响

分别研究自攻螺钉布置间距 2.5d'、3.0d'、3.5d'、4.0d'、5.0d'、5.5d'、6.0d' 时节点的弯矩-转角关系（图 6-49），各组节点初始刚度基本相同，而极限承载力出现较大差异。当自攻螺钉布置间距在 4.0d'～5.0d' 时，节点承载力基本相同，且节点承载力明显高于其他布置间距下的极限承载力。当布置间距较小时（2.5d'～3.5d'）时，越靠近螺栓孔处，自攻螺钉越易发生滑移破坏，故节点承载力随着布置间距增大而增大；当布置间距较大时，自攻螺钉远离节点薄弱区，难以发挥作用。因此选择合适的布置间距（4.0d'～5.0d'）可以保证自攻螺钉的加强效果。

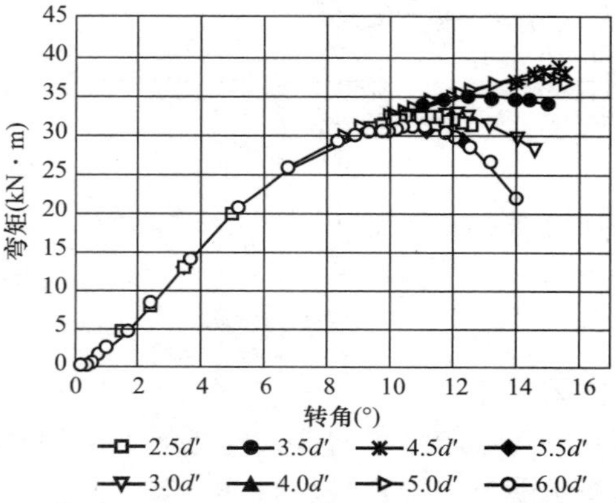

图 6-49　在不同自攻螺钉布置间距下自攻螺钉增强节点弯矩-转角图

（二）自攻螺钉个数影响

自攻螺钉个数由螺栓间距和自攻螺钉布置间距决定，满足螺钉布置间距最优值（4.0d'～5.0d'），满足该条件下，自攻螺钉一般只有两种布置形式，即为单侧增强（图 6-50a）和双侧增强（图 6-50b）。单侧增强是仅在每列螺栓的近柱端加强，双侧增强是在每列螺栓的近柱端和远柱端同时增强。

在弹性阶段，自攻螺钉的个数变化对节点初始刚度无明显影响；进入塑性阶段后，相同转角时，双侧增强节点抗弯承载力较大。随着自攻螺钉直径增大，自攻螺钉个数增加对节点性能提高程度降低。

（三）自攻螺钉直径的影响

当节点采用双侧加强时，自攻螺钉直径从 8～10mm 变化时，承载力仅提高 1.5%；当节点采用单侧加强时，自攻螺钉直径从 8～10mm 变化时，承载力提高 6.8%。因此，自攻螺钉在常见范围变化时，对节点承载力影响并不明显，尤其是双侧加强时。

同一行（列）不同螺栓之间，以及不同螺栓行（列）之间荷载分配存在不均匀性。相较于受压侧而言，受拉侧各螺栓间荷载分配较为均匀。近柱端各螺栓之间荷载分配的不均匀程度较远柱端各螺栓更为显著。试验表明，当自攻螺钉布置间距为 2.5 倍的自攻螺钉直径时，节点开裂较早，刚度退化迅速，耗能能力相对较差。

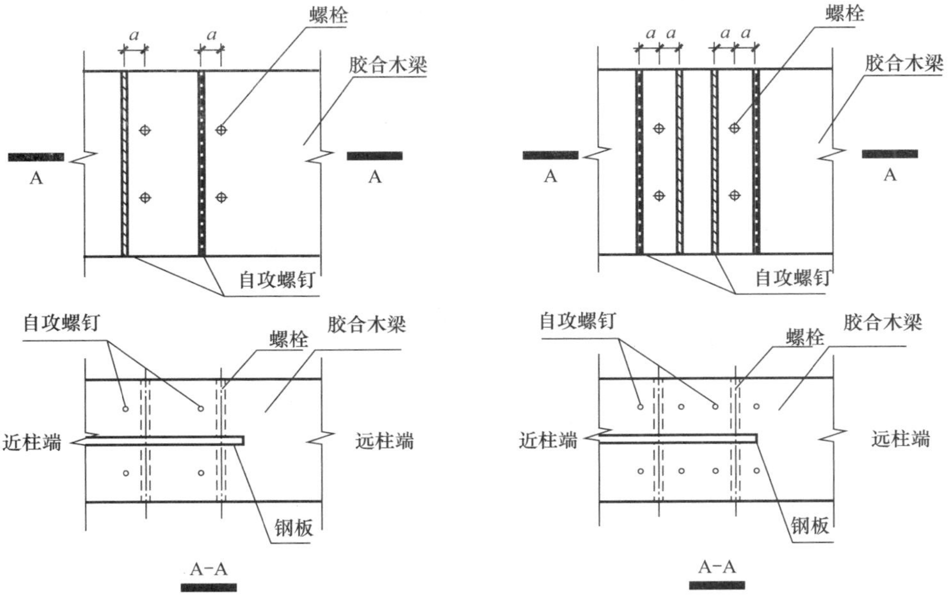

(a) (b)

图 6-50 自攻螺钉单侧增强于双侧增强示意图

（a）单侧加强；（b）双侧加强

从上述现象可总结出的设计建议为：全螺纹自攻螺钉长度宜与梁高（或柱宽）相等；每列螺栓宜在近柱端和远柱端两侧同时加强，当受自攻螺钉数量限制无法满足两侧同时加强时，优先考虑加强近柱端；自攻螺钉布置间距宜取为 $4d'$～$5d'$，在实际工程中可根据节点尺寸予以适当调整，但是不宜小于 $2.5d'$或大于 $5d'$；宜通过增加自攻螺钉个数而非增大自攻螺钉直径的方式来提高节点性能。

第三节 套筒螺栓加强

一、加强原理

张拉后的螺杆使放置于木孔中且紧贴木孔壁的套管顶紧钢填板，在节点受力初期，主要利用钢填板与套管件的摩擦力抵抗钢填板相对于木槽的滑移。钢填板预应力套管螺栓连接（图 6-51）具有较好的承载力和刚度，在控制节点受力的情况下，节点延性也较合理[2]。

套管节点的受力原理如图 6-52 所示。高强度螺栓的预紧力通过螺母传给垫片，垫片从两侧对钢管施加预压力，进而钢板两侧的钢管与钢板之间也形成了预压力。当在木构件和钢板上施加外力，使二者产生相对运动的趋势时，垫片、钢管、钢板之间的预压力就会在三者的接触面上产生摩擦力，并且依靠套管和木孔之间的销槽承压来传递外力。由于钢材的弹性模量远远大于木材，因

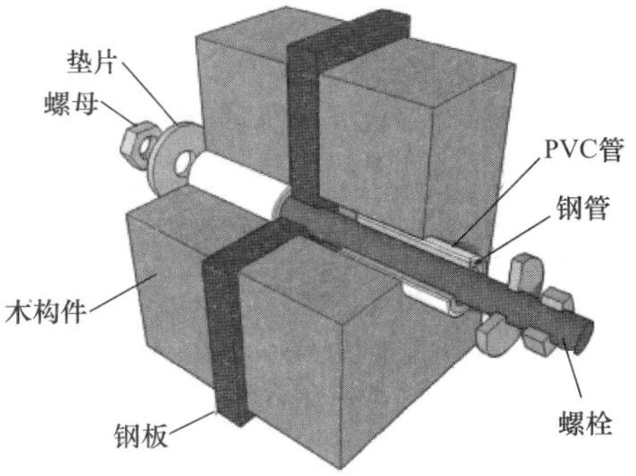

图 6-51 预应力套管节点示意图

此木构件的收缩变形不会对预紧力产生影响，即使在长期使用的条件下，螺栓预拉力的损失理论上也可以忽略不计。

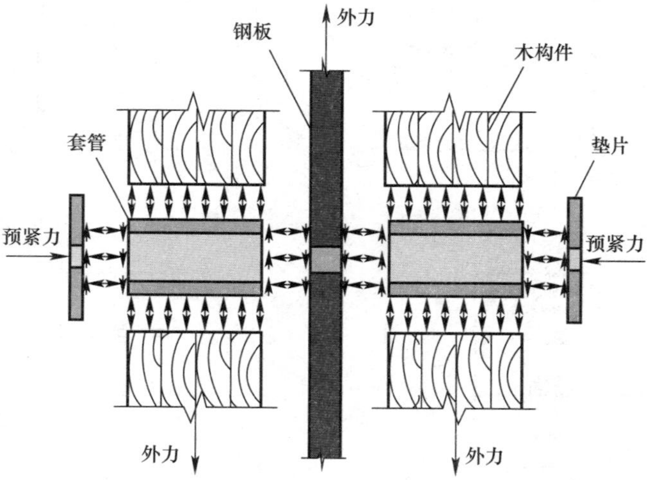

图 6-52　套管节点受力原理

在受力的初始阶段，钢管和钢板之间的摩擦力可以克服钢管与螺栓或螺栓与钢板之间相对滑动的不利影响；并且套管和木构件之间的紧密接触，可以确保二者间受力的有效传递；因此，将该阶段定义为“摩擦阶段”。在摩擦阶段，套管周围的木材基本处于弹性范围，因此该节点的主要优势是克服了孔洞间隙等造成初始传力的不确定性以及节点刚度过小的不利影响。当钢管和钢板之间的摩擦力被克服，组件之间就会产生相对滑动。与普通的螺栓连接节点在受力初期需要克服螺栓和螺栓孔之间的间隙类似，将套管节点克服螺栓和套管之间间隙以及螺栓和钢板上螺栓孔之间间隙的阶段定义为“滑移阶段”，该阶段直到螺栓逐个与钢管内壁以及钢板上的螺栓孔壁充分接触为止。之后套管节点的受力性能与普通的螺栓连接类似，将该受力阶段定义为“典型阶段”。

虽然钢管的内径大于螺栓直径，但二者之间的间隙对摩擦阶段没有影响；而滑移阶段的变形能力受二者间隙大小的影响。同时，螺栓与钢管之间间隙越大，加工精度对节点组装造成的不利影响越小，节点的组装越方便。由于套管直径大于螺栓直径，因此孔洞周围木材的承压应力会减小，这也一定程度上提高了摩擦阶段和典型阶段节点的刚度和强度。

传统的螺栓连接节点的刚度很大程度上取决于构件制作的精度，而目前就国内建筑用木构件的加工方来说，其加工精度还很难满足要求。因此，节点受力具有很强的非线性，这使传统的螺栓连接在设计时变得十分困难。而套管节点在摩擦阶段基本处于弹性范围，展现出很强的线性特征，克服了传统螺栓连接的上述缺点，这将会使节点的设计更加简单易行。

与传统的螺栓连接相比，套管节点仅是在螺栓和木孔之间增加了套管，采用高强度螺栓并施加预拉力，从而在钢管与钢板之间产生摩擦力，依靠二者间的摩擦以及套管和木孔间的承压传力，其受力可分为“摩擦阶段”“滑移阶段”和“典型阶段”。套管节点具有安装便利的优势，受加工精度的影响较小；由于套管外径等于木孔直径，因此其最大的优势是在摩擦阶段具有较高的初始刚度，克服了孔洞间隙造成的不利影响。套管节点中由于套管直径较大的原因，木构件均较早发生了开裂，螺栓、钢管和木孔都没有出现明显变形，其强度没有得到充分发挥。

二、试验研究

为了研究套管连接对节点抗弯刚度的改进，以及进口自攻螺钉对套管节点受力性能的影响，进行了3组对比试验，每组4个，2个用于单调加载（编号M），2个用于往复加载（编号C）。其中普通的螺栓连接节点作为基准组（编号O），未采用和采用自攻螺钉加强的圆套管节点分别为R组和SR组。

（一）试验试件

试验主要材料包括胶合木、钢插板、螺栓（图6-53）、套管和进口自攻螺钉等。木梁截面尺寸均为384mm×150mm，长1000mm；木柱截面尺寸均为384mm×240mm，长1400mm；木构件开槽宽18mm。R组和SR组木构件的螺栓孔直径为32mm，O组木构件的螺栓孔直径为20mm，以使螺栓孔与螺栓之间的间隙同套管节点钢管与螺栓之间的间隙保持一致（4mm）。节点尺寸与SR组自攻螺钉布置如图6-54所示。

所有螺栓采用8.8级、M16的高强度螺栓、中部无螺纹。R组和SR组的每个高强度螺栓均采用同一脱扣式扭矩扳手（图6-55）施加预拉力，扭矩扳手在试验前已经过专门的计量检测机构校准，误差小于0.5%；O组的每个螺栓均采用普通扳手正常拧紧即可。R组和SR组的每个高强度螺栓均是先初拧、约1h后进行终拧，初拧值为终拧值的50%。在终拧完成后的当天（单调加载）或24h内（往复加载）对节点进行加载。在加载前，高强度螺栓的预应力损失可忽略不计，因此按照我国《钢结构设计标准》GB 50017规定的设计预拉力值，对R组和SR组的每个高强度螺栓施加80kN的预拉力。用于梁、柱构件的螺栓分别长300mm、220mm，无螺纹段的长度分别为200mm和120mm。钢板尺寸如图6-53所示，厚16mm，材质等级为Q235B，螺栓孔直径均为17mm。钢板表面没有特殊处理，因此，按照我国《钢结构设计标准》GB 50017，钢构件之间的摩擦系数为0.3。PVC管的外径和壁厚分别为32mm和1.5mm。钢管的材质等级为Q345B，其外径和壁厚分别为28mm和4mm。用于梁、柱构件的套管长度分别为111mm和66mm。垫片的厚度和外径分别为3mm和50mm。

进口自攻螺钉（图6-56）型号为ASSY PLUS VG，直径8mm（螺纹处），长380mm，全螺纹，内六角。SR组节点组装前将自攻螺钉垂直木纹方向和螺栓轴向从木构件侧面打入。经实际操作发现：进口的全螺纹自攻螺钉虽然长度远大于国产方头自攻螺钉，但无须事先在木构件上做引孔和沉头处理，直接打入即可，施工上更具便利性。自攻螺钉的布置和定位尺寸如图6-54所示。

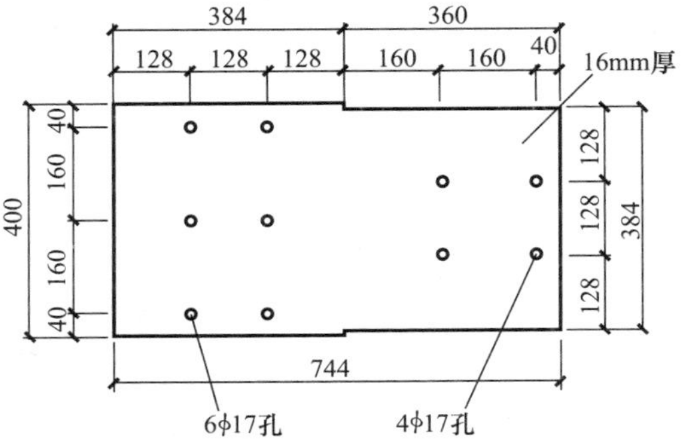

图6-53　钢插板尺寸

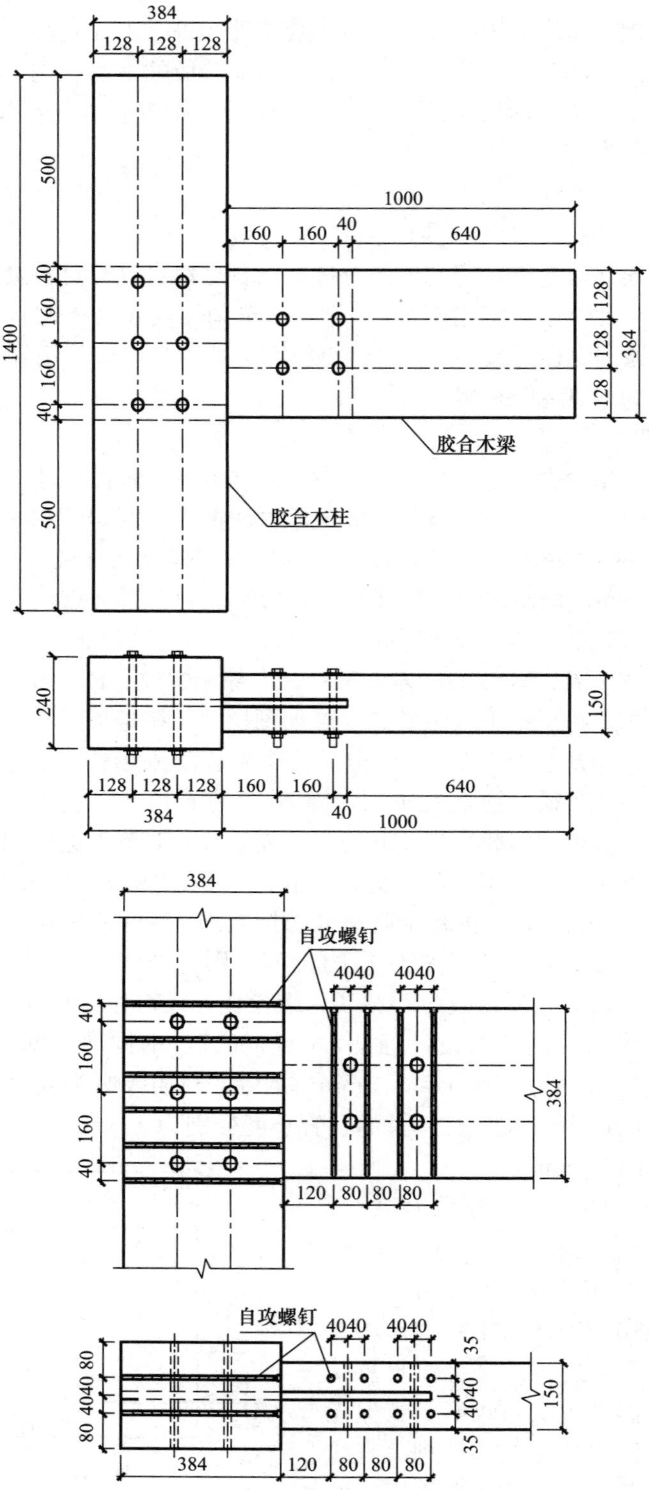

图 6-54　节点尺寸与 SR 组自攻螺钉布置图

图 6-55　对高强度螺栓施加预拉力采用的脱扣式扭矩扳手

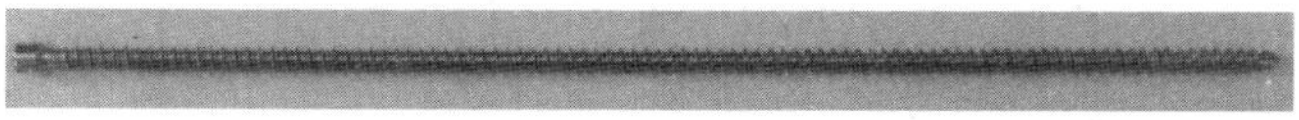

图 6-56　进口自攻螺钉

（二）试验设备

构件加载布置如图 6-57 所示。位移计测点布置如图 6-58 所示：其中 1 号位移计位于加载点高度处；2 号、3 号位移计位于木梁螺栓群形心处，并布置在钢板两侧取平均值；在钢板两侧对应最上和最下排螺栓高度处分别放置 4 号、6 号和 5 号、7 号位移计，用来计算钢插板相对木柱的转角，并取平均值；8 号位移计位于木柱端部，用于监测节点的整体位移。假定转动中心位于木柱螺栓群形心处，节点所承受的弯矩和转角分别按式（6-9）、式（6-10）进行计算。

$$M = F \times (H + 0.384/2) \tag{6-9}$$

$$\theta = \tan^{-1}\frac{S_1 - (S_2 + S_3)/2}{H - 0.24} \times \frac{180}{\pi} \tag{6-10}$$

图 6-57　加载布置图

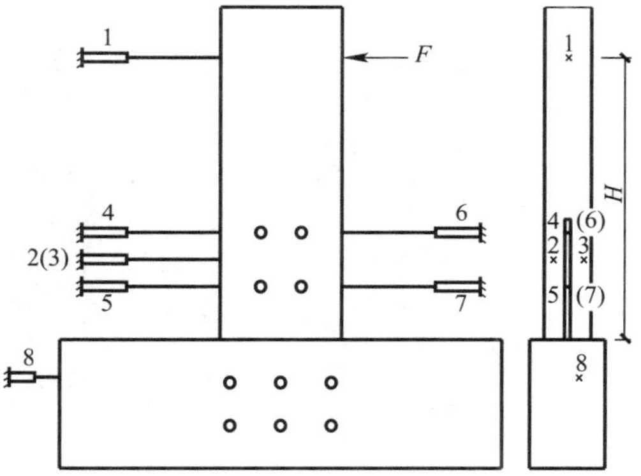

图 6-58　测点布置图

（三）试验现象

OM 组节点中当螺栓与木孔处的承压力沿横纹方向的分力产生的横纹拉应力超过木材的横纹抗拉强度时，木材首先从螺栓孔处开裂，最终主要破坏模式为沿木纹方向上通过两个螺栓连线的顺纹劈裂，如图 6-59（a）所示，在横纹拉应力和顺纹剪应力的共同作用下，导致木梁翘起侧两个螺栓之间或下部螺栓至木梁端部出现了列剪切的破坏模式。如图 6-59（b）所示，OM 组的垫片明显压入木材，因为当螺栓受力弯曲后，沿螺栓轴向的分力由垫片的锚固作用承受，使垫片与木材之间互相挤压，而木材的横纹抗压强度和弹性模量远小于钢材。如图 6-59（c）、(d) 所示，OM 组的螺栓呈“一铰屈服”的破坏模式。

如图 6-60（a）所示，RM 组的主要破坏模式同样为沿木纹方向上通过两个螺栓连线的顺纹劈裂，并伴随翘起侧两个螺栓之间的列剪切破坏。由于 RM 组垫片的压力由钢管承受，因此垫片只是沿受力方向出现了滑动（图 6-60b）。如图 6-60（c）、(d) 所示，RM 组螺栓没有发生明显弯曲变形，并且由于套管直径较大，木材较早开裂，此时木孔处的承压应力相对较小，因此孔洞周围木材的承压变形不明显。另外，由于套管直径较大，在弯矩作用下套管周围木材存在明显的横纹受力，当横纹拉应力超过木材的横纹受拉强度时，木材的承压强度和螺栓的弯曲强度就不能得到充分发挥，破坏时 RM 组的螺栓和钢管基本处于弹性范围。因此，套管节点更易于发生脆性劈裂破坏，导致其抗弯承载力不能充分发挥，破坏时，套管节点刚刚进入“典型阶段”不久。

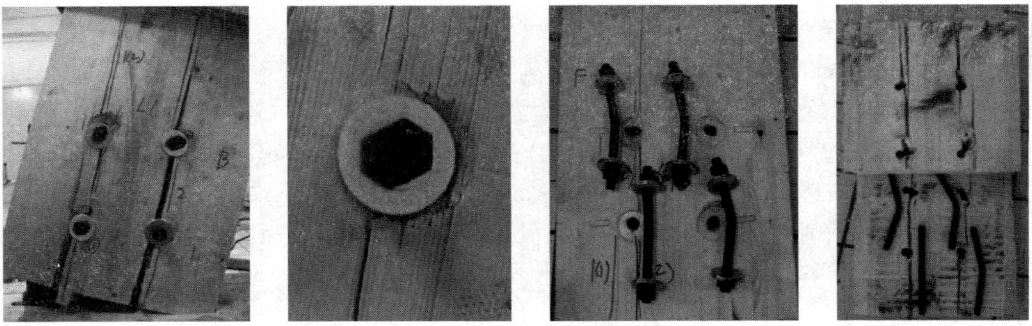

(a) (b) (c) (d)

图 6-59 OM 组破坏模式

（a）列剪破坏；（b）垫片-木材挤压变形；（c）螺栓弯曲变形；（d）自攻螺钉弯曲

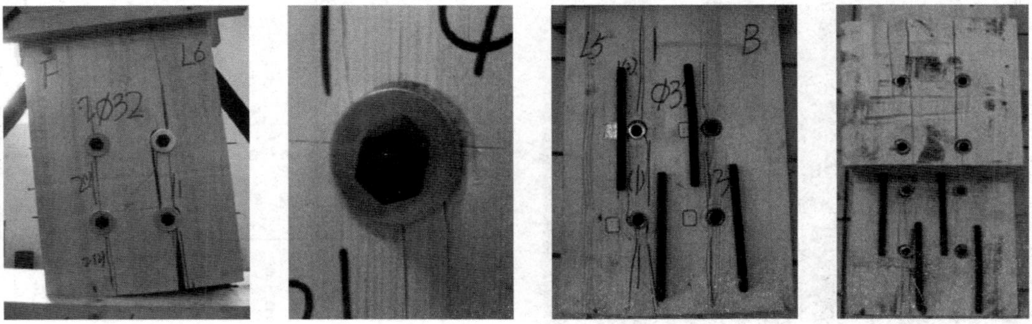

(a) (b) (c) (d)

图 6-60 RM 组破坏模式

（a）列剪破坏；（b）垫片-木材挤压变形；（c）螺栓未弯曲变形；（d）自攻螺钉未弯曲

SRM 组采用自攻螺钉加强后的套管节点则具有很好的延性。虽然 SRM 组节点的最终转角大于 OM 和 RM 组节点，但是 SRM 组木材开裂的宽度和长度都明显减小，因为自攻螺钉全长都有螺纹，可以更有效地传递和承受木材中的横纹拉应力。如图 6-61（a）所示，由于翘起侧木材中的横纹拉应力更加明显，因此 SRM 组木材的开裂主要出现在木梁的翘起侧，其破坏包括沿木纹方向两个螺栓之间的顺纹劈裂和下部螺栓至木梁端部的列剪切破坏。在木梁挤压侧，由于梁柱间的承压分担了部分荷载，木材开裂现象较轻，主要的破坏现象为套管周围木材的局部承压破坏，如图 6-61（b）所示。如图 6-61（c）、（d）所示，SRM 组的螺栓呈“一铰屈服”的破坏模式。在螺栓预拉力和弯曲变形后的附加抗拔力作用下，套管节点螺栓的轴向力由钢管和钢板间的作用力承受，当钢管与钢板产生相对滑移进入“典型阶段”后，随着螺栓的弯曲变形，钢管倾斜，管板间的接触面变小，因此

SRM 组的套管在与钢板接触的端部出现了塑性变形，如图 6-62 所示。由于自攻螺钉有效限制了裂缝的出现和扩展，SRM 组节点木材、螺栓和钢管的强度相对 RM 组节点都得到了更加充分的发挥。

(a)　(b)　(c)　(d)

图 6-61　SRM 组破坏模式

（a）列剪破坏；（b）垫片-木材挤压变形；（c）螺栓弯曲变形；（d）自攻螺钉弯曲

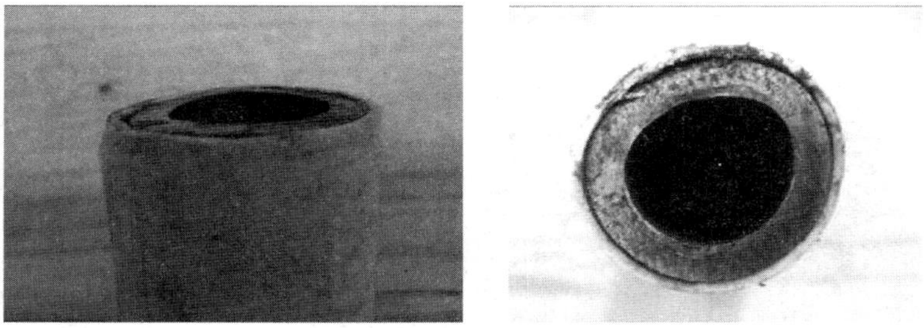

图 6-62　SRM 组套管与钢板接触端变形

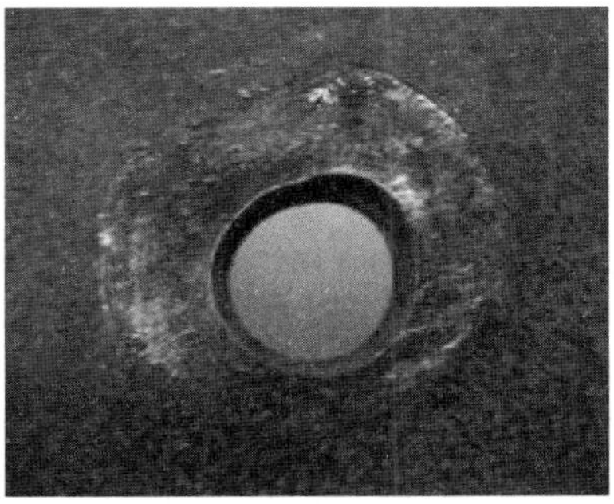

图 6-63　R 组和 SR 组钢管滑移在钢板上留下的痕迹

另外，由于钢管和钢板之间的相互挤压作用，通过观察，可以发现 R 组和 SR 组节点钢管与钢板间的摩擦力被克服后，二者发生相对滑动时在钢板上留下了明显的滑移痕迹，如图 6-63 所示。如图 6-64 所示，SRM 组节点只有位于木梁最端部的几根自攻螺钉由于受力相对较大呈现轻微的弯曲，其余自攻螺钉没有出现明显的变形，表明自攻螺钉的强度还有待进一步的利用。

所有的木构件表现为刚体转动，认为其整体处于弹性范围。钢板上的螺栓孔没有视觉上的明显承压变形，可以忽略钢板对节点受力的影响。3 组节点往复加载时的破坏模式与对应的单调加载基本相同，只是破坏程度更加严重，因此不再过多重复。图 6-65 为往复加载下 3 组节点螺栓变形与木孔承压变形的对比，可以看出，每组节点中木梁两侧的螺栓弯曲变形和木孔承压变形都比较一致。对于 OC 组，螺栓的弯曲变形和木孔的承压变形最大（图 6-65a），因为普通螺栓连接节点中，销槽承压作用发生在螺栓和木孔之间，承压长度与螺栓直径之比相对较大，因此螺栓倾向于弯曲，这使得孔壁的承压不均匀，进而加剧螺栓的弯曲变形。对于 RC 组，螺栓的弯曲变形和木孔的承压变形最小

(图 6-65b)，因为木材过早开裂时，节点刚刚进入“典型阶段”，承压作用沿套管全长基本均匀分布，组件强度还未充分发挥。对于 SRC 组，虽然节点的最大变形幅值与 OC 组相同，但从图 6-65 (c) 中可以看出，其螺栓弯曲变形和木孔承压变形略轻于 OC 组，因为销槽承压作用发生在套管与木孔之间，承压长度与套管外径比相对较小，承压作用沿套管全长分布比 OC 组要均匀，这也与螺栓施加了预紧力，会阻止螺栓发生弯曲变形有关。

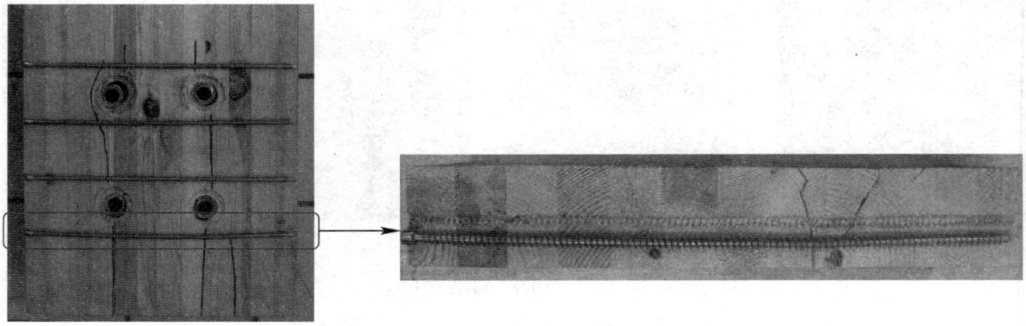

图 6-64　SRM 组自攻螺钉变形

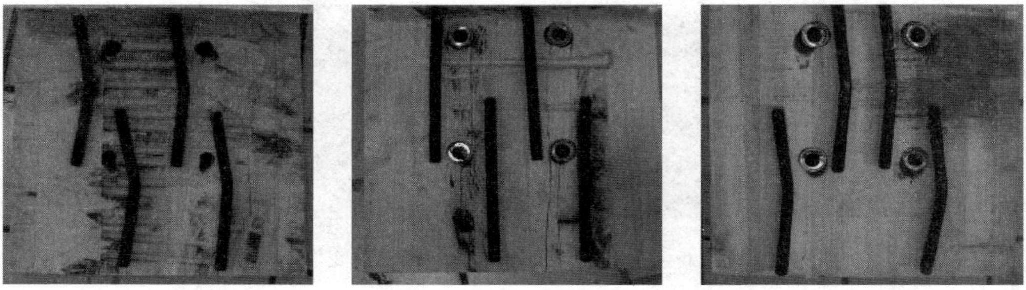

(a)　(b)　(c)

图 6-65　往复加载下 3 组节点螺栓变形与木孔承压变形

(a) OC 组；(b) RC 组；(c) SRC 组

(四) 试验结果分析

(1) 单调加载结果分析

① 弯矩-转角曲线

各组节点单调加载的弯矩-转角曲线如图 6-66 所示，3 组节点的平均弯矩-转角关系曲线如图 6-67 所示。对于 OM 组节点，只有经过初始滑移，当螺栓和螺栓孔充分地接触后，节点才能有效传力。由于初始滑移导致的不确定性，OM 组节点的弯矩-转角曲线在受力初期比较粗糙，有较大波动，如图 6-66 (a) 所示。

如图 6-66 (b)、(c) 所示，RM 与 SRM 组节点的弯矩-转角曲线在 0°～1.5°之间，处于摩擦阶段，曲线平滑并保持线性增长趋势。试验中螺栓和钢管之间的理想间隙为 2mm，滑移阶段大致对应曲线上从 1.5°～2°之间的部分。由于钢管和钢板、螺栓之间的相对错动，该段曲线表现出一定的波动性，从 RM-1 节点的弯矩-转角曲线上可以看出 (图 6-66b)。节点刚度在滑移阶段明显下降。当节点转角超过 2°后，螺栓与钢管、钢板螺栓孔接触，此时节点进入典型阶段。在该阶段，RM 组与 SRM 组节点的刚度先是出现小幅增长，之后便逐渐退化。需要指出的是，套管节点在组装完成后，螺栓和钢管内壁或钢板上螺栓孔壁之间可能存在初始接触，因此，RM-2 与 SRM-2 节点的滑移阶段的划分并不十分明显，不过这对套管节点在摩擦阶段的刚度没有影响。

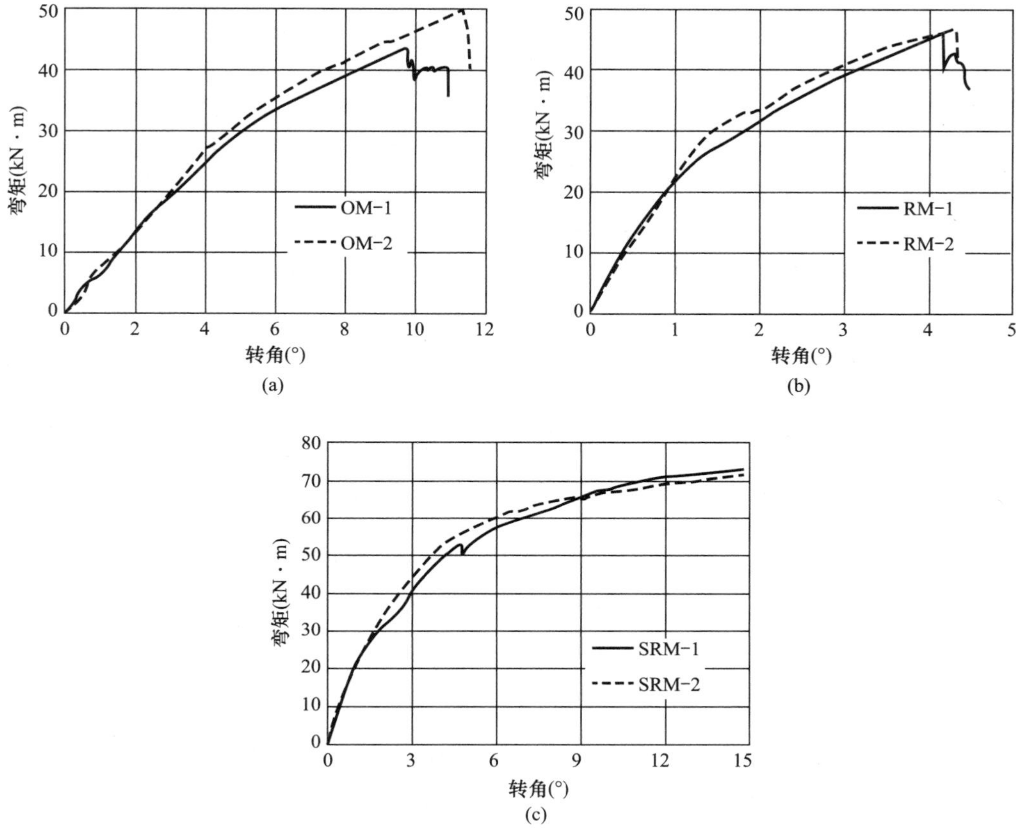

图 6-66　圆套管试验各组节点单调加载弯矩-转角曲线对比

(a) OM 组；(b) RM 组；(c) SRM 组

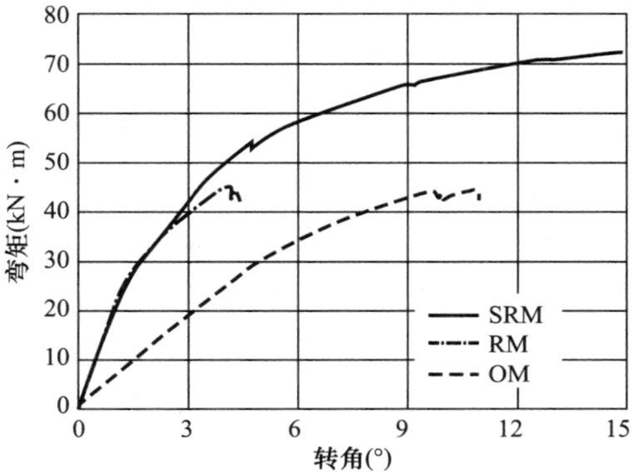

图 6-67　圆套管试验单调加载平均弯矩-转角曲线对比

通过对比图 6-67 中 3 组节点的平均曲线可以发现，RM 组与 SRM 组节点在摩擦阶段的刚度基本一致。在滑移阶段之后，随着套管周围的木材逐渐在承压力下屈服，自攻螺钉开始发挥作用，提高了木材的承压强度和刚度，因此 SRM 组节点在该阶段的刚度和承载力都要大于 RM 组。并且，由于自攻螺钉有效限制了木材的开裂，套管节点的强度也可以得到充分发挥，SRM 组节点的抗弯承载力没有出现明显下降，体现出很好的延性。

② 参数定义

对于 OM 与 RM 组节点，将弯矩-转角曲线的顶点对应的弯矩定义为极限弯矩 M_p，相应的转角为 θ_p。将节点完全开裂时对应的转角定义为破坏转角 θ_f，相应的弯矩为 M_f。对于 SRM 组节点，由于节点最终没有出现明显破坏，为了便于对比，取与 OM 组相同的 θ_p，该转角对应的弯矩为 SRM 组的 M_p。

对于 OM 组节点，采用 Y&K 方法计算得到其屈服点，屈服点对应的弯矩和转角分别记为 M_y 和 θ_y。对于 RM 和 SRM 组节点，因为存在不同的受力阶段，并且曲线在摩擦阶段呈线弹性，因此 Y&K 方法并不合适。将套管节点摩擦阶段结束时的弯矩定义为抗滑移弯矩 M_s，相应的转角记为 θ_s。根据前述分析，RM 组和 SRM 组节点的 θ_s 约为 1.5°，而此时 4 个节点的 M_s 恰好与 OM 组两个节点的 M_y 的平均值十分接近（OM 组 M_y 等于 28.04kN），因此，定义 RM 组与 SRM 组节点的 M_y 等于其 M_s。但鉴于套管节点受弯时的 M_s 难以从 M-θ 曲线上精确确定，为了便于对比，RM 组与 SRM 组节点的 M_y 取与 OM 组相等的数值。当 M_y 等于 28.04kN 时，RM 组与 SRM 组节点的 θ_y 分别为 1.42°和 1.49°，该数值十分接近并小于 1.5°，因此，该对比方式合理可行。

对于传统的木结构螺栓连接节点，由于孔洞间隙的存在等原因，导致节点的受力存在初始滑移或平缓段，因此通常去除该段的影响，采用弹性刚度 K_e 对比、评价其刚度。对于套管节点，由于套管和木孔间紧密接触可以确保初始传力，因此 RM 组和 SRM 组加载曲线不存在平缓段；而 OM 组节点加载曲线在受力初期比较粗糙、有较大波动，$M_{10\%}$ 和 $\theta_{10\%}$ 的取值会受到一定影响。在达到屈服点之前，RM 组与 SRM 组节点处于摩擦阶段并表现为线弹性的受力特征，而 OM 组节点也可认为其处于弹性范围。因此，按式（6-11）定义屈服刚度对比 3 组节点的初始刚度更恰当。

$$K_y = \frac{M_y}{\theta_y} \tag{6-11}$$

③ 数据结果分析

以 OM 组节点的数据为基准，对套管节点的受力性能进行对比评价。表 6-6 给出了 3 组节点单调加载时参数定义方法的计算结果，所有数据均为每组中两个节点计算结果的平均值。

圆套管试验单调加载参数计算结果对比　　表 6-6

分组	屈服		极值		破坏		刚度	延性
	M_y(kN·m)	θ_y(°)	M_p(kN·m)	θ_p(°)	M_f(kN·m)	θ_f(°)	K_y(kN·m/°)	μ
OM	28.04	4.45	46.72	10.51	38.00	11.21	6.30	2.52
RM		1.42	46.55	4.23	37.52	4.41	19.78	3.11
SRM		1.49	68.50	10.51	>73.22	>14.94	18.82	>9.96

从图 6-68 可以看出，与 OM 组相比，RM 组套管节点极限承载力 M_p 没有明显变化，而 SRM 组自攻螺钉加强后的套管节点的 M_p 提高了 46.62%。销栓类连接节点中，销栓直径越大，节点发生劈裂破坏的可能性越大，当节点抗弯时，该不利影响就更加明显。由于 RM 组节点中套管直径较大，在横纹受拉和顺纹受剪作用下导致过早开裂，因此节点的强度和变形能力都没有得到充分发挥。当采用自攻螺钉（或其他方法）有效限制木材开裂后，套管节点由于钢管直径远大于螺栓直径，其极限强度可以得到大幅提升。

从图 6-69 可以看出，套管节点的抗弯刚度得到明显提升，RM 组和 SRM 组节点的 K_y 平均比 OM 组增加了 206%。如果以套管节点的 θ_y（RM 组与 SRM 组的平均值为 1.45°）

为控制目标，此时，OM 组节点相应的抗弯承载力为 7.9kN・m，只有套管节点承载力的 28%（套管节点的 M_y 等于 28.04kN・m）。

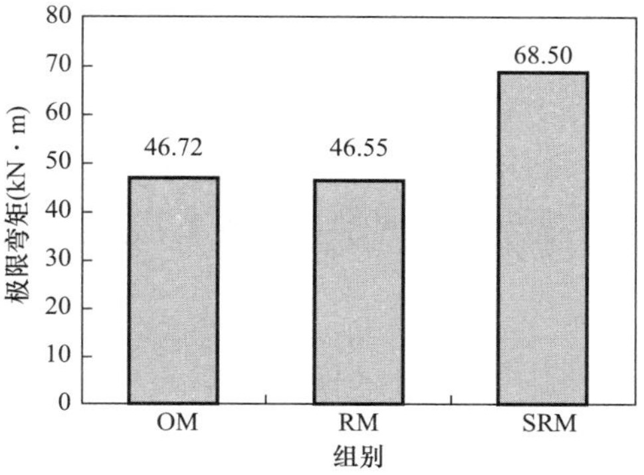

图 6-68　圆套管试验各组节点单调加载极限弯矩（M_p）对比

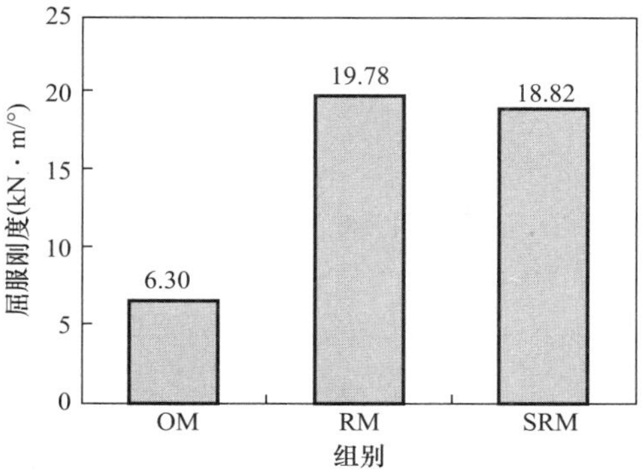

图 6-69　圆套管试验各组节点单调加载屈服刚度（K_y）对比

需要克服孔洞间隙等因素造成 OM 组节点的初始刚度过低。由于螺栓孔处木材存在局部承压，当螺栓直径较小时这种现象就更加明显，孔洞周围木材受力的非线性也对节点的抗弯刚度起到了控制作用。另外，在螺栓弯曲变形之后，螺栓和螺栓孔处的木材之间的承压作用在螺栓长度方向上是不均匀的，这也进一步降低了节点的抗弯刚度。

在摩擦阶段，套管节点依靠钢管和钢板间的摩擦以及套管和木孔之间的紧密结合，确保了初始传力。孔洞周围的木材在套管长度方向上的承压应力是均匀的，并且较大的套管直径使得承压应力相对较小，这也一定程度上提高了节点的抗弯刚度。

当结构设计由正常使用极限状态的变形控制时，可以通过增强套管节点的摩擦阶段来满足要求。例如，可以通过采用直径较大的高强度螺栓以施加更大的预拉力，或者对钢板与钢管的接触面进行表面处理增加二者间的摩擦系数，这都可以提高摩擦阶段钢管与钢板间的摩擦力，来进一步提高节点的初始刚度和抗滑移承载力 M_s。

相对强度来说，由于延性的影响因素更加复杂，因此满足延性的要求变得更加困难，两者之间甚至呈对立关系。屈服点的确定对于延性的评价来说是关键。

由于较早开裂，OM 组和 RM 组节点的破坏模式都更多地表现为脆性破坏，因此定义其延性系数并没有太大意义。但是通过 3 组节点延性系数的对比可以很好地说明自攻螺钉对套管节点延性的改进。OM 组和 RM 组节点的延性系数 μ 分别为 2.52 和 3.11，按照 Smith 等（2006）对节点延性的分等（表 6-7），两组节点均处于低延性等级。SRM 组节点的 μ 为 9.96，分别是 OM 组与 RM 组节点 3.9 和 3.2 倍，属于高延性等级。

节点延性分等　　表 6-7

分等	延性系数范围
脆性	$\mu \leqslant 2$
低延性	$2 < \mu \leqslant 4$
中延性	$4 < \mu \leqslant 6$
高延性	$\mu > 6$

需要指出的是，延性体现的是结构在超过弹性范围之后以及破坏前承受塑性变形的能力。据此，可以将套管节点线性变化的摩擦阶段视作弹性变形，将滑移阶段和典型阶段的变形视作塑性变形。在实际结构中，如果控制正常使用阶段的外荷载位于节点的摩擦阶段，之后的承载力和变形都可以作为安全储备。

（2）往复加载试验结果及分析

图 6-70 和图 6-71 分别给出了往复加载 3 组节点的滞回曲线及其平均骨架曲线的对比。如图 6-70 所示，OC 组节点的滞回曲线整个过程中都具有明显的捏缩现象；而 RC 组和

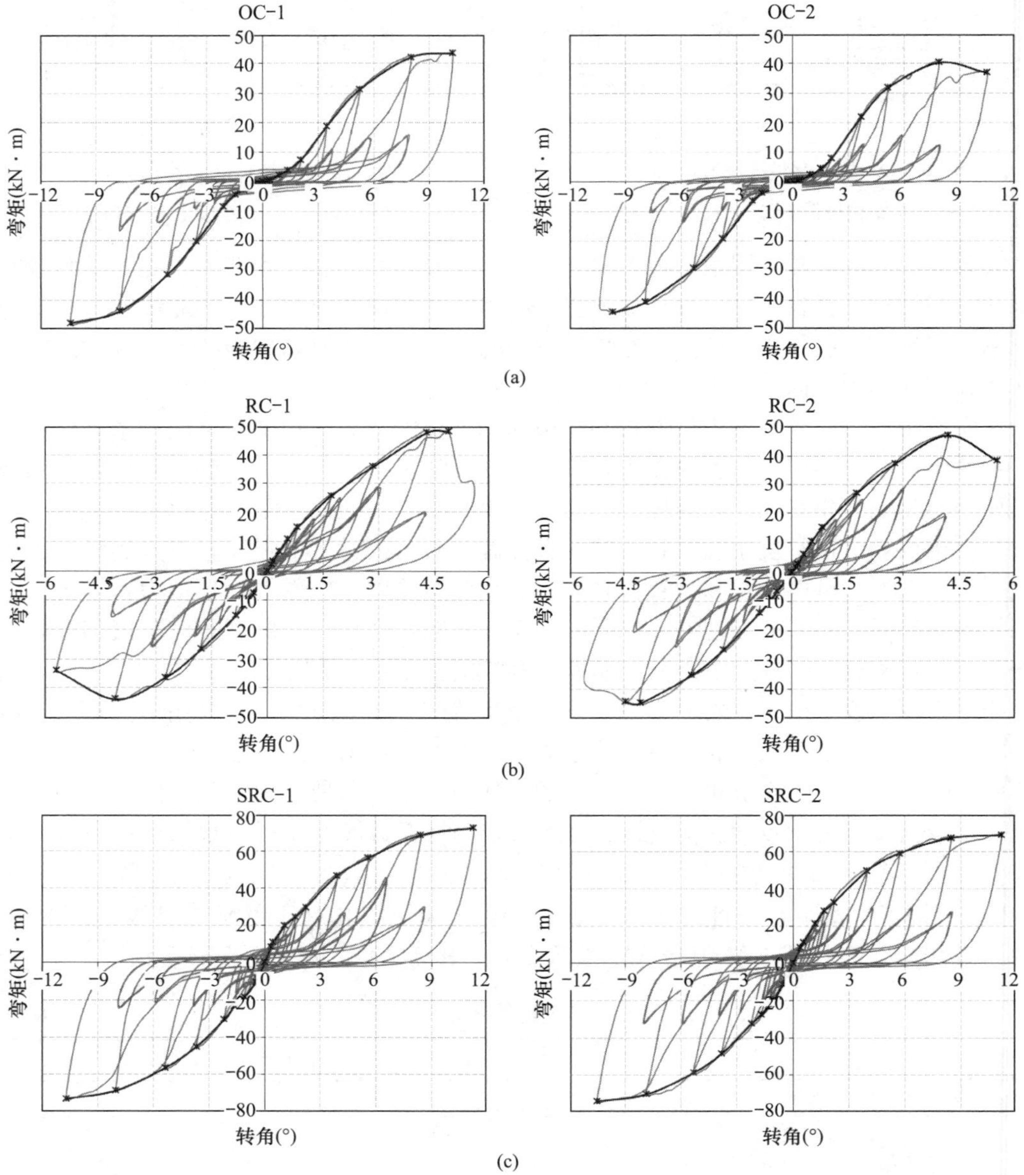

图 6-70　圆套管试验各组节点滞回曲线与骨架曲线

（a）OC 组；（b）RC 组；（c）SRC 组

SRC 组的套管节点分别在 0.7Δ 和 0.4Δ 的主循环之前都具有较饱满的滞回曲线。通过图 6-71 中骨架曲线的对比发现，OC 组节点比套管节点以及 OM 组节点都具有明显的初始滑移。因为普通的螺栓连接中孔洞间隙的影响在往复荷载下被放大，而单调加载时的预加载消除了部分初始滑移的影响。

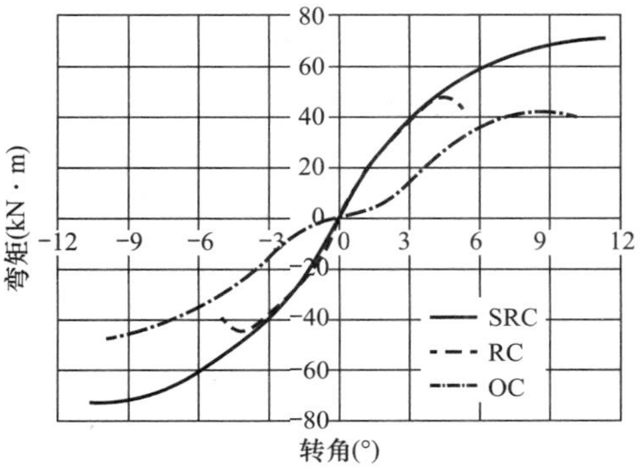

图 6-71　圆套管试验各组节点往复加载平均骨架曲线对比

各组节点割线刚度 K_i 和等效黏滞阻尼系数 ε_{eq} 的计算结果见表 6-8。可以看出，OC 组节点的 K_i 和 ε_{eq} 都要比 RC 组与 SRC 组套管节点的小很多，在加载初期尤其突出。因为普通的螺栓连接的孔洞间隙、不均匀销槽承压作用下木孔的扩大、螺栓的弯曲变形都会造成节点的刚度降低、滞回曲线的捏缩现象，并影响节点的耗能能力；而套管节点中钢管和螺栓间的间隙只在滑移阶段之后才会对刚度产生明显影响，并成为滞回曲线捏缩现象的主要因素。

圆套管试验往复加载主循环割线刚度 K_i 和等效黏滞阻尼系数 ε_{eq} 计算结果对比　　表 6-8

位移（Δ%）		20	30	40	70	100	150	200
K_i	OC	2.47	2.80	3.62	5.54	5.94	5.32	4.32
	RC	19.59	18.82	17.76	14.94	13.12	11.02	8.04
	SRC	18.04	16.87	13.82	12.34	10.48	8.39	6.60
ε_{eq}	OC	0.075	0.079	0.076	0.085	0.098	0.119	0.121
	RC	0.110	0.122	0.133	0.129	0.114	0.130	0.149
	SRC	0.147	0.145	0.150	0.146	0.123	0.130	0.131

根据单调加载试验，RC 组的 Δ 为 50mm，OC 组和 SRC 组的 Δ 为 90mm。为了便于理解分析套管节点受力机理的不同，图 6-72 给出了 OC 组和 SRC 组节点割线刚度 K_i 和等效黏滞阻尼系数 ε_{eq} 变化趋势的对比。

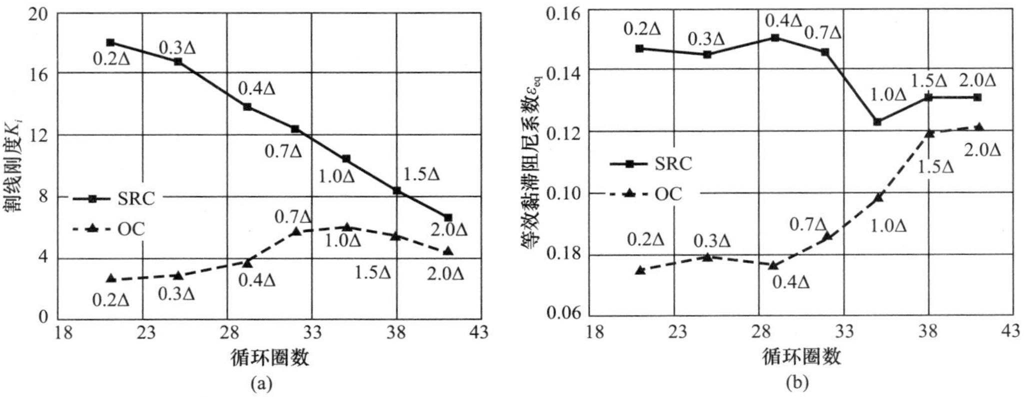

图 6-72　圆套管对比试验割线刚度 K_i 和等效黏滞阻尼系数 ε_{eq} 变化趋势图

(a) K_i；(b) ε_{eq}

参考表 6-8 中 RC 组从 0.2Δ～0.4Δ 之间 K_i 的数值及图 6-72（a）中 SRC 组从 0.2Δ～0.3Δ 之间 K_i 的变化趋势，可以发现在钢管与钢板间的摩擦力被克服之前，套管节点的割线刚度呈缓慢退化的趋势，这可能由一些微小的间隙（如木孔的钻孔误差或 PVC 管和钢管未充分粘合）或轻微的塑性变形（如 PVC 管或木孔的承压变形）引起。当外荷载增大到足以克服管板间的摩擦力，由于螺栓和套管之间的相对滑移，套管节点的 K_i 就会显著退化（对应 SRC 组从 0.3Δ～0.4Δ）。之后，由于在往复荷载作用下，需要不断克服螺栓与套管间的间隙，以及各组件塑性变形的不断出现，套管节点的 K_i 保持线性退化的趋势。

如图 6-72（b）所示，在 0.7Δ 之前，SRC 组的 ε_{eq} 维持在较高的水平，表明套管节点在中低荷载水平下具有很好的耗能能力。在螺栓和钢管出现塑性变形之前，高强度螺栓的预应力损失可以忽略不计，因此，在承受往复作用时，外荷载需要不断克服管板间的摩擦力做功，这对套管节点的耗能起了主要作用。在 0.7Δ 之后，随着螺栓弯曲变形的出现，套管节点高强度螺栓的预应力损失增大，管板间的摩擦力也会相应下降，因此 SRC 组的 ε_{eq} 明显减小。之后，随着套管节点中各组件塑性变形的累积，ε_{eq} 稳定在中等水平。

三、加强效果

套管节点在摩擦阶段的受力曲线呈线性增长，其初始抗弯刚度得到明显提升；进入滑移阶段后，刚度开始下降。不过由于制造及安装误差的存在，套管节点的阶段划分不一定十分明显，但是这对摩擦阶段的刚度是没有影响的。

套管节点在高强度螺栓出现明显的预应力损失之前，具有较饱满的滞回曲线和很好的耗能能力；随变形加大，钢管与钢板间摩擦力被克服，螺栓逐渐出现预应力损失，节点滞回曲线的捏缩现象开始逐渐变得明显。

自攻螺钉加强后的套管节点只出现了轻微的开裂，最终螺栓、钢管和木孔都出现明显的塑性变形，说明加强后各组件的强度得到更充分的利用，从而套管节点的极限承载力明显提升。

套管节点的初始刚度得到明显提升，圆套管节点和方套管节点的抗弯刚度分别约为传统螺栓连接节点 3 倍和 2 倍。因为方套管节点中木材上的方孔由人工开凿，因此其精度受到一定影响。

未采用自攻螺钉加强的套管节点，由于较早开裂导致其强度与普通螺栓节点相比没有明显变化，而加强后的套管节点的极限承载力提高了 50%左右。

对于套管节点，采用自攻螺钉加强，可使其延性提升 3 倍以上。

套管节点在出现明显的预应力损失之前具有较饱满的滞回曲线和很好的耗能能力，此时节点的等效黏滞阻尼系数约是普通节点的 2 倍。

四、加强效果的影响因素

（一）管板间摩擦力、螺栓的预拉力值

通过对比 RM 组节点钢管与钢板摩擦系数及高强度螺栓预拉力不同时模拟曲线（图 6-73）可知，改变钢管和钢板间的摩擦力系数与改变螺栓的预拉力值对受力的影响是

一致的；随着钢管与钢板间极限摩擦力的增大，摩擦阶段在增长，当极限摩擦力达到一定值时，套管节点受力阶段的划分不再明显。

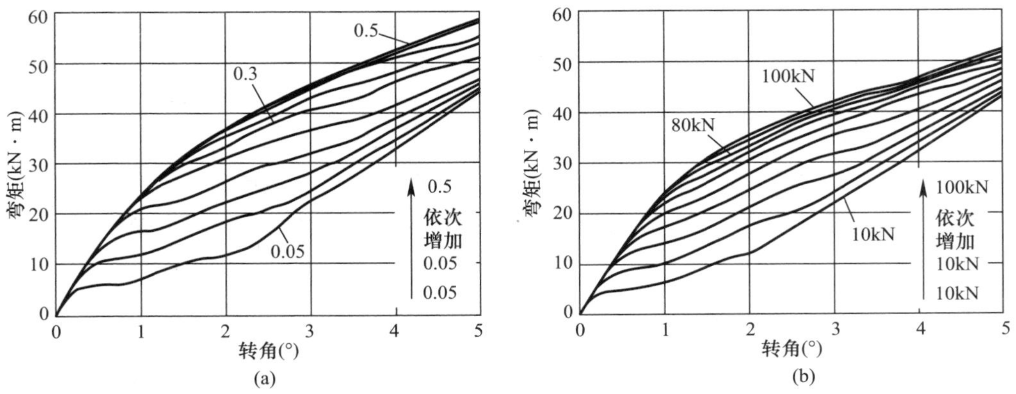

图 6-73　RM 组节点钢管与钢板摩擦系数及高强度螺栓预拉力不同时模拟曲线对比
（a）钢管与钢板摩擦系数；（b）高强度螺栓预拉力值

对于螺栓预拉力而言，当预拉力达到规范规定值的 90%左右，节点的弯矩-转角曲线已非常接近，而过大的预拉力值是没有必要的。对于管板的摩擦系数而言，通过对二者接触面进行表面处理获得更高的摩擦系数，可以一定程度上增加节点的受力性能。

改变管板间的摩擦系数比改变螺栓预拉力值对节点受力性能的影响更为明显，如图 6-74 所示。应确保每个螺栓的预拉力值在规定预拉力的 90%～110%之间，但是考虑到凡是涉及预应力问题都会存在预应力损失，鉴于该节点形式预应力损失并不明显，因此建议确保每个螺栓的预拉力值在规定预拉力值的 100%～110%之间。确保管板摩擦系数不小于 0.3，而摩擦系数大于 0.4 之后对节点受力影响不大。

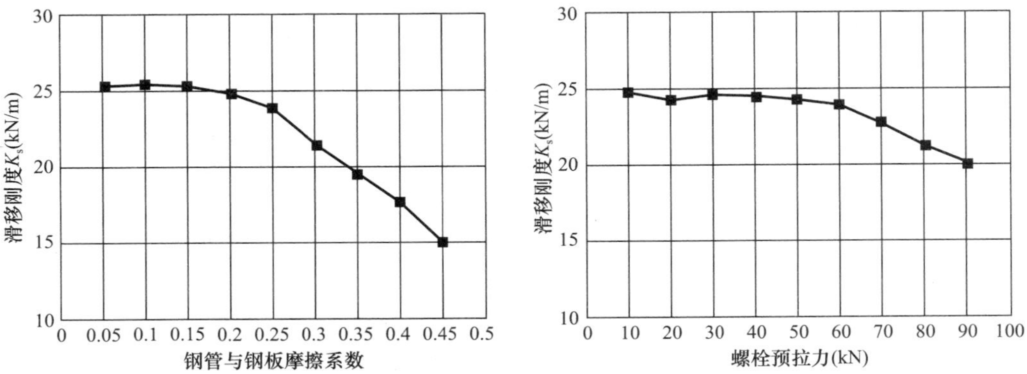

图 6-74　钢管与钢板摩擦力对 RM 组节点抗滑移刚度的影响

（二）钢管壁厚与钢管外径

通过对比 RM 组节点不同钢管壁厚（外径 28mm）模拟曲线（图 6-75 和图 6-77a）可知，节点的极限承载力会随着管壁厚增大而增大。当钢管壁厚小于 3mm 时，随着管壁厚度的增加，节点的 M_s 和 K_s 都呈线性快速增长的趋势；当钢管壁厚大于 3mm 时，随着壁厚增加，节点摩擦阶段变化不大，M_s 和 K_s 都略有增长。当钢管壁厚过小时，在螺栓预紧力和销槽承压的共同作用下，钢管会较早屈服，从而导致螺栓的预应力损失，同时，管板间的极限摩擦力也相应下降，而管壁厚增大，钢管的应力比减小，就不存在上述问题。另外，随着钢管壁厚的增大，钢管与螺栓间隙减小，钢管和螺栓的变形都更小，管板接触面积更大，因此最终螺栓的预应力损失更小。

通过对比 RM 组节点不同钢管外径（壁厚 4mm）模拟曲线（图 6-76 和图 6-77b）可知，随着钢管外径的增大，节点摩擦阶段的刚度呈线性增加的趋势，抗滑移刚度增加比例为钢管外径增大比例的 200%。因此，对于套管节点，增大钢管直径可使节点的初始刚度得到更明显的提升。

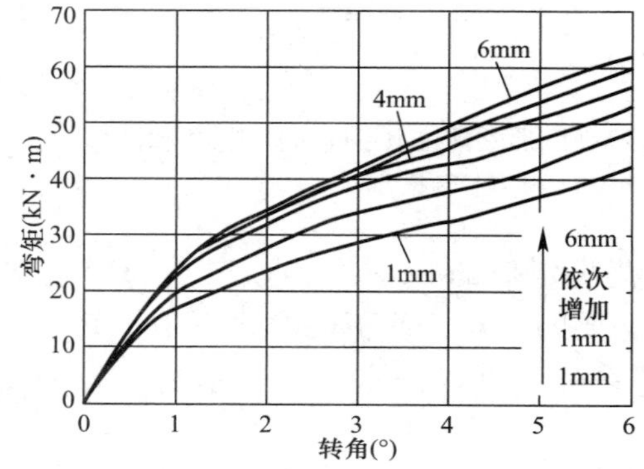

图 6-75　RM 组节点不同钢管壁厚（外径 28mm）模拟曲线对比

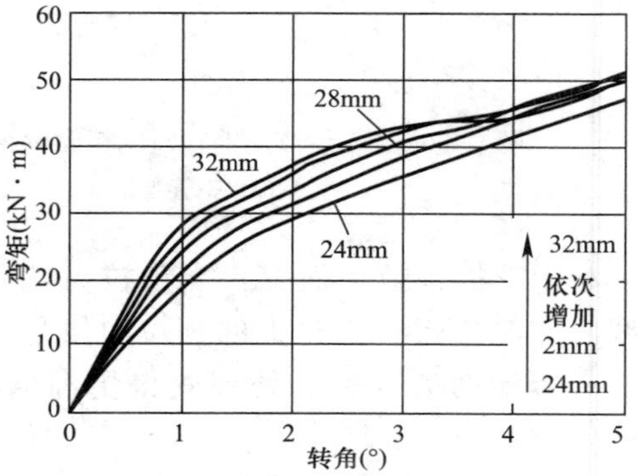

图 6-76　RM 组节点不同钢管外径（壁厚 4mm）模拟曲线对比

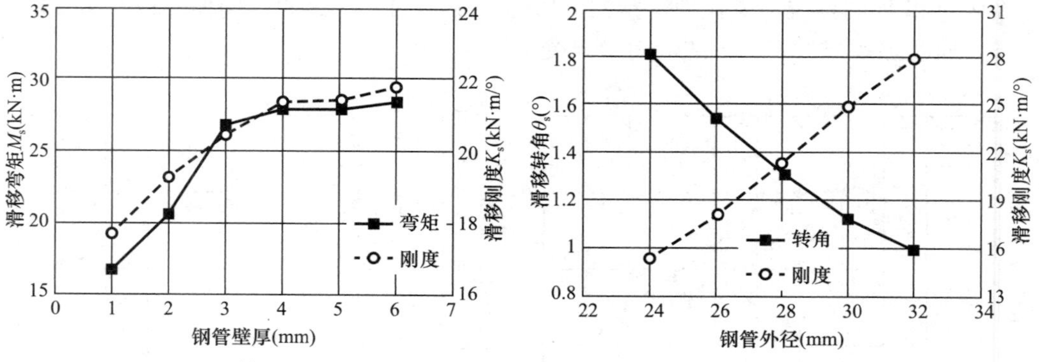

(a)　(b)

图 6-77　钢管壁厚与外径对 RM 组节点抗滑移性能的影响

（a）钢管壁厚（外径 28mm）；（b）钢管外径（壁厚 4mm）

（三）高强度螺栓直径和强度等级对套管节点影响

通过图 6-78～图 6-82 的比较可知，对于相同直径的高强度螺栓而言，采用 10.9 级对套管节点的初始刚度几乎没有影响，抗滑移承载力略有增加。可见，套管节点中通常采用 8.8 级的高强度螺栓即可，采用 10.9 级是没必要的。随高强度螺栓直径的增加，节点的抗滑移承载力呈线性增长，当然这本质上也是不同直径螺栓的预拉力值不同对节点摩擦阶段受力性能的影响。

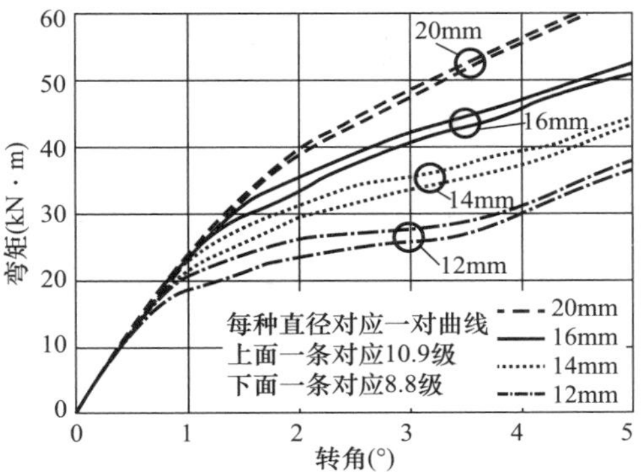

图 6-78 RM 组节点不同高强度螺栓直径和强度等级模拟曲线对比

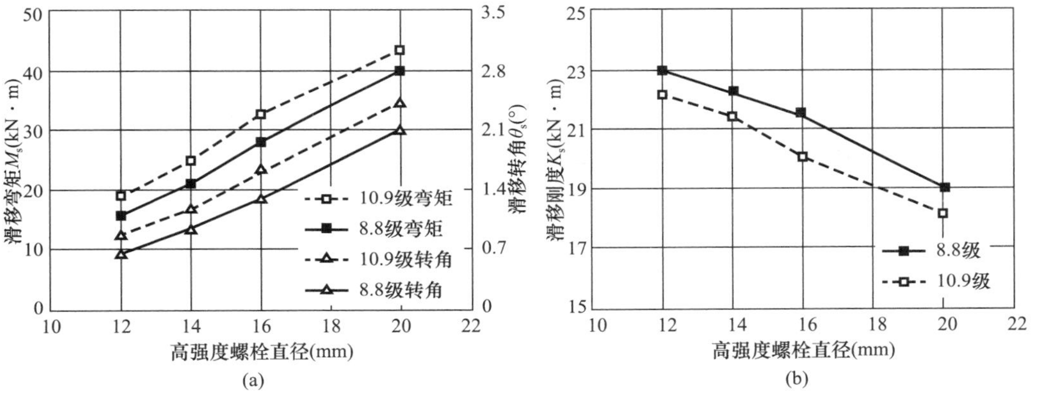

图 6-79 高强度螺栓直径和强度等级对 RM 组节点抗滑移承载力和刚度的影响

(a) 滑移弯矩与转角；(b) 滑移刚度

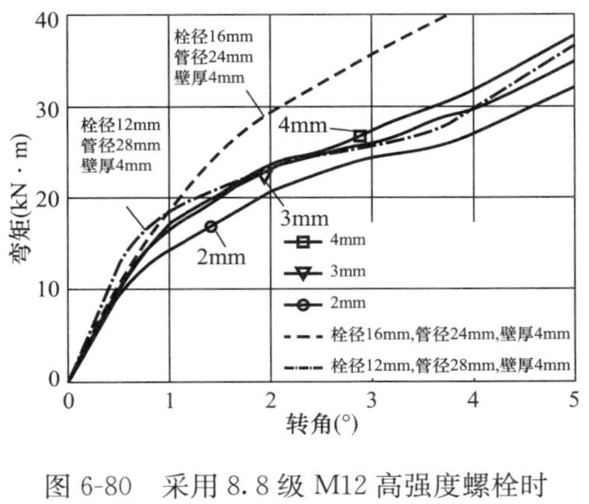

图 6-80 采用 8.8 级 M12 高强度螺栓时不同钢管壁厚模拟曲线对比

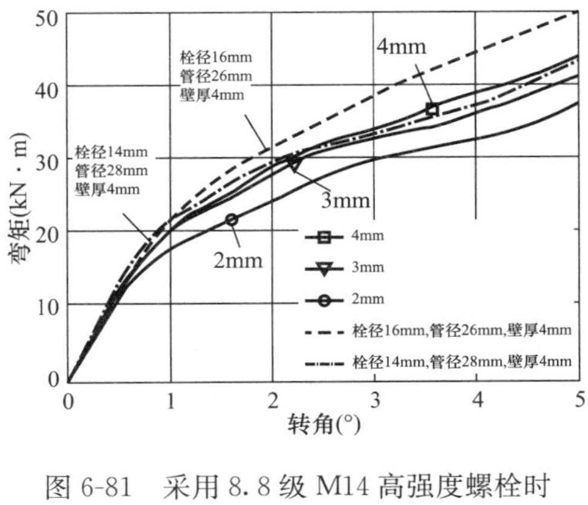

图 6-81 采用 8.8 级 M14 高强度螺栓时不同钢管壁厚模拟曲线对比

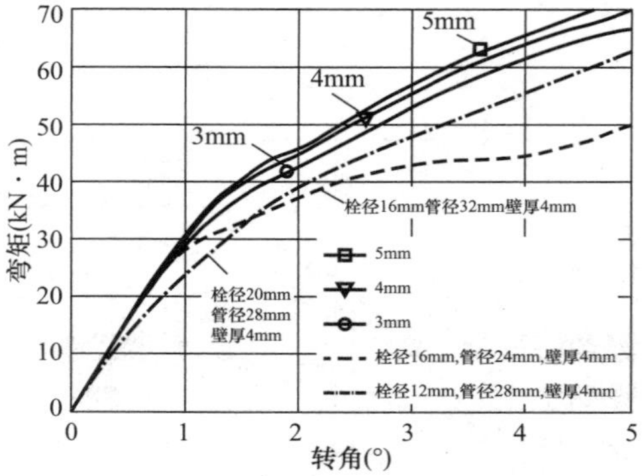

图 6-82　采用 8.8 级 M20 高强度螺栓时不同钢管壁厚模拟曲线对比

（四）木梁厚度

通过图 6-83 和图 6-84 的比较可得，木梁厚度不同对节点抗滑移弯矩几乎没有影响。随着木材与套管厚径比 γ 的增大，套管节点摩擦阶段的刚度逐渐增大，但增大的趋势在逐渐变缓。可保守认为，当厚径比小于 3 时，节点的滑移刚度呈线性增大，增大比例为厚径比增加比例的 40%；当厚径比大于 3 时，节点的滑移刚度保持不变。

木材与套管的厚径比 γ 按式（6-12）计算得到：

$$\gamma = (B - t')/2D \tag{6-12}$$

式中　B——木构件厚度（mm）；

t——钢板厚度。

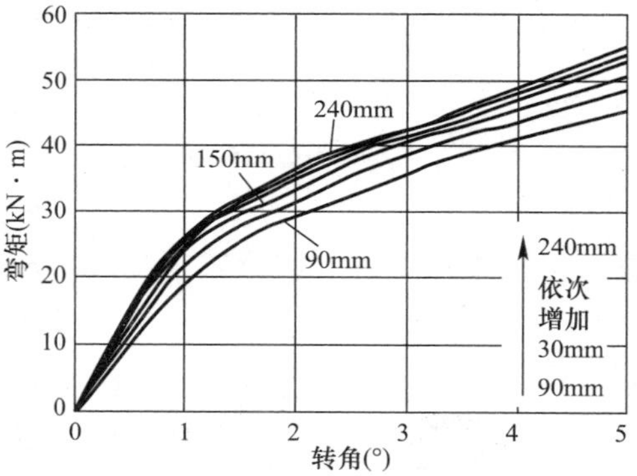

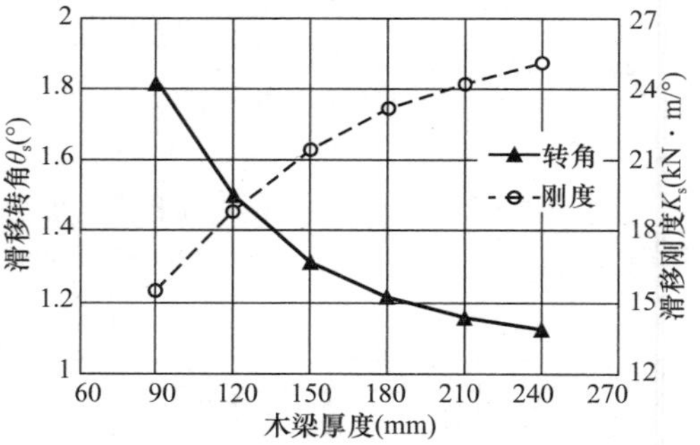

图 6-83　RM 组节点不同木梁厚度模拟曲线对比　图 6-84　木梁厚度对 RM 组节点抗滑移刚度的影响

木构件厚度通常为 250mm 或更大，因此，在常用的螺栓直径和可能采用的套管外径范围内，钢插板套管节点的厚径比一般都会大于 3，此时，期望通过增大木材厚度来获得更大的初始刚度意义不大，是不经济的。

（五）木材强度

随木材强度的增加，套管节点的抗滑移承载力几乎不变，而抗滑移刚度呈线性增大，增大比例为木材强度增大比例的 100%，如图 6-85 所示。

随着木材强度的增大，节点彻底完成滑移时的区分更加明显（转角约 3.5°处），从钢管与螺栓、钢板间产生相对运动，到三者完全接触，所对应的变形范围约为 2.3°，这才是整个滑移过程对应的变形范围。如图 6-86 所示。

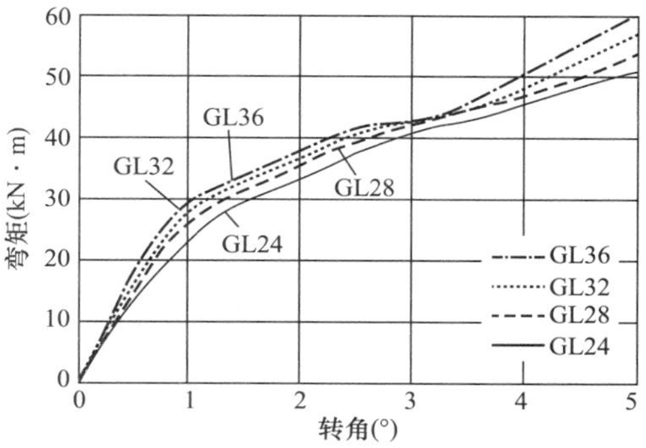

图 6-85　RM 组节点不同木材强度等级模拟曲线对比

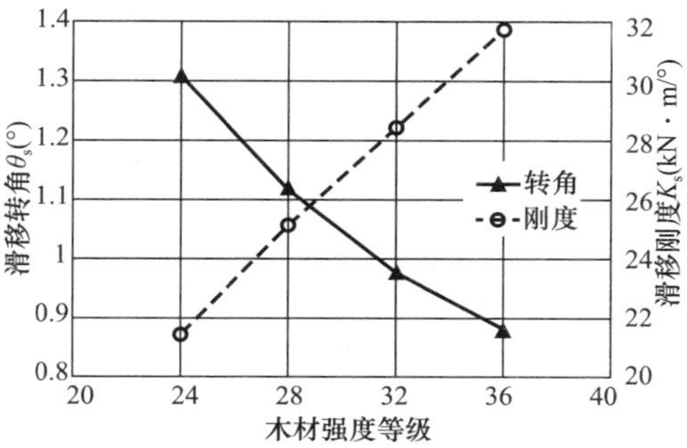

图 6-86　木材强度等级对 RM 组节点抗滑移刚度的影响

第四节　其他节点加强方式

为了改善销栓类连接的受力性能，最常用的方法之一就是通过贴层加固销栓周围的木材。以此为理念，有多位学者分别对不同的加固材料进行了研究。

Leijten（1991）首先提出了采用一种加密的木基材料（Densified Veneer Wood，DVW）对节点处的木材进行加固（图 6-87）；Bouchair 等（2007）研究了胶合板（Plywood）作为加固材料的性能；Haller 等（1996，1999，2006，2013）对纤维材料贴层的加固性能进行了研究（图 6-88），比如纺织物（Textile）、玻璃纤维和碳纤维等；Blass 等（1995，2000）研究了钉板和齿板作为贴层时的加固性能（图 6-89）。贴层一方面提升了销栓周围木材的承压能力，另一方面，贴层材料降低了木材劈裂和列剪切破坏发生的可能性。因此，上述研究结果表明，节点的强度和延性都会得到提升，破坏模式由脆性变为延性。

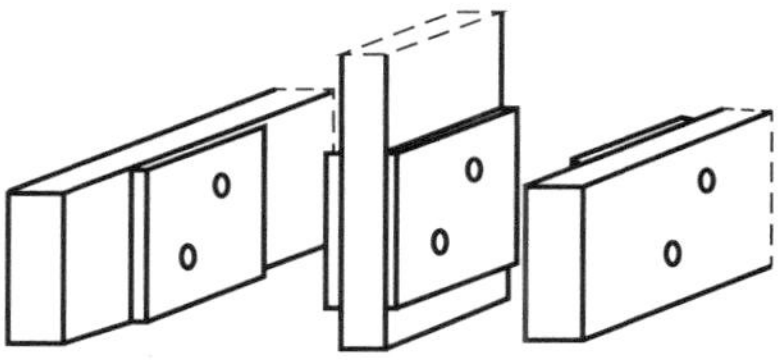

图 6-87　木基材料贴层加强节点示意图

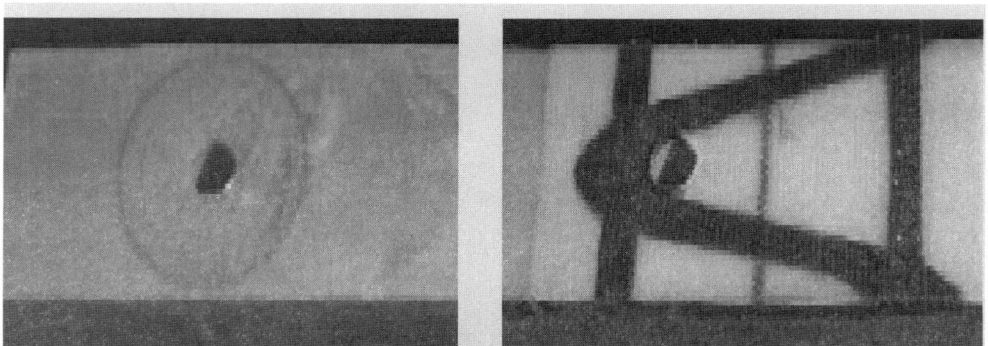

图 6-88　纤维节点加强示意图

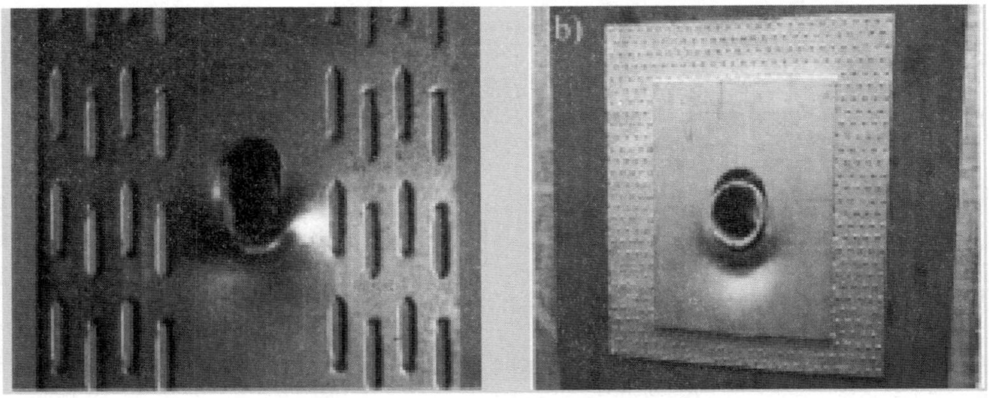

图 6-89 贴板加强示意图

多层夹板常用作贴层加强材料，其改善了胶合木的各向异性，提高了木材顺纹方向的抗劈裂能力，也提高了木材在较弱方向的销轴承压强度和刚度。在普通梁柱销轴连接节点的木构件两侧粘贴多层夹板改善节点性能，未粘贴多层夹板的节点表现以局部剪切破坏为主的脆性破坏，而粘贴了多层夹板的节点在破坏时表现出较好的塑性，以木材销轴承压和螺栓弯曲破坏为主，节点的承载力和刚度都明显提高。

参考文献

[1] 刘慧芬. 胶合木结构加强梁柱节点抗侧性能研究 [D]. 上海，同济大学，2015.

[2] 赵艺. 胶合木螺栓群连接节点抗弯承载力性能研究与改进 [D]. 上海，同济大学，2016.

第七章　质量控制

第一节　生产质量要求

一、基本要求

胶合木连接节点所用的胶合木是工厂化生产的木结构构件，其生产过程必须有完备的产品生产和质量控制体系来确保每一步产品的正确性。在产品生产完备后，还需有一套产品测试的方法来保证胶合木产品符合标准要求。

胶合木产品需由具备资质的专业工厂进行生产。胶合木产品制作前需编制制作方案，制作方案应包括制作计划、制作工艺、技术质量控制措施、成品保护、堆放及运输方案等项目。同时，胶合木加工厂的各种检测、试验、张拉、计量等设备及仪器仪表均应检定合格，并应在有效期内使用。

胶合木产品的生产流程在本书第一章已有介绍。胶合木产品的制作要求按照现行国家标准《木结构设计标准》GB 50005、《胶合木结构技术规范》GB/T 50708 和《结构用集成材》GB/T 26899 的相关规定进行。胶合木加工厂需具备相应的生产资质，在生产过程中着重考虑设计文件规定的胶合木的设计强度等级、规格尺寸、构件截面组坯标准及预期使用环境等因素。层板胶合木产品截面的层板层数不低于 4 层，宜采用同一树种的层板生产。由于层板太厚会不易干燥和胶合加工，太薄则会增加制造工作量和用胶量。因此，我国现行国家标准《胶合木结构技术规范》GB/T 50708 规定用于制作层板胶合木产品的层板厚度不应大于 45mm，通常采用 20～45mm。当制作弧形胶合木产品时，层板的厚度还与曲率半径、树种特征及厂家加工能力有关。

胶合木产品的层板材质等级直接影响到产品强度。胶合木产品采用的层板可分为普通胶合木层板、目测分级层板和机械分级层板三类，根据现行国家标准《木结构设计标准》GB 50005 规定，胶合木层板应采用目测分级或机械分级，宜采用针叶材树种制作。

普通胶合木层板材质等级分为 3 级，为 I_b、II_b和III_b。其材质分级标准见表 7-1。

普通胶合木层板材质等级标准　　　　表 7-1

项次	缺陷名称		材质等级		
			I_b	II_b	III_b
1	腐朽		不允许	不允许	不允许
2	木节	在构件任一面任何 200mm 长度上所有木节尺寸的总和，不得大于所在面宽的	1/3	2/5	1/2
		在木板指接及其两端各 100mm 范围内	不允许	不允许	不允许
3	斜纹 任何 1m 材长上平均倾斜高度，不得大于		50mm	80mm	150mm

续表

项次	缺陷名称		材质等级		
			$\mathrm{I_b}$	$\mathrm{II_b}$	$\mathrm{III_b}$
4	髓心		不允许	不允许	不允许
5	裂缝	在木板窄面上的裂缝，其深度（有对面裂缝用两者之和）不得大于板宽的	1/4	1/3	1/2
		在木板宽面上的裂缝，其深度（有对面裂缝用两者之和）不得大于板厚的	不限	不限	对侧立腹板工字梁的腹板：1/3，对其他板材不限
6	虫蛀		允许有表面虫沟，不得有虫眼		
7	涡纹 在木板指接及其两端各 100mm 范围内		不允许	不允许	不允许

注：1. 按本标准选材配料时，应注意避免在制成的胶合构件的连接受剪面上有裂缝；
2. 对于有过大缺陷的木材，可截去缺陷部分，经重新接长后按所定级别使用。

目测分级层板的材质等级分为 4 级，为 $\mathrm{I_d}$、$\mathrm{II_d}$、$\mathrm{III_d}$和$\mathrm{IV_d}$。其分级标准见表 7-2。当目测分级层板作为对称异等组合的外侧层板或非对称异等组合的抗拉侧层板，以及同等组合的层板时，$\mathrm{I_d}$、$\mathrm{II_d}$、$\mathrm{III_d}$三个等级的层板需根据不同的树种级别满足以下规定的性能指标：

① 对于长度方向无指接的层板，其弹性模量（包括平均值和 5%的分位值）满足表 7-3 中性能指标要求；

② 对于长度方向有指接的层板，其抗弯强度或抗拉强度（包括平均值和 5%的分位值）满足表 7-3 中性能指标要求。

目测分级层板材质等级标准 **表 7-2**

项次	缺陷名称		材质等级			
			$\mathrm{I_d}$	$\mathrm{II_d}$	$\mathrm{III_d}$	$\mathrm{IV_d}$
1	腐朽		不允许			
2	木节	在构件任一面任何 150mm 长度上所有木节尺寸的总和，不得大于所在面宽的	1/3	1/3	2/5	1/2
		边节尺寸不得大于宽面的	1/6	1/4	1/3	1/2
3	斜纹 任何 1m 材长上平均倾斜高度，不得大于		60mm	70mm	80mm	125mm
4	髓心		不允许			
5	裂缝		允许及其微小裂缝，在层板长度≥3m 时，裂纹长度不超 0.5m			
6	轮裂		不允许	不允许	小于板材宽度的 25%，但与边部距离不可小于宽度的 25%	
7	平均年轮宽度		≤6mm	≤6mm	—	
8	虫蛀		允许有表面虫沟，不得有虫眼			
9	涡纹 在木板指接及其两端各 100mm 范围内		不允许			
10	其他缺陷		非常不明显			

目测分级层板强度和弹性模量的性能指标（N/mm²）　　表 7-3

树种级别及目测等级				弹性模量		抗弯强度		抗拉强度	
SZ1	SZ2	SZ3	SZ4	平均值	5%分位值	平均值	5%分位值	平均值	5%分位值
$Ⅰ_d$	—	—	—	14000	11500	54.0	40.5	32.0	24.0
$Ⅱ_d$	$Ⅰ_d$	—	—	12500	10500	48.5	36.0	28.0	21.5
$Ⅲ_d$	$Ⅱ_d$	$Ⅰ_d$	—	11000	9500	45.5	34.0	26.5	20.0
—	$Ⅲ_d$	$Ⅱ_d$	$Ⅰ_d$	10000	8500	42.0	31.5	24.5	18.5
—	—	$Ⅲ_d$	$Ⅱ_d$	9000	7500	39.0	29.5	23.5	17.5
—	—	—	$Ⅲ_d$	8000	6500	36.0	27.0	21.5	16.0

注：1. 层板的抗拉强度，应根据层板的宽度，乘以本节表 7-4 规定的调整系数；
2. 表中树种级别根据我国标准《胶合木结构技术规范》GB/T 50708 的规定确定。

抗拉强度调整系数　　表 7-4

层板宽度尺寸	调整系数	层板宽度尺寸	调整系数
b≤150mm	1.00	200mm≤b≤250mm	0.90
150mm≤b≤200mm	0.95	B>250mm	0.85

值得注意的是，对层板进行目测分级是以层板截面尺寸为基础的。当层板进行纵向锯切后，层板必须重新分级。例如纵向锯切后，原来位于层板中间的木节变成了边缘位置，层板材质等级可能因此发生变化。此外，胶合木在胶合、刨切砂光时，当最后产品的截面宽度小于原来层板宽度的 85%时，应考虑对层板重新分级。

机械分级层板可分为机械弹性模量分级层板和机械应力分级层板。机械弹性模量层板为 9 级，其弹性模量平均值应满足表 7-5 所示的性能指标，机械应力分级层板与机械弹性模量分级层板对应关系见表 7-6。

机械弹性模量分级层板弹性模量的性能指标　　表 7-5

分等等级	M_E7	M_E8	M_E9	M_E10	M_E11	M_E12	M_E14	M_E16	M_E18
弯曲弹性模量（N/mm²）	7000	8000	9000	10000	11000	12000	14000	16000	18000

机械应力分级层板与机械弹性模量分级层板的对应关系　　表 7-6

机械弹性模量等级	M_E8	M_E9	M_E10	M_E11	M_E12	M_E14
机械应力等级	M10	M14	M22	M26	M30	M40

机械弹性模量分级层板中，当层板为指接层板，且作为对称异等组合的表面和外侧层板、非对称异等组合抗拉侧的表面和外侧层板，以及同等组合的层板时，除满足弹性模量平均值的要求外，其抗弯强度或抗拉强度应满足表 7-7 所示的性能指标。

机械应力分级层板的弹性模量可根据表 7-6 所示的对应关系，采用等级相对应的机械弹性模量分级层板的弹性模量。机械应力分级层板作为对称异等组合的表面和外侧层板、非对称异等组合抗拉侧的表面和外侧层板，以及同等组合的层板时，除满足弹性模量平均值的要求外，其抗弯强度或抗拉强度应满足表 7-7 所示的性能指标。

机械分等层板强度性能指标（N/mm²） 表 7-7

分等等级		M_E7	M_E8	M_E9	M_E10	M_E11	M_E12	M_E14	M_E16	M_E18
抗弯强度	平均值	33.0	36.0	39.0	42.0	45.0	48.5	54.0	63.0	72.0
	5%分位值	25.0	27.0	29.5	31.5	34.0	36.5	40.5	47.5	54.0
抗拉强度	平均值	20.0	21.5	23.5	24.5	26.5	28.5	32.0	37.5	42.5
	5%分位值	15.0	16.0	17.5	18.5	20.0	21.5	24.0	28.0	32.0

注：表中层板的抗拉强度，应根据层板的宽度，乘以表 7-4 规定的调整系数。

各等级的机械弹性模量分级层板除满足相应等级性能指标外，还要满足表 7-8 规定的机械分级层板的目测材质标准。

机械分级层板的目测材质标准 表 7-8

内容	标准
腐朽	不允许
裂缝	允许极微小裂缝
变色	不明显
隆起木纹	不明显
层板两端部材质（仅用于机械分级层板）	当分级设备无法对层板梁端进行测量时，在层板端部，因缺陷引起的强度折减的等效节孔率不得超过层板中间部分的节孔率
其他缺陷	非常细微

胶合木的强度和弹性模量指标按照现行国家标准《木结构设计标准》GB 50005 选取。

结构用胶粘剂需考虑胶合木结构使用环境，如气候、含水率、温度、树种、防腐剂（如果使用）及生产制造方法等因素。现行国家标准《结构用集成材》GB/T 26899 对不同使用环境下的胶粘剂有明确规定。胶粘剂的防水性、耐久性、高温和低温性能、常温和受热条件下蠕变、耐盐水性等也应满足相关规范要求。胶粘剂生产商需向胶合木生产商提供胶粘剂的相关信息，包括与环境相关的胶粘剂类型、缝隙填充能力、胶和加压及固化时间、胶粘剂的正确操作和使用方法及安全性等。

《结构用集成材》GB/T 26899 对胶合木的生产设备、生产方式、检验和记录保存做出了明确规定。胶合木产品制作完成后需有严格的检测报告来保证产品的可靠性，需对胶合木产品进行质量检验，包括初期检验、全数检验和抽样检验。初期检验是对胶合木制造商是否具有制造胶合木所要求的机械设备和技术水平的检查。全数检验是对胶合木层板是否具有合格品质性能的检查。抽样检验是对胶合木的制造过程中是否具有合格质量管理能力的检查，所有检查结果都应作为生产记录进行保存。

初期检验：生产开始时和生产工艺变更时（包括树种、胶粘剂、材料等级、机械设备等的变更），进行未指接层板的抗弯试验或抗拉试验、指接层板的抗弯试验或抗拉试验、胶合木剥离试验（减压加压剥离试验或浸渍和煮沸剥离试验）、含水率检测、甲醛释放量检测，同时进行直线形胶合木的抗弯试验或弯曲胶合木的抗拉和抗压试验，对胶合木的力学性能和胶合性能进行确认。

全数检验：应对胶合木层板进行外观检验或抗弯性能检验，指接层板的抗弯保证荷载检验或抗拉保证荷载检验。抗弯或者抗拉保证荷载力学试验机的精度应定期校准，确保在合格的精度范围内工作。通过保证荷载检验的层板，无须再进行抽样检验（未指接层板抗弯试验或抗拉试验，以及指接层板抗弯试验或抗拉试验）。

抽样检验：从胶合木层板以及制造的胶合木中，根据生产量抽取必要的试样，进行下列各项检验以保证胶合木的质量。对最外层以及外层的层板进行抗弯试验或抗拉试验，对指接层板进行抗弯试验或抗拉试验。但是，已进行层板的弹性模量检验或机械强度检验（MSR）、指接层板的弯曲或抗拉保证荷载检验时，可不进行该项抽样检验。

胶合木制造商应按表 7-9 记载所生产的胶合木，所有资料需保存 10 年以上。

胶合木生产资料记录　　**表 7-9**

项目	资料名称	项目	资料名称	项目	资料名称
1	生产工厂名称	7.3	尺寸（厚度、宽度）	9.3	胶粘剂
2	生产年月日	7.4	拼宽（宽度、块数、相邻层板拼缝距离、胶粘剂）	9.3.1	种类
3	胶合木制品编号	7.5	纵接	9.3.2	配比
4	生产负责人姓名	7.5.1	纵接方式（斜接、指接）	9.3.3	黏度
5	检验负责人姓名	7.5.2	接头长度	9.3.4	温度
6	胶合木概要	7.5.3	接头斜度	9.3.5	涂胶量
6.1	品名（组合、用途）	7.5.4	齿距	9.4	从固化剂混合到涂胶的时间
6.2	强度等级（M_E 等级、外观等级）	7.5.5	齿顶宽度	9.5	组坯时间
6.3	胶合等级（使用环境）	7.5.6	齿底宽度	9.6	胶压作业时间
6.4	树种名称（各树种顺序）	7.5.7	指接嵌合度	9.7	胶合压力
6.5	形状、尺寸（厚度、宽度、长度、曲率半径、斜度）	7.5.8	胶粘剂种类	9.8	胶压时间
6.6	层板层数	7.5.9	胶合压力	9.9	固化温度
6.7	检验方法	8	层板的组坯	9.10	养护温度
7	层板加工	9	层板胶合	9.11	养护时间
7.1	含水率、温度	9.1	工厂内温度	10	其他
7.2	表面精加工	9.2	工厂内湿度		

胶合木构件的生产应有完整的质量控制记录，胶合木制造商需提供相应的生产合格证书、本批次胶合木胶缝完整性、指接强度检验报告。同时，异等非对称组合的胶合木产品应在构件上明确注明截面使用的上下方向。此外，胶合木产品如需防护处理，需在胶合木加工厂完成，但建筑施工承包方必须提供构件大样（槽、齿和连接孔），胶合木加工厂需有防护处理合格检验报告。

结构胶合木在出厂前，生产商应根据现行国家标准《木结构设计标准》GB 50005、《木结构工程施工质量验收规范》GB 50206、《木结构试验方法标准》GB/T 50329 的有关规定进行常规的产品试验并应保存所有的试验记录。除了对暴露环境构件需做的真空压力循环试验，所有的试验应经过质量控制机构的认可和批准。此外，胶合木产品制作完成后还需有以下规定的产品标识：

（1）产品标准名称或构件编号，规格尺寸；

(2) 木材树种，胶粘剂类型；

(3) 强度等级和外观等级；

(4) 需防护处理的构件应有经防护处理的标记；

(5) 经过质量认证机构认可的质量认证标记；

(6) 生产厂家名称和生产日期。

其中，经过质量认证机构认可的质量认证标记可以方便施工和验收人员正确区分、安装和验收胶合木产品，认证标记包括：构件的主要用途（简支受弯、受压、受拉、连续或悬臂受弯等）；生产厂家名称；产品标准名称；木板说明；树种；强度；等级和外观等级等内容。

在实际工程中，若采用进口胶合木产品，其性能除了符合合同技术条款的规定外，还需有产品标识（树种、等级）、设计标准等相关资料和相应的认证标识。需有相应的中文标识。

除了以上要求外，连接节点部位的胶合木仍需重点关注，不得有木节、虫孔、髓心、裂缝、漏胶胶缝等缺陷，同时，其木材表面应光洁平整，平整度的允许偏差应为±0.2mm。

胶合木产品制作完成后如需存储，应放置在避雨、遮阳且通风良好的场所内，堆放场地需平整、坚实，并具备排水设施。利用方木、垫木或托架将胶合木与地面隔离（图 7-1），并做好防潮、防虫、防水等基本保护工作。长期存放时，可在包装底部划开口用于通风和排水，良好的通风和排水能有效地减少材料变潮、变色和腐蚀。同时，厂内储存 6 个月以上的胶合木产品，出厂前应进行木材含水率、节点尺寸、平整度等的复测。胶合木产品经防护处理后，最好不要随意切割。当必须做局部修整时，需对修整后的木材表面涂抹足够的同品牌药剂。胶合木产品在运输和存放时均需做防水包装处理，且用不透明包装以避免阳光引起的木材变色。对胶合木有较高外观要求时，应直到安装时才除去包装，以减少直接暴露于施工工地的机会。

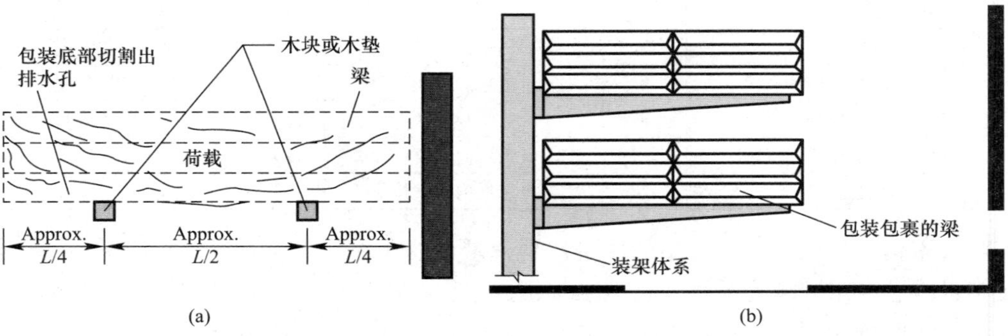

图 7-1　胶合木场地存放示意图

(a) 胶合木置于垫木上；(b) 胶合木置于托架上

胶合木连接节点所用的金属连接件需具有相应的产品质量合格证书和产品标识，其力学性能需根据国家相关标准进行检验，出具检测报告并存档备案。同时，金属板材应有产品质量合格证书和化学成分合格证书。

当钢连接件采用焊缝连接时，焊接工艺需符合现行国家标准《钢结构焊接规范》GB 50661 的规定。焊缝不得有烧穿、夹渣、裂纹等缺陷，焊接质量应符合现行国家标准《钢结构工程施工质量验收规范》GB 50205 的有关规定。

节点生产需要开槽时，避免出现过度切割。在槽口内角位置预钻一个导向孔作为锯片停止切割的位置，可帮助形成弧形圆角并减少过度切割。胶合木连接节点所用的胶合木、金属连接件和开孔的制作质量，均需在班组自检、互检、交接检的基础上，由专职检验员进行检验。检验批质量合格应符合下列规定：

（1）主控项目的质量应经抽样检验全部合格；

（2）一般项目的质量应经抽样检验合格；当采用计数检验时，除专门要求外，一般项目的合格点率应达到80%及以上，不合格点的偏差不得超过允许偏差的1.2倍，且不得有严重缺陷；

（3）应具有完整的生产操作依据和质量检验记录。

二、常见胶合木连接节点的制作质量控制要求

下面以几种常见的胶合木连接节点（销连接、植筋连接）（图7-2）为例，列举相关生产质量控制要求。

(a)　(b)

图7-2　常见胶合木连接节点

（a）销连接；（b）植筋连接

（一）销连接

在制作销连接时，需注意以下几个方面：

（1）螺栓连接中，螺栓孔径的制孔偏差和螺栓孔孔距的允许偏差应分别符合表7-10和表7-11的规定。

螺栓孔径制孔的允许偏差　　**表7-10**

项目	允许偏差（mm）
直径	+1.0 0.0
圆度	2.0且≤0.01b
垂直度	0.03b，且不应大于5.0

注：1. b为构件厚度；
2. 圆度指最大直径和最小直径的偏差。

螺栓孔孔距的允许误差 **表 7-11**

项目			允许偏差（mm）
螺栓孔中心间距	进孔处		±0.1d
	出孔处	垂直木纹方向	±0.2d 且≤0.02b
		顺木纹方向	±0.5d
螺栓孔端距或边距	进孔处		±0.05d
	出孔处	垂直木纹方向	±0.1d 且≤0.01b
		顺木纹方向	±0.25d

注：d 为螺栓直径，b 为构件厚度。

（2）钉连接中，钉间距、边距、端距的偏差不应大于钉直径；钉头嵌入面板深度不应超过 3mm；当构件木材为易开裂的树种时，如硬质阔叶材或落叶松等树种木材，钉钉子时易发生木材劈裂或钉子弯曲，应预先钻孔，孔径可取钉直径的 0.8～0.9 倍，孔深应为钉入深度的 0.6～0.8 倍。

（3）六角头木螺钉连接中，应根据树种制作引孔。无螺纹部分的引孔直径应与螺钉直径相同，引孔深度应与无螺纹长度相同；有螺纹部分的引孔直径应符合表 7-12 的规定，引孔深度不应小于有螺纹部分的长度。

六角头木螺钉连接时有螺纹部分的引孔直径 **表 7-12**

树种的全干相对密度	$G>0.6$	$0.5<G\leq0.6$	$G\leq0.5$
引孔直径	0.65d～0.85d	0.60d～0.75d	0.70d

注：d 为六角头木螺钉直径。

（二）植筋连接

在制作植筋连接（图 7-3）时，需注意以下几个方面：

（1）钻孔时，基准线应准确无误，钻孔设备运行良好；

图 7-3 植筋孔示意图

（2）植筋孔的直径、位置和深度应符合图纸要求，孔径允许偏差应为 0～+0.5mm，孔位允许偏差应为±0.5mm，孔深允许偏差应为 0～+2mm；

（3）钻孔后，应将孔内木屑清除干净；

（4）植入的筋材应位于植筋孔正中心，位置允许偏差应为±0.2mm；

（5）胶层厚度不宜小于 1mm，植筋胶应与筋材所有螺纹都完全接触。

（三）其他要求

值得注意的是，在绘制胶合木连接节点加工图时，需设置安装公差。该安装公差需满足安装施工及精度控制要求。胶合木连接节点制作完成后，除应按现行国家标准《木结构工程施工质量验收规范》GB 50206 的要求提供文件和记录外，还需提供下列文件和记录：

（1）工程设计文件、节点加工图、制作、运输和安装方案的技术文件；

（2）节点使用的主要材料、配件及其他相关材料的质量证明文件、进场验收记录、抽样复验报告；

（3）节点生产过程的质量检验记录、试验记录或报告；

（4）预拼装记录。

第二节 施工质量要求

一、基本要求

胶合木结构安装企业应具有当地建筑工程质量管理部门审定的木结构工程施工资质，或具有已掌握木结构与胶合木结构安装技术的三级或三级以上的建筑安装工程施工资质。施工企业应有完善的质量保证体系和管理制度。

胶合木产品的存储设施和包装运输过程中，需采取使木材达到要求含水率的措施，需有保护层包装，节点及边角部位需设置保护衬垫。金属连接件和木构件尽量分开包装和堆放，并应做好配套标识。运输时，需采取防止各构件移动、倾倒、变形等的固定措施。装卸时，需采取防止木结构节点及边角部位碰撞的防护措施。

此外，胶合木连接节点所需的原材料在施工现场堆放时，尽量按安装顺序分类堆放，堆垛布置在吊车工作范围内，且不受其他工序施工作业影响的区域；若木构件的保护层有破损，需对暴露部位进行临时防水保护，可添加防水剂或刷底漆。构件存放时，需将构件整齐地堆放。对于工字形、箱形截面梁宜分隔堆放，上下分隔层垫块竖向应对齐，悬臂长度不宜超过构件长度的1/4。桁架宜竖向放置，支承点应设在桁架两端节点支座处，下弦杆的其他位置不得有支撑物。数榀桁架并排竖向放置时，应在上弦节点处采取措施将各桁架固定在一起。

木结构构件安装前需进行施工组织设计，制定专项施工方案。其中，施工组织设计的内容需符合现行国家标准《建筑施工组织设计规范》GB/T 50502的有关规定；专项施工方案需包括安装及连接方案、安装的质量管理及安全措施等内容。在木结构构件安装现场需实行施工全过程质量控制，并符合现行国家标准《工程建设施工企业质量管理规范》GB/T 50430的有关规定。

二、常见胶合木连接节点的施工质量控制要求

下面以销连接和植筋连接为例，列举相关施工质量控制要求。

销连接的施工安装中，需事先检查连接节点所用的螺栓、钢圆钉、自攻螺钉等金属连接件的规格和数量是否满足设计文件的要求。

对于螺栓连接，多个螺栓钻孔时宜将被连接构件临时固定后，一次贯通施钻。安装螺栓时应拧紧，确保各被连接构件紧密接触，但不得将金属垫板嵌入木构件中。拧紧螺帽后局部不应留有缝隙。承受拉力的螺栓应采用双螺帽拧紧。除设计文件规定外，螺栓垫板的厚度不得小于螺栓直径的0.3倍，方形垫板边材或圆垫板直径不得小于螺栓直径的3.5倍，拧紧螺帽后螺栓外露长度不得小于螺栓直径的0.8倍，螺纹保留在木夹板内的长度不得大于螺栓直径的1.0倍。

对于钉连接，当圆钉需从被连接构件的两面打入，且钉入中间构件的深度不大于该构件的2/3时，可两面正对钉入；当无法正对钉入时，两面钉子需错位钉入，且在中间构件钉尖错开的距离不得小于钉直径的1.5倍。钉紧后各构件间应紧密，局部缝隙不得大于1.0mm。钉孔周围的木材不得有被胀裂的现象。当钉子斜钉时，钉轴线需与杆件呈30°角，

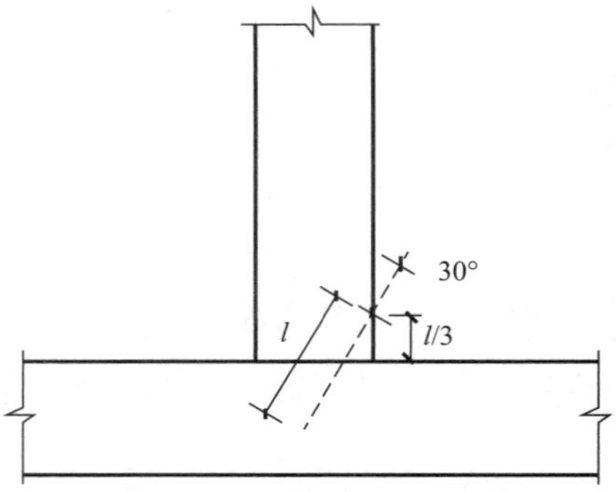

图 7-4 钉连接中斜钉示意图

且钉入点高度尽量为钉长的 1/3（图 7-4）。

对于螺钉连接，当螺钉主要承受拔出力且当边、端、间距足够大时，在树种绝干相对密度小于 0.5 时可不做引孔处理。螺钉应用扳手紧入，不得用锤击入，允许用润滑剂减少拧入时的阻力。

植筋连接的施工安装时，需要事先检查植筋等金属连接件的数量和规格是否满足设计文件的要求。要避免筋材与木构件预留植筋孔边缘接触，必要时可借助辅助工具，辅助工具可在植筋胶水初凝后撤掉，待植筋胶水终凝后可进行构件安装。

此外，在胶合木节点连接中，一些特殊部位的节点安装需注意以下几个方面：

（1）胶合木构件不得与砌体或混凝土构件直接接触，当无法避免时，需采取防腐处理的胶合木构件。未经防腐处理的木梁搁置在砖墙或混凝土构件上时，其接触面间需应设置防潮层，且梁端不得买入墙身或混凝土中，四周需留有宽度不小于 30mm 的间隙并与大气相通（图 7-5）。

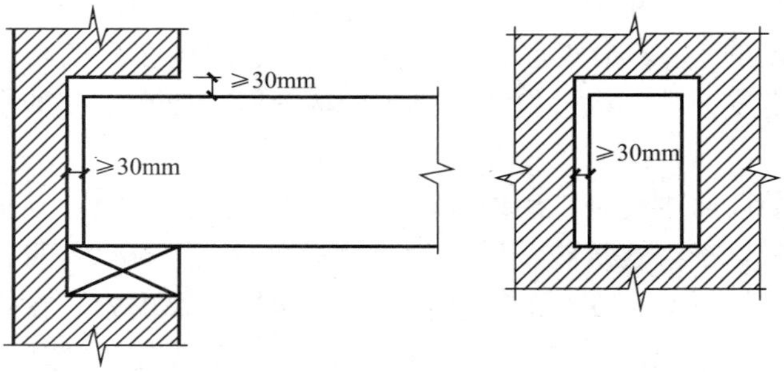

图 7-5 木梁伸入墙体示意图

（2）胶合木构件需支承在混凝土、柱墩或基础上，柱墩顶标高需高于室内外地面标高 300mm，虫害地区不得低于 450mm。未经防护处理的木柱不得接触或埋入土中。木柱与柱墩接触面间应设防潮层，防潮层可选用耐久性满足设计使用年限的防水卷材。

（3）当采用隐式连接时，安装完成后，尽量用在工厂预先按规格切割的板材封堵安装洞口。

（4）檩条安装时，尽量先安装桁架节点处的檩条，弓曲的檩条应弓背朝向屋脊放置。

在胶合木连接节点的安装过程中，要着重检查连接件的规格、数量、排列方式和安装位置等是否满足设计要求、是否满足现行国家标准有关规定。如果现场出现螺孔错位、连接错位等情况时，需与设计人员联系解决方案，不得自行扩孔或加固。

第三节 防护与维护要求

木结构容易发生腐蚀、虫害、开裂等现象（图 7-6）。在设计和施工时，必须加强防护措施；在使用过程中，必须定期地进行检查和维护，特别是对于暴露在室外或者经常位于潮湿环境中的胶合木结构构件。要根据受损程度制定处理方案，及时对木构件进行加固或更换。

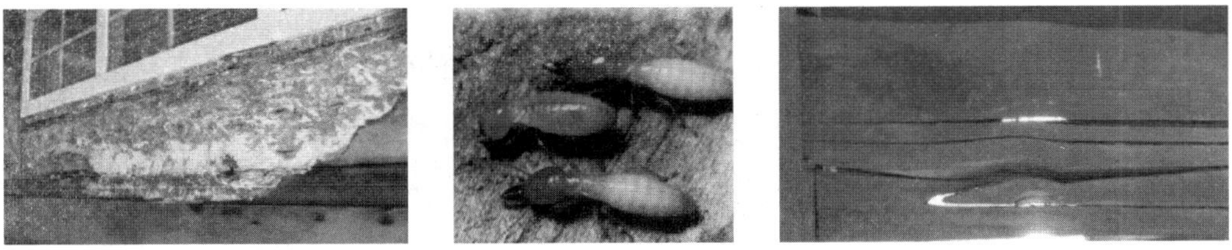

(a) (b) (c)

图 7-6 木材腐蚀、虫害和开裂

（a）木材腐蚀；（b）木材虫害；（c）木材开裂

胶合木连接节点由于构件种类繁多，受力复杂，是房屋检查的一大重点。胶合木构件与之间或胶合木构件与建筑物其他构件之间的连接处，极易发生腐朽（图 7-7），在检查过程中需格外注意。当构件出现腐朽时，应及时找出腐朽的原因，隔绝潮湿源。在进行节点的维修时，必须经过专门设计才能进行。值得注意的是，节点所用的防腐剂，可能会对节点的金属连接件、齿板和螺钉等与木材接触的金属材料造成一定程度的腐蚀，所用接触部位需采用热浸镀锌或不锈钢产品。

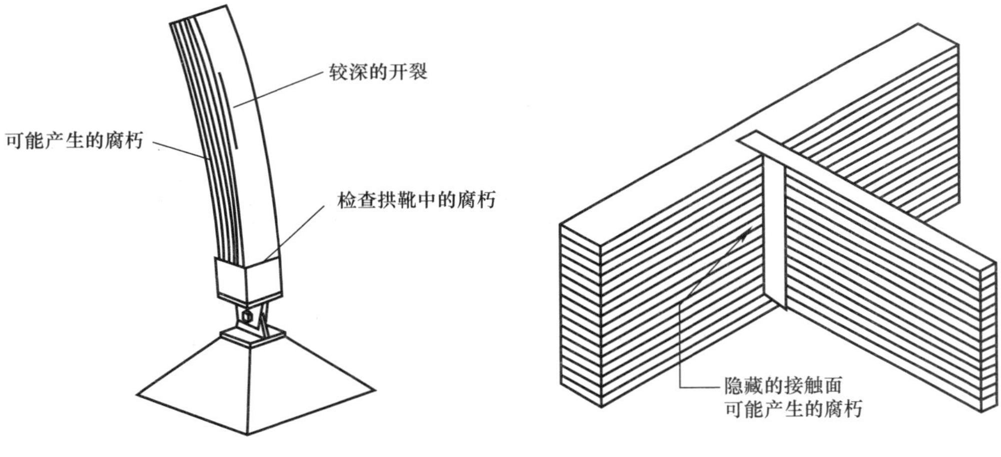

(a) (b)

图 7-7 节点处腐朽检查

（a）拱与底座的连接检查；（b）构件之间的连接检查

胶合木连接节点的防虫害处理可参考对胶合木结构的防虫害处理。需采取一定措施如控制白蚁等虫害的入侵途径来降低对连接节点的不利影响。白蚁危害区域等级（表 7-13）根据我国的自然地理区域划分。对于危害等级为 Z3 和 Z4 区域内胶合木结构，胶合木构件不得与土壤发生直接接触，直接与土壤接触的基础和外墙可采用混凝土或砖石结构，其中基础和外墙中出现裂缝的宽度不得大于 0.3mm。当没有地下室时，底层地面需采用混凝土结构，尽量用整浇混凝土地面。此外还要格外注意胶合木结构中由地下室通往室内的设备电缆缝隙、管道孔缝隙、基础顶面与底面混凝土地坪之间的接缝，这些地方需采用防白蚁的物理屏障或土壤化学屏障进行局部处理。在外墙的排水通风空气层开口处需设置连续的防虫网，防虫网的格栅孔径需小于 1mm。地基的外排水层或外保温绝热层尽量不高于室外地坪，否则也需做局部防白蚁处理。此外，还可以采取主动的防虫害措施，在危害等级为 Z3 和 Z4 区域，需采取防白蚁土壤化学处理和白蚁诱饵系统等防虫措施。这些措施所用药剂需对人体和环境无害。

生物危害地区划分表 **表 7-13**

序号	生物危害区域等级	白蚁危害程度	包括地区
1	Z1	低危害地带	新疆、西藏西北部、青海西北部、甘肃西北部、宁夏北部、内蒙古除突泉至赤峰一带以东地区和加格达奇地区外的绝大部分地区、黑龙江北部
2	Z2	中等危害地带，无白蚁	西藏中部、青海东南部、甘肃南部、宁夏南部、内蒙古东南部、四川西北部、陕西北部、山西北部、河北北部、辽宁西北部、吉林西北部、黑龙江南部
3	Z3	中等危害地带，有白蚁	西藏南部、四川西部少部分地区、云南德钦以北少部分地区、陕西中部、山西南部、河北南部、北京、天津、山东、河南、安徽北部、江苏北部、辽宁东南部、吉林东南部
4	Z4	严重危害地带，有乳白蚁	云南除德钦以北的其他地区、四川东南大部、甘肃武都以南少部分地区、陕西汉中以南少部分地区、河南信阳以南少部分地区、安徽南部、江苏南部、上海、贵州、重庆、广西、湖北、湖南、江西、浙江、福建、广东、海南、香港、澳门、台湾

胶合木连接节点在使用过程中由于空气相对湿度不断化和复杂的受力形态，极易发生开裂现象。研究表明[1]，对于工程中常用的钢填板螺栓连接节点，裂缝的存在会削弱节点的力学性能，且裂缝的位置、数目及裂缝长度等变量对节点抗弯性能的影响不尽相同。

对于顺纹抗拉的螺栓节点，沿左右两侧螺栓列开设初始裂缝时，裂缝数目越多，节点的初始刚度和承载力均会下降的更加明显。初始裂缝越长，在荷载作用下，裂缝的张开位移越大，故而对节点初始刚度的削弱作用越大[2]。

对于抗弯的螺栓节点，初始裂缝削弱了抗弯节点的初始刚度和承载性能。对于以木材脆性破坏为主的节点，节点受拉侧的初始裂缝使得节点的破坏模式由突然的脆性破坏转变成了初始裂缝的逐步扩展；对于以螺栓屈服为主的节点，由于受拉侧初始裂缝的存在，该列螺栓保持刚直，未能充分发挥其承载性能。相对于中间螺栓列上的初始裂缝，沿右侧螺栓列（节点受拉侧）开设的初始裂缝对抗弯节点力学性能的削弱作用更为显著[3]。

由此可见，节点区域裂缝的存在对节点的力学性能有一定的影响。在实际工程中，如发现节点区域产生裂缝。应及时采取措施延缓裂缝的进一步发展。如果节点开裂严重，必须经过专门设计加固。

参考文献

[1] Zhang J，He M J，Li Z. Mechanical performance assessment of bolted glulam joints with local cracks [J]. Journal of Materials in Civil Engineering，2018，30（6），04018094.

[2] Zhang J，He M J，Li Z. Numerical analysis on tensile performance of bolted glulam joints with initial local cracks [J]. Journal of Wood Science，2018，64（4），364-376.

[3] He M J，Zhang J，Li Z. Influence of cracks on the mechanical performance of dowel type glulam bolted joints [J]. Construction and Building Materials，2017，153，445-458.